设/计/师/实/战/应/用/丛/书

设计师
实战应用

SHE JI SHI SHI ZHAN
YING YONG

随书赠送 DVD-ROM

U0287015

中文版

2013

AutoCAD

建筑与装修设计经典案例

线科技 卓文 主编

上海科学普及出版社

图书在版编目（CIP）数据

中文版AutoCAD建筑与装修设计经典案例／一线科技
卓文 主编．－上海：上海科学普及出版社，2013.12
（设计师实战应用）
ISBN 978-7-5427-5892-7

Ⅰ.①中… Ⅱ.①一… ②卓… Ⅲ.①建筑设计－计算机
辅助设计－AutoCAD软件②室内装饰设计－计算机辅助设计－
AutoCAD软件 Ⅳ.①TU201.4②TU238-39

中国版本图书馆CIP数据核字（2013）第227525号

策　　划　胡名正
责任编辑　徐丽萍
统　　筹　刘湘雯

中文版AutoCAD建筑与装修设计经典案例
一线科技 卓文 主编
上海科学普及出版社出版发行
（上海中山北路832号　邮政编码200070）
http://www.pspsh.com

各地新华书店经销　　　　　　　　北京市燕山印刷厂印刷
开本 787×1092　　1/16　　印张 21.25　　字数 357000
2013年12月第1版　　　　　　　2013年12月第1次印刷

ISBN 978-7-5427-5892-7　　　　　　　　定价：48.00元
ISBN 978-7-89418-018-6/G.010（附赠DVD-ROM 1张）

内 容 提 要

本书由经验丰富的建筑与装饰设计师执笔编写,详细地介绍了 AutoCAD 2013 在建筑与室内装修设计方面的应用技巧。全书精心设计了常用的室内装修与建筑制图案例,每个案例都有详细的操作步骤、制作方法和思路,并以相关的设计理论作支撑,使读者可以举一反三,将所学知识应用到实际的工作中去。

本书全面地讲解了 AutoCAD 在建筑与室内装修设计中的应用,包括家居装修设计、别墅装修设计、茶楼装修设计、绘制建筑平面图、绘制建筑立面图、绘制建筑剖面图、绘制建筑总平面图、绘制节点详图。全书通过室内装修与建筑制图经典案例的制作,贯通 AutoCAD 的全面知识与功能,让读者在学习训练中既可掌握 AutoCAD 的软件应用,又能积累实用的建筑设计经验。

本书既适用于 AutoCAD 初、中级水平的读者学习提高,同时也可以作为大中专院校和各类室内装修、建筑设计培训学校的教材和教学参考用书。

前 言
Foreword

市面上的电脑书籍可谓琳琅满目、种类繁多。但是读者面对这些书籍往往不知道该如何选择，那么选择一本好书的根本方法是什么呢？

首先要看这本书所讲内容的实用性，所讲内容是否要最新的知识，是否紧跟时代的发展；其次要看其讲解方法是否合理，是否易于接受；最后要看该书的内容是否丰富，物超所值。

丛书主要特色

作为一套面向初、中级读者的电脑图书，"设计师实战应用"丛书从经典案例制作、设计理论知识和软件使用技巧等角度出发，采用最新版本的软件，以全程图解的写作方式，使用简练流畅的语言、精美的版式设计，带领读者轻松愉悦地学习，让大家学后快速上手，全面掌握AutoCAD室内装修和建筑设计的精髓内容。

❈ 案例精美专业，学以致用

"设计师实战应用"丛书在案例选择上注重精美、实用，精选多个相应行业中的专业案例，再配合适合初学者轻松掌握的技能操作，以使读者掌握软件在这些行业中的应用，从而达到学以致用的目的。

❈ 全程图解教学，一学就会

"设计师实战应用"丛书在案例讲解过程中采用了"全程图解"的讲解方式，首先以简洁、清晰的文字对案例操作进行说明，再以图形的表现方式，将各种操作的效果直观地表现出来。形象地说，初学者只需"按图索骥"地对照图书进行操作练习和逐步推进，即可快速掌握软件使用的丰富技能。

❈ 语音教学视频，轻松自学

我们在编写本套丛书时，非常注重初学者的认知规律和学习心态。在每章学习过程中，都安排了一些设计理论知识和软件基本操作技能，通过理论联系实际，让读者不仅知其然，而且还能知其所以然。

另外，我们还为书中的经典案例录制了配有语音讲解的演示视频，让读者通过观看视频即可轻松掌握相应知识。

本书内容结构

AutoCAD 2013是目前最流行的辅助设计软件之一，其功能非常强大，使用方便。该软件凭借高智能化、直观生动的交互界面和高速强大的图形处理功能，在室内装修与建筑设计领域应用极为广泛。

本书定位于AutoCAD的初、中级读者，从室内装修与建筑设计的专业角度出发，合理安排理论知识点，运用简练流畅的语言，结合专业实用的典型案例，由浅入深地对AutoCAD 2013在室内装修与建筑设计领域中的应用进行全面、系统的讲解，让读者在最短的时间内掌握最有用的知识，轻松掌握AutoCAD在室内装修与建筑设计领域中的相关理论和软件设计技巧。

本书共分9章，各章节的主要内容如下。

第1章讲解AutoCAD 2013的基础知识和基本操作，为初学者后面的学习打下基础。

第2章以家居装修设计为例，介绍室内设计的基础知识，以及室内平面图、室内天花图和立面图的绘制方法。

第3章以别墅装修设计为例，介绍别墅设计的理论知识，以及别墅平面图、别墅天花图和别墅立面图的绘制方法。

第4章以茶楼装修设计为例，介绍茶楼设计的理论知识，以及茶楼平面图、茶楼天花图和茶楼立面图的绘制方法。

第5章以绘制建筑平面图为例，介绍建筑平面图的基础知识，以及住宅楼平面图的绘制方法。

第6章以绘制建筑立面图为例，介绍建筑立面图的基础知识，以及住宅楼立面图的绘制方法。

第7章以绘制建筑剖面图为例，介绍建筑剖面图的基础知识，以及住宅楼剖面图的绘制方法。

第8章以绘制建筑总平面图为例，介绍建筑总平面图的基础知识，以及商业楼盘总平面图的绘制方法。

第9章以绘制节点详图为例，介绍详图的基础知识，以及感应门节点详图的绘制方法。

本书读者对象

本书内容丰富、图文并茂，专为初、中级读者编写，适合以下人群学习使用。

（1）从事初、中级AutoCAD建筑制图的工作人员。

（2）从事建筑及室内外装饰设计的工作人员。

（3）对AutoCAD制图有浓厚兴趣的爱好者与自学者。

（4）电脑培训班中学习AutoCAD制图、建筑及室内外装饰设计的学员。

（5）大中专院校相关专业的学生。

本书创作团队

本书由一线科技和卓文主编，同时书中的设计实例由在相应的设计公司任职的专业设计人员创作，在此对他们的辛勤劳动表示感谢。由于编写时间仓促，书中难免存在疏漏与不妥之处，欢迎广大读者来信咨询指正，我们将认真听取您的宝贵意见，推出更多的精品计算机图书，联系网址：http://www.china-ebooks.com。

编　者

目录
Contents

设计师实战应用

第03章 别墅装修设计

第04章 茶楼装修设计

第08章　绘制建筑总平面图

第09章　绘制节点详图

第01章

AutoCAD 2013必知必会

课前导读

AutoCAD是由美国Autodesk公司开发的一款工程绘图软件，是目前使用最广泛的计算机辅助绘图和设计软件，一直备受建筑与室内设计绘图人员的青睐。

本章将介绍AutoCAD 2013的一些基本知识和入门操作，帮助大家为后期的实例学习打下良好的基础。

本章学习要点

- AutoCAD的文件操作
- 执行AutoCAD命令
- AutoCAD的坐标应用
- 控制视图
- 设置绘图环境
- 设置辅助功能

精彩效果赏析

1.1　认识AutoCAD 2013

在建筑与室内设计领域，AutoCAD的应用极为广泛，使用AutoCAD可以创建出尺寸精确的建筑结构图与施工图，为以后的施工提供参照依据。AutoCAD 2013是目前AutoCAD设计软件的最新版本。

1.1.1　启动和退出AutoCAD 2013

在应用AutoCAD之前，首先要安装好AutoCAD应用程序，该程序的安装方法与大多数软件相同，在启动安装程序后，根据安装向导一步一步操作即可。安装好AutoCAD 2013以后，接下来需要掌握该程序的启动和退出方法。

1.　启动AutoCAD 2013

安装好AutoCAD 2013以后，用户可以通过如下3种常用方法启动AutoCAD 2013应用程序。

❀ 单击"开始"菜单按钮，然后在"程序"列表中选择相应的命令启动AutoCAD 2013应用程序，如左下图所示。

❀ 使用鼠标双击桌面上的AutoCAD 2013快捷方式图标，可以快速启动AutoCAD 2013应用程序，如右下图所示。

选择命令

双击快捷方式图标

❀ 使用鼠标双击存放在电脑中的AutoCAD文件，也可以启动AutoCAD 2013应用程序，如左下图所示。

使用前面介绍的方法启动AutoCAD 2013应用程序后，将出现如右下图所示的启动画面，随后即可进入AutoCAD 2013的工作界面。

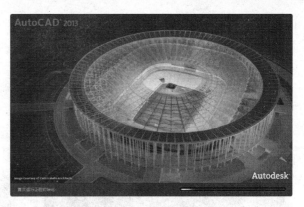

双击文件　　　　　　　　　　　　　　　　　　启动画面

2. 退出AutoCAD 2013

在完成AutoCAD 2013应用程序的使用后，用户可以通过如下两种常用方法退出AutoCAD 2013应用程序。

✦ 单击AutoCAD 2013应用程序窗口右上角的"关闭"按钮，退出AutoCAD 2013应用程序，如左下图所示。

✦ 单击"菜单浏览器"按钮▲，然后在弹出的下拉菜单中单击"退出AutoCAD 2013"按钮，即可退出AutoCAD 2013应用程序，如右下图所示。

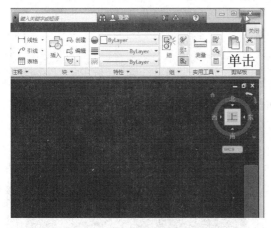

单击"关闭"按钮　　　　　　　　　　　　单击"退出AutoCAD 2013"按钮

1.1.2　了解AutoCAD 2013的工作空间

为满足不同用户的需要，AutoCAD 2013提供了"草图与注释"、"三维基础"、"三维建模"和"AutoCAD经典"4种工作空间模式，用户可以根据自己的需要选择不同的工作空间模式。

1. "草图与注释"空间

默认状态下启动的工作空间就是"草图与注释"空间。该工作界面主要由标题栏、功能区、快速访问工具栏、绘图区、命令窗口和状态栏等组成，如左下图所示。在该空间中，可以方便地使用"绘图"、"修改"、"图层"、"标注"、"文字"及"表格"等面板进行二维图形的绘制。

2. "三维基础"空间

在"三维基础"空间中可以方便地绘制基础的三维图形，并且可以通过其中的"修改"面板快速地对图形进行修改，如右下图所示。

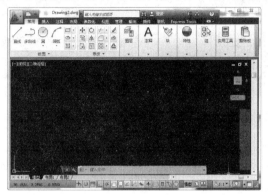  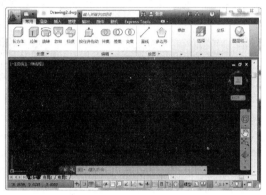

"草图与注释"空间　　　　　　　　　　　　"三维基础"空间

3. "三维建模"空间

在"三维建模"空间中，可以方便地绘制出更多、更复杂的三维图形，也可以对三维图形进行修改编辑等操作，如左下图所示。

4. "AutoCAD经典"空间

对于习惯使用AutoCAD传统界面的用户来说，使用"AutoCAD经典"工作空间是最好的选择，"AutoCAD经典"工作空间的界面主要由"菜单浏览器"按钮、快速访问工具栏、菜单栏、工具栏、绘图区、命令行窗口和状态栏等元素组成，如右下图所示。

"三维建模"空间　　　　　　　　　　　　"AutoCAD经典"空间

操 作 技 巧

在后面的学习中，如果出现单击"……"面板中的"……"按钮，则表示当前的操作是在"草图与注释"工作空间中进行的；如果出现选择"……"|"……"命令，或单击"……"工具栏中的"……"按钮，则表示当前的操作是在"AutoCAD经典"工作空间中进行的。

1.1.3　认识AutoCAD 2013的工作界面

"AutoCAD经典"工作空间的界面与大多数传统软件程序的界面相似，主要由标题栏、菜单栏、工具栏、绘图区、命令行和状态栏组成，其操作方法简单，这里就不再详细介绍了，下面主要以"草图与注释"工作空间为例，介绍AutoCAD 2013的工作界面，其中主要包括标题栏、功能区、绘图区、命令行和状态栏5个部分。

1. 标题栏

标题栏位于AutoCAD 2013程序窗口的顶端，用于显示当前正在执行的程序名称以及文件名等信息。在程序默认的图形文件下显示的是AutoCAD 2013 Drawing1.dwg，如果打开的是一个保存过的图形文件，显示的则是打开文件的文件名，如下图所示。

标题栏

❀ 菜单浏览器：标题栏的最左侧是"菜单浏览器"按钮，单击该按钮，可以展开AutoCAD 2013用于管理图形文件的命令，如新建、打开、保存、打印和输出等，如左下图所示。

❀ 快速访问工具栏："菜单浏览器"按钮的右侧是快速访问工具栏，用于存储经常访问的命令。单击快速访问工具栏右侧的▼按钮，可以弹出工具按钮选项菜单供用户选择，如右下图所示。

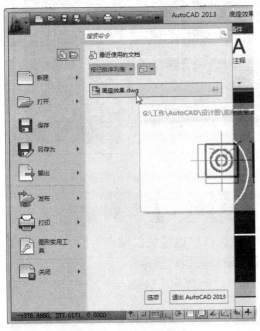

单击"菜单浏览器"按钮　　　　　　　　　应用快速访问工具栏

❀ 窗口控制按钮：标题栏的最右侧存放着三个按钮，依次为"最小化"按钮、"最大化"按钮（或"恢复窗口大小"按钮）和"关闭"按钮，单击其中的某个按钮，将执行相应的操作。

2. 功能区

AutoCAD 2013的功能区位于标题栏的下方，在功能面板上的每一个图标都形象地代表一个命令，用户只需单击图标按钮，即可执行该命令。功能区主要包括"常用"、"插入"、"注释"、"布局"、"参数化"、"视图"、"管理"和"输出"等8个常用部分，单击其中的某个功能标签，将进入相应的功能区，如下图所示是"常用"功能区中的相应工具。

"常用"功能区

3. 绘图区

AutoCAD的绘图区是绘制和编辑图形以及创建文字和表格的区域。绘图区包括控制视图按钮、坐标系图标、十字光标等元素，默认状态下该区域为深蓝色，如下图所示。

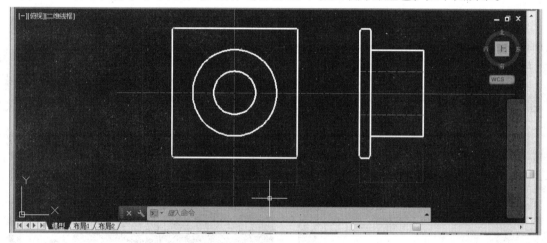

绘图区

4. 命令行

命令行位于整个绘图区的下方，用户可以在命令窗口中通过键盘输入各种操作的英文命令或它们的简化命令，然后按下【Enter】键或空格键即可执行该命令。

同以往的AutoCAD版本有些不一样，AutoCAD 2013的命令行呈单一的条状显示在绘图区的下方，如下图所示。

命令行

拖动命令窗口最左侧的标题按钮，然后将其放在窗口左下方的边缘位置，可以将其紧贴在窗口的边缘平铺展开，显示为传统的命令窗口样式，如下图所示。

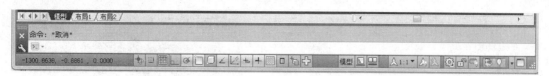

展开命令窗口

5. 状态栏

状态栏位于整个窗口的最底端，在状态栏的左侧显示了绘图区中十字光标中心点当前的坐标位置，右侧显示绘图时的动态输入和布局等相关状态，如下图所示。

状态栏

1.2　AutoCAD的文件操作

掌握AutoCAD 2013的文件操作是学习该软件的基础。本节将学习AutoCAD创建新文件、打开文件、保存文件和关闭文件等常用操作。

1.2.1　新建文件

在AutoCAD中，新建图形文件是在"选择样板"对话框中选择一个样板文件，将其作为新图形文件的基础。每次启动AutoCAD 2013应用程序时，都将自动创建一个名为"drawing1.dwg"的图形文件。在新建图形文件的过程中，默认图形名会随打开新图形的数目而变化。例如，如果从样板创建另一个图形文件，则默认的文件名为"drawing2.dwg"。

执行新建文件操作包括如下5种常用方法。

❀ 单击快速访问工具栏中的"新建"按钮▢，如左下图所示。

❀ 单击"菜单浏览器"按钮▲，然后选择"新建"｜"图形"命令，如右下图所示。

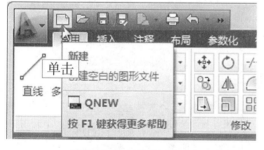

单击"新建"按钮

选择"图形"命令

❀ 在"AutoCAD经典"工作空间中，选择"文件"｜"新建"命令，如左下图所示。

❀ 在命令行中输入命令语句NEW，然后按下空格键进行确定，如右下图所示。

❀ 按下【Ctrl+N】组合键。

操作技巧

如果快速访问工具栏中没有"新建"按钮，则可以单击其右侧的 按钮，在弹出的下拉菜单中选择"新建"命令，将该按钮显示出来。

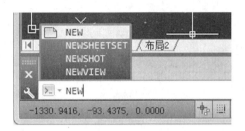

选择"新建"命令　　　　　　　　　　　输入命令

操作技巧

在执行某个命令语句时，按下空格键等同于按下【Enter】键，具有执行命令的作用。

执行"新建"命令后，将打开"选择样板"对话框（如左下图所示），选择"acad.dwt"或"acadiso.dwt"文件，然后单击"打开"按钮，即可新建一个空白的图形文件，如右下图所示。

选择文件　　　　　　　　　　　　新建空白图形文件

1.2.2 保存文件

在制图工作中及时对文件进行保存，可以避免因死机或意外停电等情况而造成数据丢失。执行保存文件操作包括如下5种常用方法。

❀ 单击快速访问工具栏中的"保存"按钮 🖫 。

❀ 单击"菜单浏览器"按钮 📥 ，选择"保存"命令。

❀ 在"AutoCAD经典"工作空间中，选择"文件"|"保存"命令。

❀ 在命令行中输入命令语句SAVE，并按下空格键进行确定。

❀ 按下【Ctrl+S】组合键。

执行"保存"命令后，将打开"图形另存为"对话框，在"文件名"文本框中可以输入文件的名称，在"保存于"下拉列表中可以设置文件的保存路径，如左下图所示，然后单击"保存"按钮，即可对当前文件进行保存，如右下图所示。

操作技巧

如果已经对文件进行过保存，则执行上述操作后不再弹出"图形另存为"对话框，编辑后的新文件会直接将原来的旧文件覆盖。

设置文件的保存路径　　　　　　　　　　　　单击"保存"按钮

1.2.3　打开文件

在工作与学习中，如果电脑中已经存在创建好的AutoCAD图形文件，用户可以将其通过AutoCAD程序打开，执行打开文件操作包括以下5种常用方法。

❀ 单击快速访问工具栏中的"打开"按钮📂。

❀ 单击"菜单浏览器"按钮📷，选择"打开"命令。

❀ 在"AutoCAD经典"工作空间中，选择"文件"|"打开"命令。

❀ 在命令行中输入命令语句OPEN，并按下空格键进行确定。

❀ 按下【Ctrl+O】组合键。

执行"打开"命令后，将打开"选择文件"对话框，在该对话框的"查找范围"下拉列表中可以选择查找文件所在的位置，在文件列表中可以选择要打开的文件（如左下图所示），然后单击"打开"按钮，即可将选择的文件打开。如果单击"打开"右侧的下拉按钮，可以在弹出的下拉菜单中选择打开文件的方式，如右下图所示。

选择文件　　　　　　　　　　　　　选择打开文件的方式

在"选择文件"对话框中4种打开文件方式的含义如下。

❀ 打开：直接打开所选的图形文件。

❀ 以只读方式打开：所选的AutoCAD文件将以只读方式打开，打开后的AutoCAD文件不能直接以原文件名保存。

❀ 局部打开：选择该选项后，系统打开"局部打开"对话框，如果AutoCAD图形中含有不同的内容，并分别属于不同的图层，可以选择其中某些图层打开文件。在AutoCAD文件较大的情况下采用该打开方式，可以提高工作效率。

❀ 以只读方式局部打开：以只读方式打开AutoCAD文件的部分图层图形。

1.2.4 关闭文件

如果要结束AutoCAD的工作，可以通过退出程序的方式关闭文件；如果只是想关闭当前打开的文件，而不退出AutoCAD程序，可以通过如下3种常用方式关闭图形文件。

❀ 单击窗口左上角的"菜单浏览器"按钮，然后选择"关闭"|"当前图形"命令，如左下图所示。

❀ 单击当前文件窗口右上角的"关闭"按钮 ⊠，如右下图所示。

❀ 在"AutoCAD 经典"工作空间中，选择"文件"|"关闭"命令。

选择"当前图形"命令

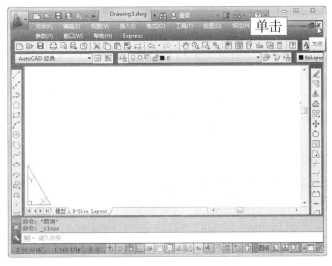

单击"关闭"按钮

1.3 执行AutoCAD命令

AutoCAD命令的执行方式主要包括鼠标操作和键盘操作。鼠标操作是使用鼠标选择相应的命令或单击工具按钮来调用命令，而键盘操作是直接输入命令语句来调用命令，这也是AutoCAD执行命令的特别之处。

1.3.1 执行菜单命令

将系统转换为"AutoCAD经典"工作空间，可以通过菜单执行各种命令。例如，打开"绘图"菜单，然后选择"直线"命令，可以执行"直线"命令，如左下图所示。

1.3.2 单击工具按钮执行命令

在"草图与注释"工作空间中，用户可以通过单击功能区中的工具按钮执行相应的命令。例如，在"常用"功能区的"绘图"面板中单击"直线"按钮，即可执行"直线"命令，如右下图所示。

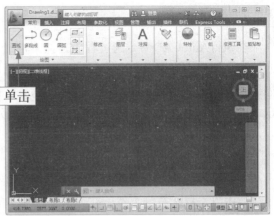

选择"直线"命令 单击"直线"按钮

1.3.3 输入并执行命令

启动AutoCAD后进入图形界面，在屏幕底部的命令行中显示"键入命令"的提示，表明AutoCAD处于准备接受命令状态，如左下图所示。

输入命令名后，按下【Enter】键或空格键，此时系统会提示相应的信息或子命令，根据这些信息选择具体操作，最后按下空格键退出命令，当退出编辑状态后，系统又回到待命状态。例如：输入"直线"命令L并确定，系统将提示"指定第一个点"，如右下图所示。

等待输入命令 输入命令并确定

当输入某命令后，AutoCAD会提示输入命令的子命令或必要的参数，当这些信息输入完毕后，命令功能才能被执行。在AutoCAD命令执行过程中，通常有很多子命令出现，关于子命令中一些符号的规定如下。

❀ "/"：用于分隔信息中的提示选项，大写字母表示命令缩写方式，可直接通过键盘输入，输入命令时可以不用区分命令字母的大小写。

❀ "< >"：表示其内为预设值（系统自动赋予初值，可重新输入或修改）或当前值。如果按下空格键或【Enter】键，则系统将接受此预设值。

> **操作技巧**
>
> 在AutoCAD中，大部分的操作命令都存在简化命令，用户可以通过输入简化命令，提高工作效率。例如，L是"直线（LINE）"命令的简化命令。

1.3.4 终止和重复命令

下面将学习如何终止和重复命令操作，通过本节的学习，用户可以掌握终止和重复命令的方法。

1. 终止命令

在执行AutoCAD命令的过程中，按下键盘上的【Esc】键，可以随时终止AutoCAD命令的执行。如果中途要退出命令，可按下【Esc】键，有些命令需要连续按下两次【Esc】键。如果要终止正在执行中的某命令，可在此命令状态下输入U（放弃），并按下空格键进行确定，即可回到上次操作前的状态，如左下图所示。

2. 重复命令

若要重复上一个已经执行的命令，则直接按下【Enter】键或空格键即可；也可以在命令窗口中单击鼠标右键，然后在弹出的快捷菜单中选择使用过的命令，如右下图所示。

另外，还可以使用键盘上的上下方向键在命令执行记录中搜寻，回到以前使用过的命令，选择需要执行的命令后按下【Enter】键即可。

终止命令　　　　　　　　　　选择使用过的命令

1.3.5　放弃操作

在AutoCAD中，系统提供了图形的恢复功能。利用图形恢复功能，可对绘图过程中的操作进行取消。执行该操作有如下4种方法。

- 单击快速访问工具栏中的"放弃"按钮，如左下图所示。
- 选择"编辑"|"放弃"命令，如右下图所示。
- 在命令行中输入UNDO（简化命令U）命令语句，然后按下空格键进行确定。
- 按【Ctrl+Z】快捷键。

单击"放弃"按钮　　　　　　　选择"放弃"命令

1.3.6　重做操作

在AutoCAD中，系统提供了图形的重做功能。利用图形重做功能，可以重新执行前面放弃的操作。执行"重做"命令有如下4种方法。

- 单击快速访问工具栏中的"重做"按钮。

◎ 选择"编辑"|"重做"命令。

◎ 在命令行中输入REDO命令语句，并按下空格键进行确定。

◎ 按【Ctrl+Y】快捷键。

1.4 AutoCAD的坐标应用

AutoCAD的图形定位主要是由坐标系进行确定。使用AutoCAD的坐标系，首先要了解AutoCAD坐标系的概念和坐标输入方法。

1.4.1 AutoCAD的3种坐标系

坐标系由X、Y和Z轴、原点构成。在AutoCAD中，包括3种坐标系，分别是笛卡尔坐标系统、世界坐标系统和用户坐标系统。

◎ 笛卡尔坐标系统：AutoCAD采用笛卡尔坐标系来确定位置，该坐标系也称绝对坐标系。在进入AutoCAD绘图区时，系统自动进入笛卡尔坐标系第一象限，其原点在绘图区内的左下角点，如左下图所示。

◎ 世界坐标系统：世界坐标系统（World Coordinate System，WCS）是AutoCAD的基础坐标系统，它由3个相互垂直相交的坐标轴X、Y和Z组成。在绘制和编辑图形的过程中，WCS是预设的坐标系统，其坐标原点和坐标轴都不会改变。在默认情况下，X轴以水平向右为正方向，Y轴以垂直向上为正方向，Z轴以垂直屏幕向外为正方向，坐标原点在绘图区左下角，如右下图所示。

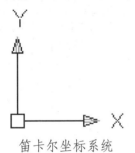

笛卡尔坐标系统

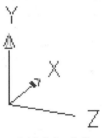

世界坐标系统

◎ 用户坐标系统：为了方便用户绘制图形，AutoCAD提供了可变的用户坐标系统（User Coordinate System，UCS）。在通常情况下，用户坐标系统与世界坐标系统重合，而在进行一些复杂的实体造型时，用户可根据具体需要，通过UCS命令设置适合当前图形绘图的坐标系统。

经 验 分 享

在二维平面图中绘制和编辑工程图形时，只需输入X轴和Y轴坐标，而Z轴的坐标值可以省略不输，由AutoCAD自动赋值为0。

1.4.2 坐标的输入方法

在AutoCAD中使用各种命令时，通常需要提供该命令相应的指示与参数，以便指引该命令所要完成的工作或动作执行的方式、位置等。直接使用鼠标虽然使得制图很方便，但不能进行精确的定位，进行精确的定位则需要采用键盘输入坐标值的方式来实现。常用的坐标输入方式包括：绝对坐标、相对坐标、极坐标和相对极坐标。其中，相对坐标与相对极轴坐标的原理一样，只是格式不同而已。

1. 绝对坐标

绝对坐标分为绝对直角坐标和绝对极轴坐标两种。其中，绝对直角坐标以笛卡尔坐标系的原点（0，0，0）为基点定位，用户可以通过输入（X，Y，Z）坐标的方式来定义一个点的位置。

例如，在左下图所示的图形中，O点绝对坐标为（0，0，0），A点绝对坐标为（1000，1000，0），B点绝对坐标为（3000，1000，0），C点绝对坐标为（3000，3000，0），D点绝对坐标为（1000，3000，0）。如果Z方向坐标为0，则可省略，则A点绝对坐标可输入为（1000，1000），B点绝对坐标可输入（3000，1000），C点绝对坐标可输入（3000，3000），D点绝对坐标可输入（1000，3000）。

2. 相对坐标

相对坐标是以上一点为坐标原点确定下一点的位置。输入相对于上一点坐标（X，Y，Z）增量为（ΔX，ΔY，ΔZ）的坐标时，格式为（@ΔX，ΔY，ΔZ）。其中，"@"字符是指定与上一个点的偏移量。

例如，在右下图所示的图形中，对于O点而言，A点的相对坐标为（@20，20），如果以A点为基点，那么B点的相对坐标为（@100，0），C点的相对坐标为（@100，@100），D点的相对坐标为（@0，100）。

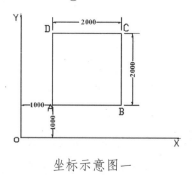

坐标示意图一

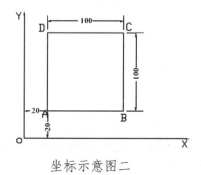

坐标示意图二

操作技巧

在AutoCAD 2013中，用户在输入绝对坐标时，系统将自动将其转换成相对坐标，因此在输入相对坐标时，可以省略@符号的输入，如果要使用绝对坐标，则需要在坐标值的前面添加#。

3. 相对极坐标

相对极坐标是以上一点为参考极点，通过输入极距增量和角度值来定义下一个点的位置，其输入格式为"@距离<角度"。

在运用AutoCAD进行绘图的过程中，使用多种坐标输入方式，可以使绘图操作更随意、更灵活，再配合目标捕捉、夹点编辑等方式，可以在很大程度上提高绘图的效率。

1.5　控制视图

在AutoCAD中，用户可以对视图进行缩放和平移操作，以便观看图形的效果。另外，也可以进行全屏显示视图、重画与重生成图形等操作。

1.5.1　缩放视图

使用缩放视图命令可以对视图进行放大或缩小操作，以改变图形的显示大小，方便用户进行图形的观察。执行缩放视图操作包括如下4种常用方法。

❀ 在"AutoCAD经典"工作空间中，选择"视图"|"缩放"命令。

❀ 在"AutoCAD经典"工作空间中，单击"缩放"工具栏中的工具按钮，如左下图所示。

❀ 在"草图与注释"工作空间中，单击"视图"标签，再单击"二维导航"面板中的"范围"下拉按钮，在弹出的列表中选择相应的缩放工具按钮，如右下图所示。

❀ 在命令行中输入ZOOM（简化命令Z）命令语句，然后按下空格键进行确定。

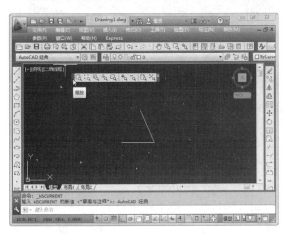
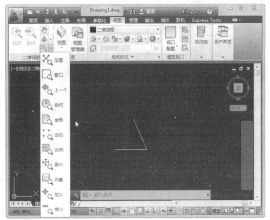

应用"缩放"工具栏　　　　　　　　　　　应用缩放工具

输入ZOOM命令后按下空格键执行缩放视图命令，系统将提示"[全部(A)/中心(C)/动态(D)/范围(E)/上一个(P)/比例(S)/窗口(W)/对象(O)] <实时>："的信息，只需在该提示后输入相应的字母并按下空格键，即可进行相应的操作。

缩放视图命令中各选项的含义和用法如下。

❀ 全部(A)：输入A后按下空格键，将在视图中显示整个文件中的所有图形。

❀ 中心点(C)：输入C后按下空格键，然后在图形中单击鼠标右键指定一个基点，再输入一个缩放比例或高度值来显示一个新视图，基点将作为缩放的中心点。

❀ 动态(D)：即用一个可以调整大小的矩形框去框选要放大的图形。

❀ 范围(E)：用于以最大的方式显示整个文件中的所有图形，与"全部(A)"功能相同。

❀ 上一个(P)：执行该命令后可以直接返回到上一次缩放的状态。

❀ 比例(S)：用于输入一定的比例来缩放视图。输入的数据大于1时将放大视图，小于1并大于0时将缩小视图。

❀ 窗口(W)：用于通过在屏幕上拾取两个对角点来确定一个矩形窗口，该矩形窗口内的全部图形将放大至整个屏幕。

❀ 对象(O)：执行该命令后，可以最大化显示所选的图形对象。

❀ <实时>：执行该命令后，鼠标指针将变为形状，按住鼠标左键，来回拖动鼠标即可放大或缩小视图。

1.5.2 平移视图

平移视图是指对视图中图形的显示位置进行相应的移动，移动前后只是改变图形在视图中的位置，而不会改变图形之间的位置，左下图和右下图所示分别是平移前后的对比效果。

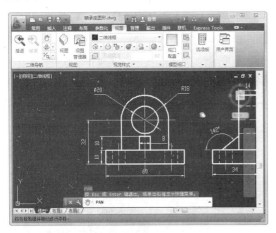

平移视图前　　　　　　　　　　　　平移视图后

执行平移视图操作包括如下3种常用方法。

❀ 在"AutoCAD经典"工作空间中，选择"视图"|"平移"命令。

❀ 在命令行中输入PAN（简化命令P）命令语句，然后按下空格键进行确定。

❀ 在"草图与注释"工作空间中，单击"视图"标签，再单击"二维导航"面板中的"平移"按钮 。

1.5.3 重画与重生成视图

下面将学习重画和重生成图形的方法，用户可以使用"重画"和"重生成"命令，对视图中的图形进行更新操作。

1. 重画视图

图形中某一图层被打开或关闭，或者栅格被关闭后，系统会自动对图形刷新并重新显示，栅格的密度会影响刷新的速度。使用"重画"命令可以重新显示当前视窗中的图形，消除残留的标记点痕迹，使图形变得清晰。

执行重画图形操作包括如下两种方法。

❀ 在"AutoCAD经典"工作空间中，选择"视图"|"重画"命令。

❀ 在命令行中输入REDRAWALL（简化命令REDRAW）命令语句，然后按下空格键进行确定。

2. 重生成视图

使用"重生成"命令能将当前活动视窗所有对象的有关几何数据及几何特性重新计算一次（即重生）。此外，利用OPEN命令打开图形时，系统也会自动重生视图。

执行重生成图形操作包括如下两种方法。

❀ 在"AutoCAD经典"工作空间中，选择"视图"|"全部重生成"命令。

❀ 在命令行中输入REGEN（简化命令RE）命令语句，然后按下空格键进行确定。

1.6　设置绘图环境

为了提高工作效率，在使用AutoCAD 2013进行绘图之前，可以先对AutoCAD的绘图环境进行设置，以适合用户自己习惯的操作环境。设置绘图环境包括对图形界限的设置、图形单位的设置，以及改变绘图区的颜色、绘图系统的配置和图形的显示精度等。

1.6.1　设置图形界限

在AutoCAD中，与图纸大小相关的设置就是绘图界限，绘图界限的大小应与选定的图纸相等。在AutoCAD 2013中，执行操作绘图界限设置命令有如下两种常用方法。

❀ 在"AutoCAD经典"工作空间中，选择"格式"|"图形界限"命令。

❀ 输入LIMITS命令并确定。

执行以上操作后，根据命令行中的提示，即可对绘图界限的尺寸进行设置。在设置绘图界限的过程中，其具体操作及系统提示如下。

```
命令：LIMITS                              //在命令行中输入"图形界限"命令并确定
重新设置模型空间界限：
指定左下角点或 [开（ON）/关（OFF）] <0.0000, 0.0000>：//设置绘图区域左下角坐标
指定右上角点 <420.0000, 297.0000>：        //输入图纸大小，然后按下空格键
命令：LIMITS
重新设置模型空间界限：                      // 系统重新设置模型空间绘图极限
指定左下角点或 [开（ON）/关（OFF）] <0.0000, 0.0000>：//选择"开"或"关"选项
```

经验分享

如果将界限检查功能设置为"关（OFF）"状态，绘制图形时则不受设置的绘图界限的限制；如果将绘图界限检查功能设置为"开（ON）"状态，绘制图形时在绘图界限之外将受到限制。

1.6.2　设置图形单位

AutoCAD使用的图形单位包括毫米、厘米、英尺、英寸等十几种，可满足不同行业的绘图需要。在使用AutoCAD绘图前应该进行绘图单位的设置，用户可以根据具体工作需要设置单位类型和数据精度。

在AutoCAD 2013中，执行设置绘图单位操作有如下两种常用方法。

❀ 在"AutoCAD经典"工作空间中，选择"格式"|"单位"命令。

❀ 输入UNITS命令并确定。

执行以上任意一种操作后，将打开"图形单位"对话框，如左下图所示。在该对话框中，可为图形设置长度、角度的单位值，其中各选项的含义如下。

❀ **长度**：用于设置长度单位的类型和精度。在"类型"下拉列表框中，可以选择当前测量单位的格式；在"精度"下拉列表框中，可以选择当前长度单位的精确度。

❀ **角度**：用于设置角度单位的类型和精度。在"类型"下拉列表框中，可以选择当前角度单位的格式；在"精度"下拉列表框中，可以选择当前角度单位的精确度；"顺时针"复选框用于控制角度增角量的正负方向。

❀ **光源**：用于指定光源强度的单位。

❀ **"方向"按钮**：用于确定角度及方向。单击该按钮，将打开"方向控制"对话框，如右下图所示。在该对话框中可以设置基准角度和角度方向，当选中"其他"单选按钮后，下方的"角度"按钮才可用。

"图形单位"对话框

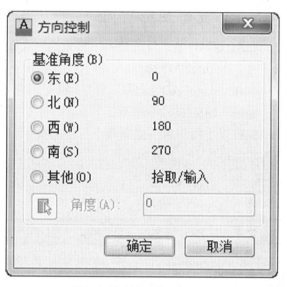

"方向控制"对话框

1.6.3 改变环境颜色

在AutoCAD 2013中，用户可以根据个人习惯设置环境的颜色，从而使工作环境更舒服。默认首次启动AutoCAD 2013时，绘图区的颜色为深蓝色，用户也可以根据自己的喜好和习惯将绘图区设置为其他颜色。例如，将绘图区的颜色设置为白色，其具体操作方法如下。

选择"工具"|"选项"命令，或者输入OPTIONS（OP）命令并确定，打开"选项"对话框，在"显示"选项卡中单击"窗口元素"区域中的"颜色"按钮，如左下图所示。此时将打开"图形窗口颜色"对话框，在该对话框中依次选择"二维模型空间"和"统一背景"选项，再单击"颜色"下拉按钮，在弹出的下拉列表中选择"白"选项，如右下图所示。

设置好绘图区的颜色后，单击"应用并关闭"按钮进行确定，然后返回"选项"对话框单击"确定"按钮，即可将绘图区的颜色修改为白色。

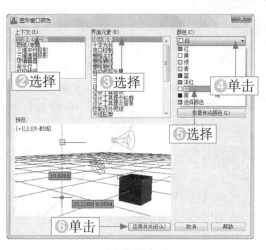

单击"颜色"按钮 　　　　　　　　　　　设置背景颜色

1.6.4　设置右键功能模式

AutoCAD的右键功能中包括默认模式、编辑模式和命令模式3种模式，用户可以根据自己的习惯设置右键的功能模式。

选择"工具"|"选项"命令，打开"选项"对话框，然后选择"用户系统配置"选项卡，在"Windows标准操作"区域中单击"自定义右键单击"按钮，如左下图所示。打开"自定义右键单击"对话框，在该对话框的"默认模式"区域中，可以设置默认状态下单击鼠标右键所表示的功能，如右下图所示。

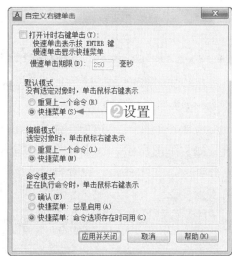

单击"自定义右键单击"按钮 　　　　　　选择右键单击功能

在"默认模式"区域中包括"重复上一个命令"和"快捷菜单"两个选项，其中各选项的含义如下。

❀ 重复上一个命令：选择该选项后，单击鼠标右键将重复执行上一个命令。例如，前面刚结束了"圆（C）"命令的操作，单击鼠标右键将重新执行"圆（C）"命令。

❀ 快捷菜单：选择该选项后，单击鼠标右键将弹出一个快捷菜单。

在"自定义右键单击"对话框的"编辑模式"区域中，可以设置在编辑操作过程中，单击鼠标右键所表示的功能。

在"自定义右键单击"对话框的"命令模式"区域中，可以设置在执行命令过程中，单击鼠标右键所表示的功能，其中包括"确认"、"快捷菜单：总是启用"和"快捷菜单：命令选项存在时可用"3个选项，其中各选项的含义如下。

❀ 确认：选择该选项后，在输入某个命令时，单击鼠标右键将执行输入的命令。

❀ 快捷菜单：总是启用：选择该选项后，在输入某个命令时，不论该命令是否存在命令选项，都将弹出快捷菜单，如左下图所示是执行"移动（M）"命令过程中所弹出的快捷菜单。

❀ 快捷菜单：命令选项存在时可用：选择该选项后，在输入某个命令时，只有在该命令存在命令选项的情况下才会弹出快捷菜单，如右下图所示是执行"修剪（TR）"命令过程中所弹出的快捷菜单。

总是启用的快捷菜单

存在命令选项的快捷菜单

1.6.5 改变文件自动保存的时间

在绘制图形的过程中，通过开启自动保存文件的功能，可以防止在绘图时因意外造成的文件丢失，将损失降低到最小。

选择"工具"|"选项"命令，在打开的"选项"对话框中选择"打开和保存"选项卡，如左下图所示。选中"文件安全措施"区域中的"自动保存"复选框，在"保存间隔分钟数"文本框中，设置自动保存的时间间隔，然后单击"确定"按钮即可，如右下图所示。

选择"打开和保存"选项卡

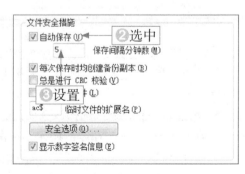

设置自动保存的时间间隔

1.6.6 设置光标样式

在AutoCAD 2013中，用户可以根据自己的习惯设置光标的样式，包括控制十字光标的大小、改变捕捉标记的大小与颜色、改变拾取框状态以及夹点的大小。

1. 改变捕捉标记的颜色

选择"工具"|"选项"命令，打开"选项"对话框，然后选择"显示"选项卡，单击"颜色"按钮，如左下图所示。打开"图形窗口颜色"对话框，在"上下文"和"界面元素"列表中依次选择"二维模型空间"和"二维自动捕捉标记"选项，然后单击"颜色"下拉按钮，在弹出的下拉列表中选择作为自动捕捉标记的颜色，并单击"应用并关闭"按钮进行确定，即可改变捕捉标记的颜色，如右下图所示。

单击"颜色"按钮

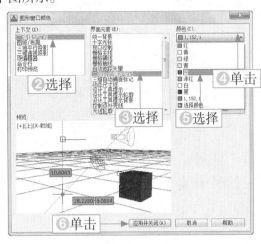

设置捕捉标记的颜色

2. 控制十字光标的大小

选择"工具"|"选项"命令，打开"选项"对话框，然后选择"显示"选项卡，用户可以在"十字光标大小"区域中根据自己的操作习惯，调整十字光标的大小。拖动右下方"十字光标大小"区域中的滑块（如左下图所示），即可调整光标大小，右下图所示是将十字光标调大后的效果。

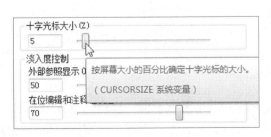

拖动滑块

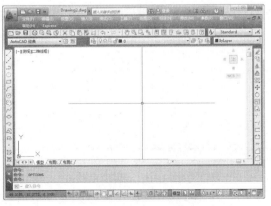

较大的十字光标

3. 改变捕捉标记的大小

改变捕捉标记的大小可以帮助用户精确地捕捉对象。在AutoCAD 2013中，修改捕捉标记大小的方法如下。

选择"工具"|"选项"命令，打开"选项"对话框，然后选择"绘图"选项卡，拖动"自动捕捉标记大小"区域中的滑块，即可调整捕捉标记的大小，如左下图所示。在滑块左侧的预览框中可以预览捕捉标记的大小，右下图所示为较大的圆心捕捉标记。

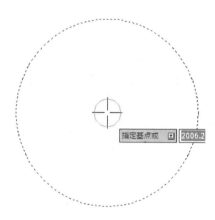

拖动滑块　　　　　　　　　　　　较大的圆心捕捉标记

4. 改变靶框的大小

选择"工具"|"选项"命令，打开"选项"对话框，然后选择"绘图"选项卡，在"靶框大小"区域中，拖动滑块，可以调整靶框的大小，如左下图所示。在滑块左侧的预览框中可预览靶框的大小，右下图所示为较大的靶框形状。

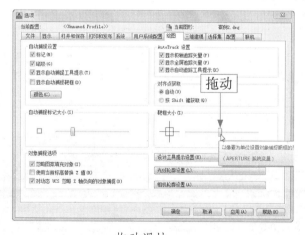

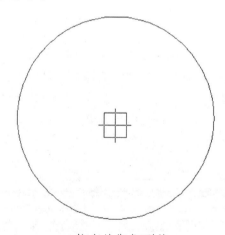

拖动滑块　　　　　　　　　　　　较大的靶框形状

5. 改变拾取框的大小

拾取框是指在执行编辑命令时，光标所变成的一个小正方形框。合理地设置拾取框的大小，对于快速、高效地选取图形是很重要的。若拾取框过大，则在选择实体时很容易将与该实体邻近的其他实体选择在内；若拾取框过小，则不容易准确地选取到实体目标。

在"选项"对话框中选择"选择集"选项卡，然后在"拾取框大小"区域中拖动滑块，即可调整拾取框的大小，如左下图所示。在滑块左侧的预览框中，可以预览拾取框的大小，右下图所示展现了拾取图形时较大拾取框的形状。

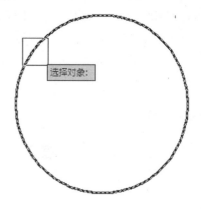

拖动滑块　　　　　　　　　　　　　　　较大拾取框

6. 改变夹点的大小

在AutoCAD中，夹点是选择图形后，在图形的节点上所显示的图标。用户通过拖动夹点的方式，可以改变图形的形状和大小。为了准确地选择夹点对象，用户可以根据需要设置夹点的大小，其方法如下。

在"选项"对话框中选择"选择集"选项卡，然后在"夹点尺寸"区域中拖动滑块，即可调整夹点的大小（如左下图所示）。在滑块左侧的预览框中，可以预览夹点的大小，右下图所示展现了圆的5个夹点。

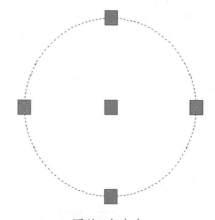

拖动滑块　　　　　　　　　　　　　　　圆的5个夹点

1.7　设置辅助功能

本节将介绍AutoCAD 2013辅助功能的设置。通过对辅助功能进行适当的设置，可以提高用户制图的工作效率和绘图的准确性。

1.7.1　正交功能

在绘图过程中，使用正交功能可以将光标限制在水平或垂直轴向上，同时也限制在当前的栅格旋转角度内。使用正交功能就如同使用直尺绘图，可以使绘制的线条自动处于水平和垂直方向，在绘制水平和垂直方向的直线段时十分有用，如左下图所示。

在AutoCAD中启用正交功能的方法十分简单，只需单击状态栏中的"正交模式"按钮（如右下图所示），或直接按下【F8】键就可以激活正交功能。

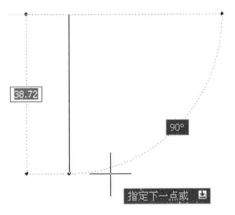

使用正交功能　　　　　　　　　　　　　　　开启正交功能

操作技巧

在AutoCAD 2013中绘制正交或非正交线段时，可以通过按下【F8】键，在打开和关闭正交功能之间进行切换。

1.7.2　极轴追踪

极轴追踪是以极轴坐标为基础，显示由指定的极轴角度所定义的临时对齐路径，然后按照指定的距离进行捕捉，如左下图所示。

在使用极轴追踪时，需要按照一定的角度增量和极轴距离进行追踪。选择"工具"|"绘图设置"命令，在打开的"草图设置"对话框中选择"极轴追踪"选项卡，在该选项卡中，可以启动极轴追踪，如右下图所示。

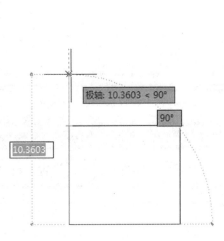

使用极轴追踪　　　　　　　　　　　　　　"极轴追踪"选项卡

在"极轴追踪"选项卡中，常用选项的含义如下。

❀ 启用极轴追踪：用于打开或关闭极轴追踪，也可以通过按【F10】键来打开或关闭极轴追踪。

❀ 增量角：设置用来显示极轴追踪对齐路径的极轴角增量。可以输入任何角度，也可以从下拉列表中选择90、45、30、22.5、18、15、10或5这些常用角度。

❀ 附加角：对极轴追踪使用列表中的任何一种附加角度。注意，附加角度是绝对的，而非增量的。

❀ 角度列表：如果选中"附加角"复选框，将列出可用的附加角度。要添加新的角度，单击"新建"按钮即可；要删除现有的角度，则单击"删除"按钮。

❀ 仅正交追踪：当对象捕捉追踪打开时，仅显示已获得的对象捕捉点的正交（水平/垂直）对象捕捉追踪路径。

1.7.3 对象捕捉设置

AutoCAD提供了精确的对象捕捉特殊点功能，运用该功能可以精确绘制出所需要的图形。进行精确绘图之前，需要进行正确的对象捕捉设置。用户可以在"草图设置"对话框的"对象捕捉"选项卡中，或者在"对象捕捉"工具栏进行对象捕捉的设置。

1. 设置对象捕捉

选择"工具"|"绘图设置"命令，或者右键单击状态栏中的"对象捕捉"按钮，然后在弹出的快捷菜单中选择"设置"命令，如左下图所示。打开"草图设置"对话框，在该对话框的"对象捕捉"选项卡中，可以根据实际需要选择相应的捕捉选项，进行对象特殊点的捕捉设置，如右下图所示。

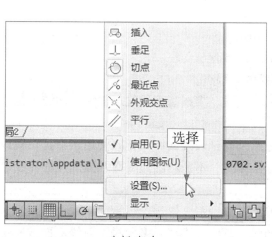
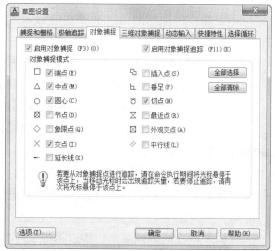

选择命令　　　　　　　　　　　　　　对象捕捉设置

启用对象捕捉设置后，在绘图过程中，当鼠标指针靠近这些被启用捕捉的特殊点时，将自动对其进行捕捉，左下图和右下图所示分别为启用中点捕捉和圆心捕捉功能的效果。

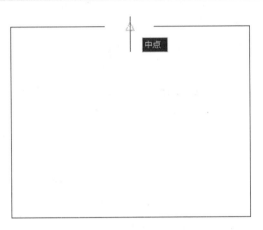

捕捉中点   捕捉圆心

在"对象捕捉"选项卡中主要选项的含义如下。

❀ 启用对象捕捉：打开或关闭对象捕捉。当对象捕捉功能打开时，在"对象捕捉模式"下选定的对象捕捉处于活动状态。

❀ 启用对象捕捉追踪：打开或关闭对象捕捉追踪。使用对象捕捉追踪，在命令中指定点时，光标可以沿基于其他对象捕捉点的对齐路径进行追踪。要使用对象捕捉追踪，必须打开一个或多个对象捕捉。

❀ 对象捕捉模式：列出可以在执行对象捕捉时打开的对象捕捉模式。

❀ 全部选择：打开所有对象捕捉模式。

❀ 全部清除：关闭所有对象捕捉模式。

在对象捕捉模式中，各选项的含义如下。

❀ 端点：捕捉到圆弧、椭圆弧、直线、多线、多段线线段、样条曲线、面域或射线最近的端点，或捕捉宽线、实体或三维面域的最近角点。

❀ 中点：捕捉到圆弧、椭圆、椭圆弧、直线、多线、多段线线段、面域、实体、样条曲线或参照线的中点。

❀ 圆心：捕捉到圆弧、圆、椭圆或椭圆弧的圆心。

❀ 节点：捕捉到点对象、标注定义点或标注文字起点。

❀ 象限点：捕捉到圆弧、圆、椭圆或椭圆弧的象限点。

❀ 交点：捕捉到圆弧、圆、椭圆、椭圆弧、直线、多线、多段线、射线、面域、样条曲线或参照线的交点。

❀ 延长线：当光标经过对象的端点时，显示临时延长线或圆弧，以便用户在延长线或圆弧上指定点。用户需注意在透视视图中进行操作时，不能沿圆弧或椭圆弧的尺寸界线进行追踪。

❀ 插入点：捕捉到属性、块、形或文字的插入点。

❀ 垂足：用于捕捉圆弧、圆、椭圆、椭圆弧、直线、多线、多段线、射线、面域、实体、样条曲线或参照线的垂足。

❀ 切点：捕捉到圆弧、圆、椭圆、椭圆弧或样条曲线的切点。当正在绘制的对象需要捕捉多个垂足时，将自动打开"递延垂足"捕捉模式。

❀ 最近点：捕捉到圆弧、圆、椭圆、椭圆弧、直线、多线、点、多段线、射线、样条曲线或参照线的最近点。

❀ 外观交点：捕捉到不在同一平面但是可能看起来在当前视图中相交的两个对象的外观交点。

❀ 平行线：将直线段、多段线线段、射线或构造线限制为与其他线性对象平行。

2. 应用状态栏工具

使用鼠标右键单击状态栏的"对象捕捉"按钮 ▭，在弹出的快捷菜单中可以选择对象捕捉工具按钮，如左下图所示。其中各个工具按钮的含义与"草图设置"对话框的"对象捕捉"选项卡中对应选项的含义相同。将鼠标指针指向快捷菜单中的"显示"命令，可以在弹出的子菜单中打开或关闭状态栏中对应的工具，如右下图所示。

对象捕捉工具按钮

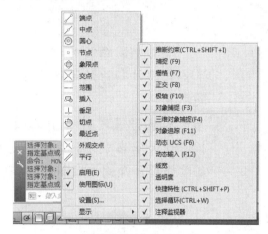
控制状态栏中的工具

1.7.4　对象捕捉追踪

在绘图过程中，除了需要掌握对象捕捉的设置外，也需要掌握对象捕捉追踪的相关知识和应用方法，从而提高绘图的效率。

选择"工具"|"绘图设置"命令，打开"草图设置"对话框，然后选择"对象捕捉"选项卡，再选中"启用对象捕捉追踪"复选框，即可启用对象捕捉追踪功能。另外，也可以直接按下【F11】键，在打开或关闭对象捕捉追踪功能之间进行切换。

启用对象捕捉追踪功能后，在命令中指定点时，光标可以沿基于其他对象捕捉点的对齐路径进行追踪，左下图所示为中点捕捉追踪效果，右下图所示为圆心捕捉追踪效果。

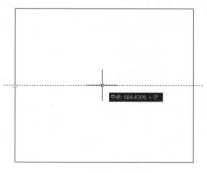
中点捕捉追踪

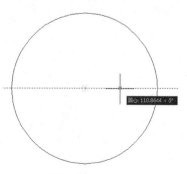
圆心捕捉追踪

Chapter

第02章

家居装修设计

课前导读

随着中国经济的增长，房地产业获得了空前发展，同时促进了室内设计行业的迅速发展，室内设计师已经成为一个备受关注的职业。

本章将通过对一个比较有代表性的家居装修设计案例的解析，让大家在熟练使用AutoCAD进行室内装修绘图的同时，对家居装修设计原则与设计风格有更多的了解。

本章学习要点

❀ 绘制平面结构图
❀ 绘制平面布局图
❀ 绘制天花布局图
❀ 绘制立面图

精彩效果赏析

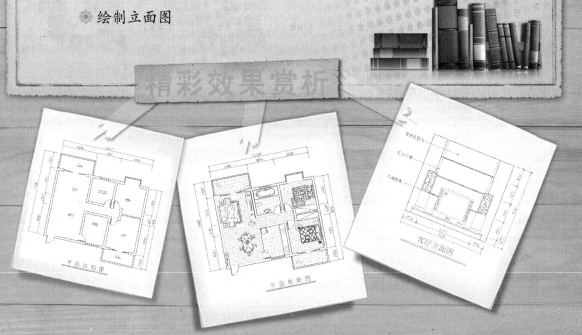

2.1　室内设计基础

随着房地产业的迅猛发展，室内装修设计的发展也变得十分迅速。本节将重点介绍室内装修设计的基本知识，帮助大家为后面的学习打下良好的基础。

2.1.1　室内设计概述

室内设计是一门综合性较强的学科，是根据建筑物的使用性质、所处环境和相应标准，在建筑学、美学原理指导下，运用虚拟的物质技术手段（即运用手工或电脑绘图），为人们创造出功能合理、舒适优美、满足物质和精神生活需要的室内环境。因此，室内设计又称为室内环境艺术设计。

2.1.2　室内设计中的关键要素

由于进行室内设计的最终目的有两点：一是保证人们室内居住的舒适性；二是提高室内环境的精神层次，增强人们的审美。所以在进行室内设计的过程中，需要掌握以下要素。

1．照明设计

在进行室内照明设计的过程中，不只是单纯地考虑室内如何布置灯光，首先要了解原建筑物所处的环境，考虑室内外的光线结合来进行室内照明的设计。对于室外光线长期处于较暗的照明，在设计过程中，应考虑在室内设计一些白天常用到的照明设施，对于室外环境光线较好的情况，重点应放在夜晚的照明设计上。

照明设计是室内设计非常重要的一环，如果没有光线，环境中的一切都无法显现出来。光不仅是视觉所需，而且还可以改变光源性质、位置、颜色和强度等指标来表现室内设计内容。在保证空间有足够照明的同时，光还可以深化表现力、调整和完善其艺术效果、创造环境氛围。室内照明所用的光源因光源的性能、灯具造型的不同而产生不同的光照效果，如下图所示。

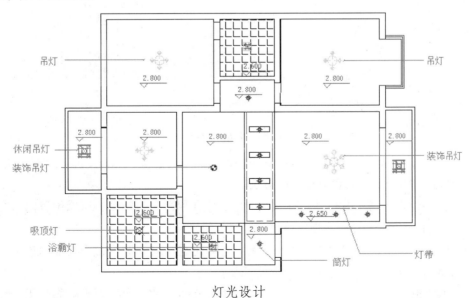

灯光设计

2. 室内设计的材料安排

室内环境空间的特征由其材料、质感、色彩和光照条件等因素构成，其中材料及质感起决定性作用。

室内空间给人们的环境视觉印象，在很大程度上取决于各界面所选用的材料，及其表面肌理和质感。全面综合考虑不同材料的特征，巧妙地运用材质的特性，把材料应用得自然协调，如下图所示。

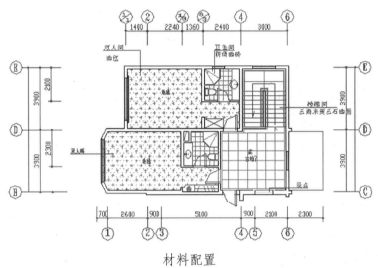

材料配置

3. 室内色彩的搭配

色彩的物理刺激可以对人的视觉生理产生影响，形成色彩的心理印象。在红色环境中，人的情绪容易兴奋冲动；在蓝色环境中，人的情绪较为沉静，如下图所示。

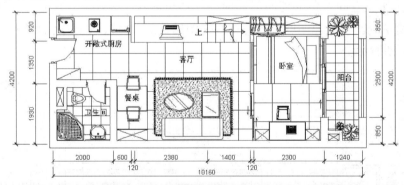

色调清爽的家居

在日常生活中，不同类型的人喜欢不同的色彩。室内色彩的搭配，应符合屋主的心理感受，通常可以考虑以下5种色调搭配的方法。

（1）轻快玲珑色调，中心色为黄色、橙色。地毯用橙色，窗帘、床罩用黄白印花布，沙发、天花板用灰色调，加一些绿色植物衬托，气氛别致。

（2）轻柔浪漫色调，中心色为柔和的粉红色。地毯、灯罩和窗帘用红加白色调，家具用白色，房间局部点缀淡蓝，有浪漫温馨的气氛。

（3）典雅靓丽色调，中心色为粉红色。沙发、灯罩用粉红色，窗帘、靠垫用粉红印花布，地板用淡茶色，墙壁用奶白色，此色调较适合年青女性。

（4）典雅优美色调，中心色为玫瑰色和淡紫色。地毯用浅玫瑰色，沙发用比地毯深一些的玫瑰色，窗帘可以选淡紫印花布，灯罩和灯杆用玫瑰色或紫色，放一些绿色的靠垫和盆栽植物点缀，墙和家具用灰白色，以取得雅致优美的效果。

（5）华丽清新色调，中心色为酒红色、蓝色和金色。沙发用酒红色，地毯用暗土红色，墙面用明亮的米色，局部点缀金色（如镀金的壁灯），再加一些蓝色作为辅助，即可产生华丽清新格调。

4．符合人体工程学

人体工程学是根据人的解剖学、心理学和生理学等特性，掌握并了解人的活动能力及其极限，使生产器具、工作环境和起居条件等与人体功能相适应的科学。在室内设计过程中，满足人体工程学可以设计出符合人体结构且使用效率高的用具，让使用者操作更方便。设计者在建立空间模型的同时，要根据客观规律掌握人体的尺度、四肢活动的范围，使人体在进行某项操作时，能承受负荷及由此产生的生理和心理变化等，进行更有效的场景建模，如下图所示。

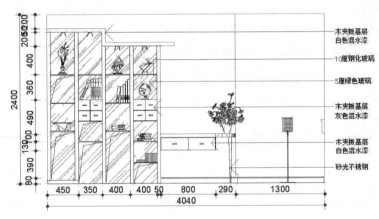

合理的书房空间

5．室内空间的构图

人们要创建出美的空间环境，就必须根据美的法则来设计构图，才能达到理想的效果。这个原则必须遵循一个共同的准则：多样统一，也称有机统一，即在统一中求变化，在变化中求统一。在进行此内容的设计时，还必须注意以下4个问题。

（1）突出重点

在一个有机统一的整体中，各组成部分不能不加区别而一律对待。它们应当有主次之分，有重点与一般的区别，有核心与外围组织的差别。否则，各要素平均分布、同等对待，即使排列得整整齐齐、井然有序，也难免会显得松散、单调而失去统一性。

（2）寻求均衡与稳定

存在决定意识，也决定着人们的审美观念。从与重力作斗争的实践中逐渐形成了一整套与重力有联系的审美观念，这就是均衡与稳定。

以静态均衡来讲，有两种基本形式：对称与非对称。近现代室内装饰理论特别强调时间和运动这两个因素，就是说人们对于室内的观赏不是固定于某一个点，而是在连续运动的过程中来观察，并从各个角度来考虑室内体形的均衡问题。

（3）显示韵律与节奏

韵律美是指人们有意识地加以模仿和运用，从而创造出各种以条理性、重复性和连续性为特征的美的形式。按其形式特点可以将韵律美分为3种不同的类型：连续韵律、渐变韵律和起伏韵律。韵律美在环境设计中的体现极为广泛、普遍，不论是古代室内还是现代室内，几乎处处都能给人以韵律美的节奏感。

（4）合理的比例与尺度

和比例相连的另一个范畴是尺度。尺度所研究的内容是，室内的整体或局部给人感觉上的大小印象和其真实大小之间的关系问题。比例主要表现为各部分数量关系之比，它是相对的，可以不涉及具体尺寸，在一般情况下，两者应当是一致的。一切造型艺术，都存在着比例关系是否和谐的问题，和谐的比例给人以美感。

2.1.3 室内设计的流程

室内装饰设计是在建筑工程图的基础上，表现出室内空间更具价值的效果。室内装饰设计的过程主要包括：设计师与客户的初次沟通、收集资料与调查、方案的初步设计、设计师与客户的具体沟通、绘制详细的设计图纸、进行装修预算、签约合同、制定施工进度表、进行施工、工程完工及验收。室内装饰设计的具体流程如下图所示。

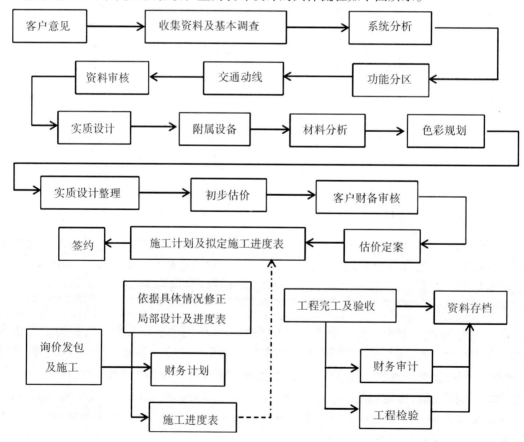

室内装饰设计的具体流程

2.2 绘制平面结构图

案例效果

 源文件路径：
光盘\源文件\第2章\2.2

 素材路径：
无

 教学视频路径：
光盘\教学视频\第2章

 制作时间：
35分钟

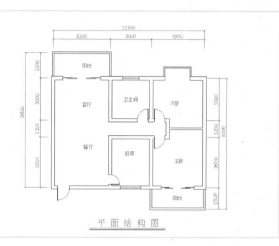

平 面 结 构 图

设计与制作思路

　　在进行装修方案的设计前，首先需要完成平面结构图的绘制。本实例绘制的设计图是一个两室两厅的现代居家户型。

　　在绘制平面结构图的过程中，首先创建绘图所需要的图层，然后绘制平面结构图的轴线，并根据轴线绘制墙体图形，接下来绘制门和窗户图形，最后再设置标注样式并对图形进行尺寸标注。

2.2.1 设置绘图环境

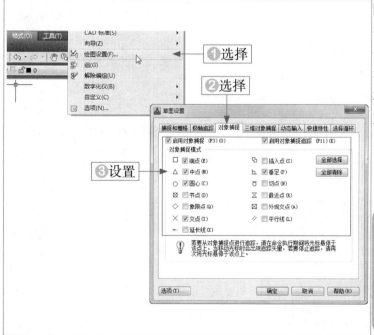

Step 01 设置对象捕捉❶选择"工具"|"绘图设置"命令，打开"草图设置"对话框。❷选择"对象捕捉"选项卡。❸根据左图所示进行对象捕捉选项设置。

操作技巧

　　输入"绘图设置"的简化命令语句SE并确定，可以快速打开"草图设置"对话框，进行对象捕捉的设置。

Step 02 设置全局比例因子 ❶选择"格式"|"线型"命令，打开"线型管理器"对话框。❷设置"全局比例因子"为50，如左图所示。

操作技巧

如果在打开的"线型管理器"对话框中没有显示"全局比例因子"这个选项，可以在对话框的左上方单击"显示细节"按钮，显示该选项。

Step 03 取消线宽显示 ❶选择"格式"|"线宽"命令，打开"线宽设置"对话框。❷取消选择"显示线宽"复选框，如左图所示。

经验分享

取消线宽的显示后，图形中的粗线条也将统一显示为细线效果，这有利于绘图时对图形进行观察，取消线宽显示并不会影响打印效果。

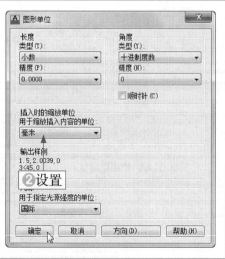

Step 04 设置图形单位 ❶选择"格式"|"单位"命令，打开"图形单位"对话框。❷设置插入内容的单位为"毫米"，如左图所示。

2.2.2　创建图层

Step 01 新建"轴线"图层❶执行"图层（LA）"命令，在打开的图层特性管理器中单击"新建图层"按钮❷。❷将创建的图层命名为"轴线"，如左图所示。

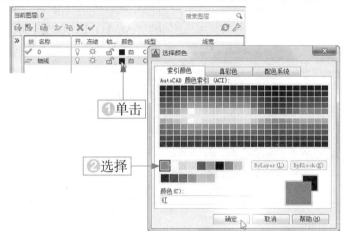

Step 02 设置图层颜色❶单击"轴线"图层的颜色图标。❷在打开的"选择颜色"对话框中设置图层的颜色为红色，如左图所示。

Step 03 设置线型❶单击"轴线"图层的线型图标，打开"选择线型"对话框。❷单击"加载"按钮，打开"加载或重载线型"对话框，如左图所示。

经验分享

　　设置图层的颜色、线型和线宽，可以对该图层中所有图形的属性进行统一管理，但需要注意，如果图层中图形的属性控制并非为ByLayer选项，则在更改图层属性时，不能对该图形的属性进行更改。

Step 04 加载线型 ❶ 在打开的"加载或重载线型"对话框中选择"ACAD_ISO08W100"选项。❷单击"确定"按钮，返回"选择线型"对话框，如左图所示。

Step 05 选择线型 ❶ 在"选择线型"对话框中选择加载的"ACAD_ISO08W100"线型。❷单击"确定"按钮，完成"轴线"图层的设置，如左图所示。

Step 06 新建"墙体"图层 ❶ 单击"新建图层"按钮。❷将新建的图层命名为"墙体"，如左图所示。

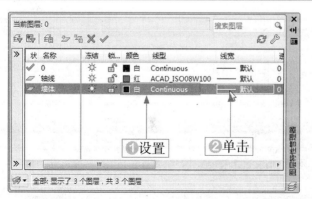

Step 07 设置"墙体"图层属性 ❶ 依次将"墙体"图层的颜色改为白色、将线型改为"Continuous"。❷单击"墙体"图层右侧的线宽图标，如左图所示。

Step 08 设置图层线宽 ❶在打开的"线宽"对话框中选择"0.30mm"选项。❷单击"确定"按钮,完成图层线宽的设置,如左图所示。

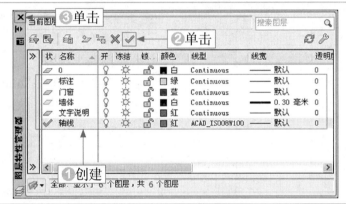

Step 09 创建其他图层 ❶继续创建"门窗"、"标注"和"文字说明"图层,并设置好各图层的属性。❷选择"轴线"图层,再单击"置为当前"按钮☑,将"轴线"图层设置为当前层。❸单击"关闭"按钮✕,关闭图层特性管理器,如左图所示。

2.2.3　绘制轴线

Step 01 绘制线段 ❶执行"直线(L)"命令,绘制一条长11100的水平线段。❷执行"直线(L)"命令,绘制一条长11100的垂直线段,如左图所示。

Step 02 偏移线段 ❶执行"偏移(O)"命令,设置偏移距离为4200。❷将垂直线段向右偏移一次,效果如左图所示。

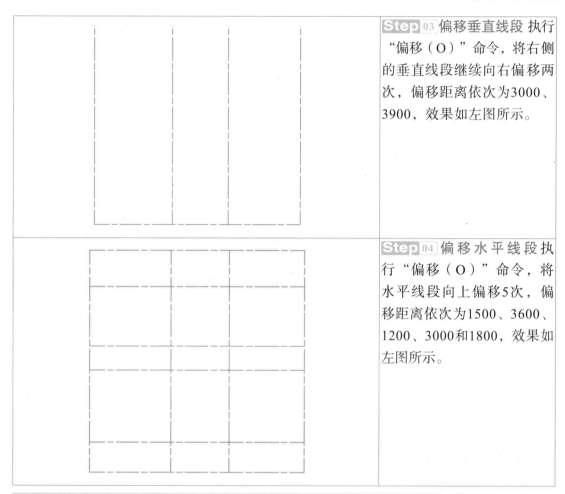

Step 03 偏移垂直线段 执行"偏移（O）"命令，将右侧的垂直线段继续向右偏移两次，偏移距离依次为3000、3900，效果如左图所示。

Step 04 偏移水平线段 执行"偏移（O）"命令，将水平线段向上偏移5次，偏移距离依次为1500、3600、1200、3000和1800，效果如左图所示。

2.2.4 绘制墙体

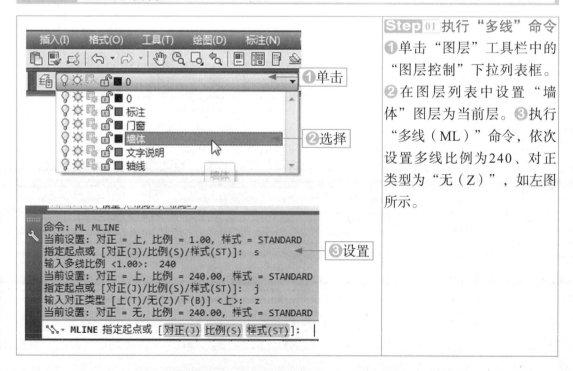

Step 01 执行"多线"命令 ❶单击"图层"工具栏中的"图层控制"下拉列表框。❷在图层列表中设置"墙体"图层为当前层。❸执行"多线（ML）"命令，依次设置多线比例为240、对正类型为"无（Z）"，如左图所示。

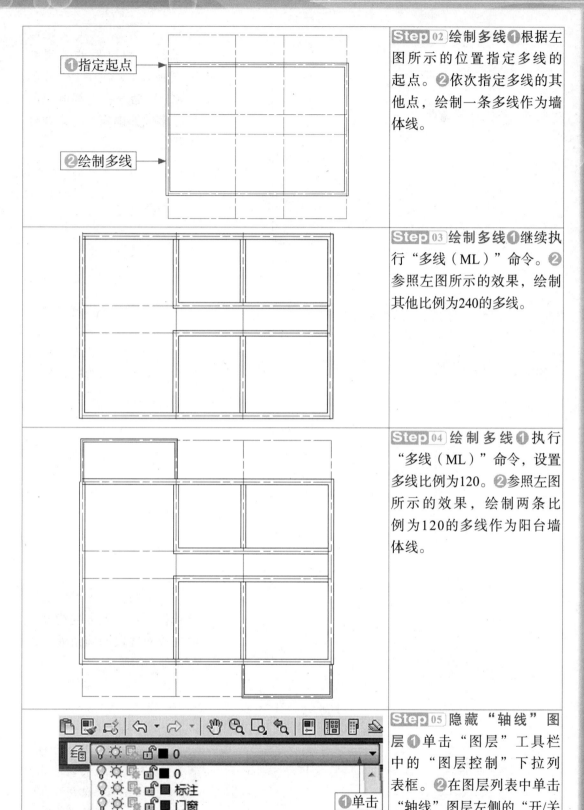

Step 02 绘制多线❶根据左图所示的位置指定多线的起点。❷依次指定多线的其他点，绘制一条多线作为墙体线。

Step 03 绘制多线❶继续执行"多线（ML）"命令。❷参照左图所示的效果，绘制其他比例为240的多线。

Step 04 绘制多线❶执行"多线（ML）"命令，设置多线比例为120。❷参照左图所示的效果，绘制两条比例为120的多线作为阳台墙体线。

Step 05 隐藏"轴线"图层❶单击"图层"工具栏中的"图层控制"下拉列表框。❷在图层列表中单击"轴线"图层左侧的"开/关图层"图标💡，将该图层隐藏，如左图所示。

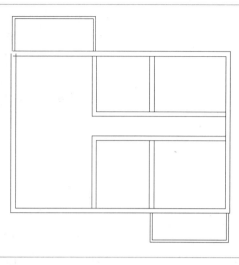

Step 06 分解多线 ❶隐藏"轴线"图层后的效果如左图所示。❷执行"分解（X）"命令，选择绘制的所有多线并确定，将多线分解开。

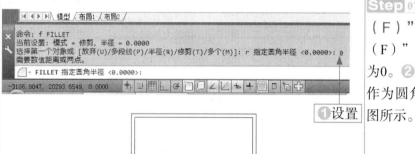

❶设置

❷选择 → 选择第一个对象或 ▣

Step 07 执行"圆角（F）"命令 ❶执行"圆角（F）"命令，设置圆角半径为0。❷选择图形左侧的线段作为圆角第一条线段，如左图所示。

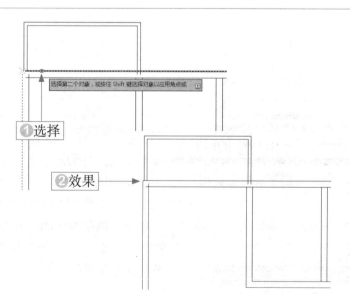

选择第二个对象，或按住 Shift 键选择对象以应用角点或 ▣

❶选择

❷效果 →

Step 08 圆角处理线段 ❶继续选择图形左上方的线段。❷完成对线段的圆角处理，效果如左图所示。

经 验 分 享

在对多线进行圆角处理前，首先需要使用"分解（X）"命令将多线分解为独立的线段，否则无法对其进行圆角处理。

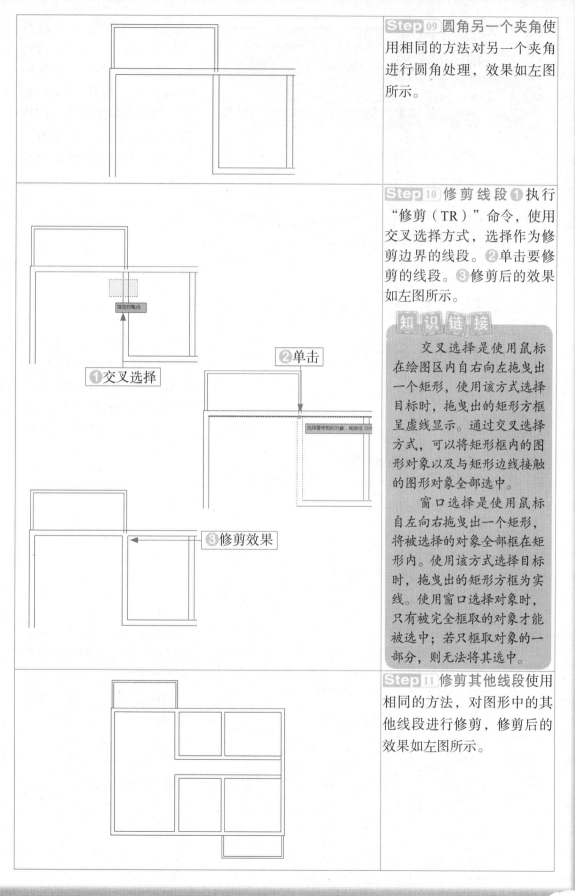

Step 09 圆角另一个夹角使用相同的方法对另一个夹角进行圆角处理，效果如左图所示。

Step 10 修剪线段①执行"修剪（TR）"命令，使用交叉选择方式，选择作为修剪边界的线段。②单击要修剪的线段。③修剪后的效果如左图所示。

知识链接

交叉选择是使用鼠标在绘图区内自右向左拖曳出一个矩形，使用该方式选择目标时，拖曳出的矩形方框呈虚线显示。通过交叉选择方式，可以将矩形框内的图形对象以及与矩形边线接触的图形对象全部选中。

窗口选择是使用鼠标自左向右拖曳出一个矩形，将被选择的对象全部框在矩形内。使用该方式选择目标时，拖曳出的矩形方框为实线。使用窗口选择对象时，只有被完全框取的对象才能被选中；若只框取对象的一部分，则无法将其选中。

Step 11 修剪其他线段使用相同的方法，对图形中的其他线段进行修剪，修剪后的效果如左图所示。

①交叉选择

②单击

③修剪效果

Step 12 偏移线段❶执行"偏移（O）"命令，设置偏移距离为2430。❷选择图形右侧的线段作为偏移对象。❸在选择线段的左侧单击鼠标左键指定偏移的方向，偏移线段后的效果如左图所示。

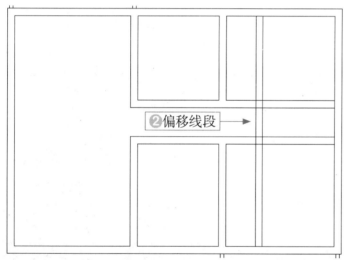

Step 13 偏移线段❶继续执行"偏移（O）"命令，设置偏移距离为240。❷将刚才偏移得到的线段继续向左偏移一次，效果如左图所示。

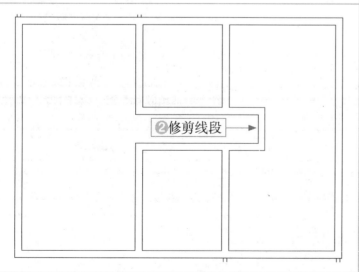

Step 14 修剪线段❶执行"修剪（TR）"命令，选择偏移得到的线段和中间的两条墙体线。❷参照左图所示的图形效果对线段进行修剪。

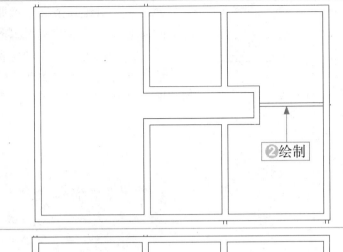

Step 15 绘制多线 ❶执行"多线（ML）"命令，设置多线的比例为120。❷参照左图所示的图形效果，以步骤14中修剪后的线段中点为起点，向右绘制一条多线。

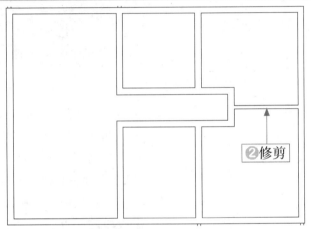

Step 16 修剪线段 ❶执行"修剪（TR）"命令，选择多线为修剪边界。❷参照左图所示的图形效果，对线段进行修剪。

2.2.5 创建门洞

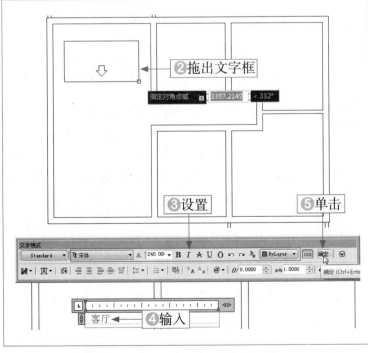

Step 01 创建文字 ❶将"文字说明"图层设置为当前层。❷执行"多行文字（MT）"命令，在左图所示的位置拖动鼠标绘制一个文字框，确定文字的区域。❸在打开的"文字格式"工具栏中依次设置字体为"宋体"、字号为240、颜色为"ByLayer（随层）"。❹在文字框中输入文字内容"客厅"。❺单击"确定"按钮，完成文字的创建。

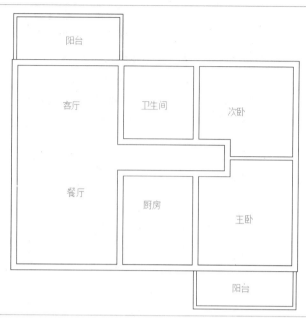

Step 02 创建其他文字参照前面的方法，继续使用"多行文字（MT）"命令创建表示其他房间功能的文字，效果如左图所示。

操 作 技 巧

在这里对房间进行文字标注，是为了方便后面的操作讲解，在实际绘制过程中，用户可以在最后对图形进行文字标注。

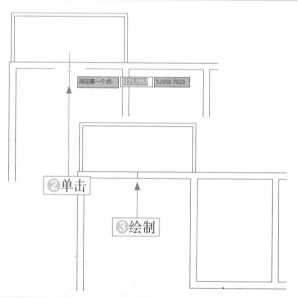

Step 03 绘制线段❶将"文字说明"图层暂时隐藏起来，并将"墙体"图层设置为当前层。❷执行"直线（L）"命令，在左图所示的线段中点处单击鼠标左键指定线段的起点。❸向上移动鼠标指针捕捉线段的垂足，绘制一条垂直线段。

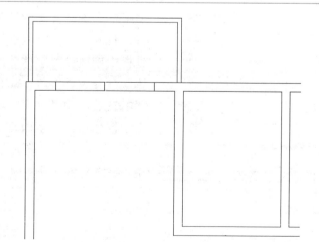

Step 04 偏移线段❶执行"偏移（O）"命令，设置偏移距离为1400。❷参照左图所示的效果，将绘制的垂直线段分别向左右各偏移一次。

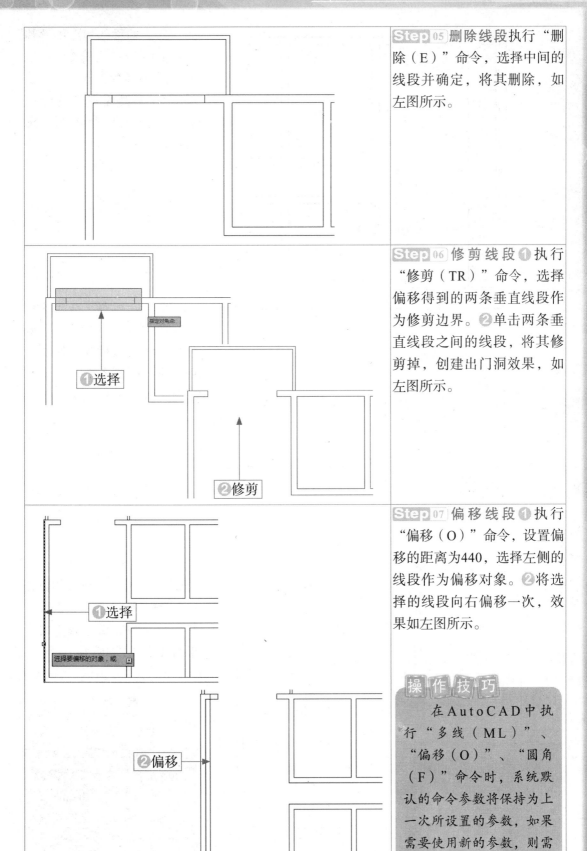

Step 05 删除线段执行"删除（E）"命令，选择中间的线段并确定，将其删除，如左图所示。

Step 06 修剪线段❶执行"修剪（TR）"命令，选择偏移得到的两条垂直线段作为修剪边界。❷单击两条垂直线段之间的线段，将其修剪掉，创建出门洞效果，如左图所示。

Step 07 偏移线段❶执行"偏移（O）"命令，设置偏移的距离为440，选择左侧的线段作为偏移对象。❷将选择的线段向右偏移一次，效果如左图所示。

操作技巧

在AutoCAD中执行"多线（ML）"、"偏移（O）"、"圆角（F）"命令时，系统默认的命令参数将保持为上一次所设置的参数，如果需要使用新的参数，则需要重新进行参数的设置。

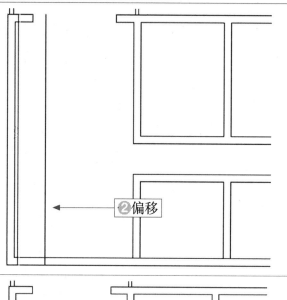

Step 08 偏移线段❶继续执行"偏移（O）"命令，设置偏移的距离为900。❷将上步骤07中偏移得到的线段向右偏移一次，效果如左图所示。

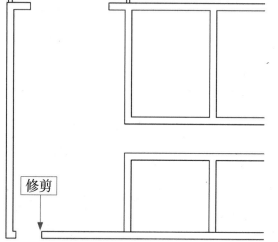

Step 09 修剪偏移线段执行"修剪（TR）"命令，对偏移后的图形进行修剪处理，创建进户门洞图形，效果如左图所示。

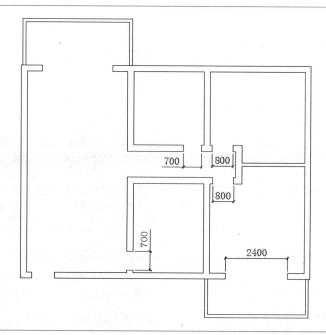

Step 10 创建其他门洞使用前面介绍的方法，继续创建厨房、卫生间、主卧室、次卧室和两个阳台的门洞，图形的效果和尺寸如左图所示。

知识链接

在室内装修图中，卧室和书房门的尺寸通常为800mm，厨房和卫生间门的尺寸通常为700mm，进户门的尺寸通常为900mm，而阳台门的尺寸则根据具体情况而定。

2.2.6 创建平面门

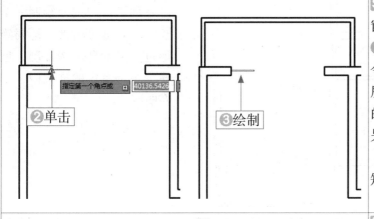

②单击 | 指定第一个角点或 40136.5426

③绘制

Step 01 创建矩形❶将"门窗"图层设置为当前层。❷执行"矩形（REC）"命令，在客厅上方捕捉左图所示的线段中点作为矩形的第一个角点。❸输入矩形另一个角点的相对坐标为"@700，40"并确定，完成矩形的创建。

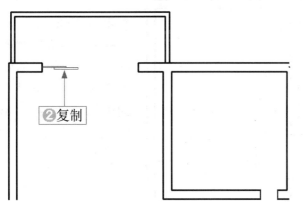

②复制

Step 02 复制矩形❶执行"复制（CO）"命令，选择创建的矩形。❷将其向右侧进行复制，效果如左图所示。

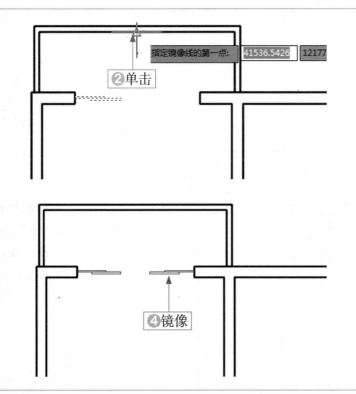

②单击 | 指定镜像线的第一点 41536.5426 12177

④镜像

Step 03 镜像复制矩形❶执行"镜像（MI）"命令，使用交叉方式选择创建的两个矩形。❷在上方线段的中点处单击鼠标左键，指定镜像线的第一个点。❸向下移动鼠标指针，在垂直线上指定镜像线的第二个点。❹保持默认的选项进行确定，完成镜像复制操作，效果如左图所示。

设
计
师
实
战
应
用

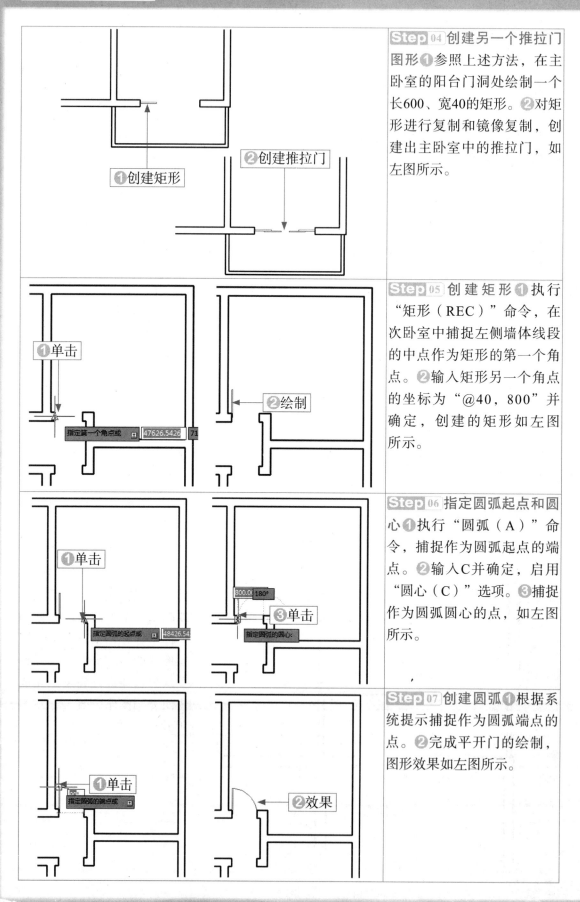

Step 04 创建另一个推拉门图形❶参照上述方法，在主卧室的阳台门洞处绘制一个长600、宽40的矩形。❷对矩形进行复制和镜像复制，创建出主卧室中的推拉门，如左图所示。

❶创建矩形

❷创建推拉门

Step 05 创建矩形❶执行"矩形（REC）"命令，在次卧室中捕捉左侧墙体线段的中点作为矩形的第一个角点。❷输入矩形另一个角点的坐标为"@40，800"并确定，创建的矩形如左图所示。

❶单击

指定第一个角点或 | 47626.5426 | 71

❷绘制

Step 06 指定圆弧起点和圆心❶执行"圆弧（A）"命令，捕捉作为圆弧起点的端点。❷输入C并确定，启用"圆心（C）"选项。❸捕捉作为圆弧圆心的点，如左图所示。

❶单击

指定圆弧的起点或 | 48426.54

800.0 180°

❸单击

指定圆弧的圆心：

Step 07 创建圆弧❶根据系统提示捕捉作为圆弧端点的点。❷完成平开门的绘制，图形效果如左图所示。

❶单击

指定圆弧的端点或

❷效果

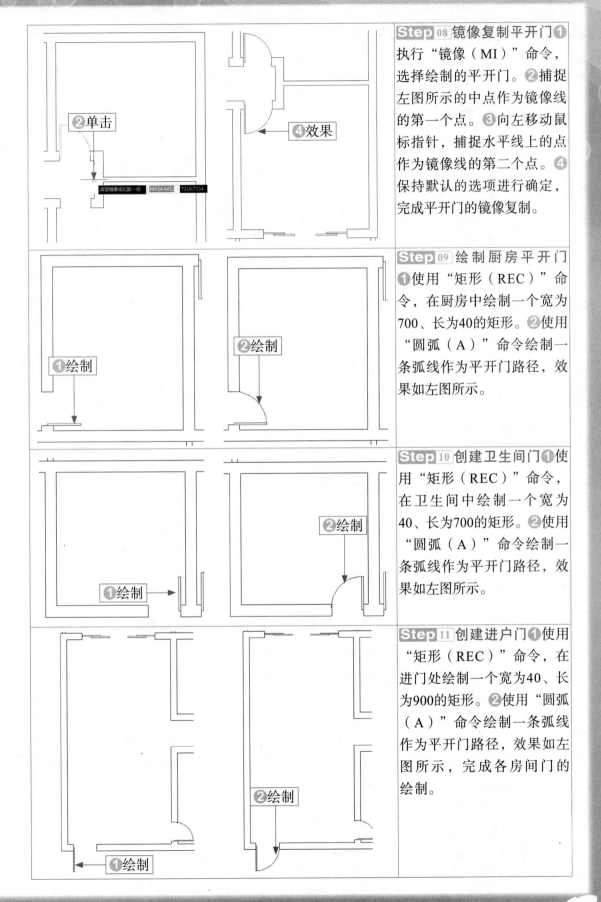

Step 08 镜像复制平开门❶执行"镜像（MI）"命令，选择绘制的平开门。❷捕捉左图所示的中点作为镜像线的第一个点。❸向左移动鼠标指针，捕捉水平线上的点作为镜像线的第二个点。❹保持默认的选项进行确定，完成平开门的镜像复制。

Step 09 绘制厨房平开门❶使用"矩形（REC）"命令，在厨房中绘制一个宽为700、长为40的矩形。❷使用"圆弧（A）"命令绘制一条弧线作为平开门路径，效果如左图所示。

Step 10 创建卫生间门❶使用"矩形（REC）"命令，在卫生间中绘制一个宽为40、长为700的矩形。❷使用"圆弧（A）"命令绘制一条弧线作为平开门路径，效果如左图所示。

Step 11 创建进户门❶使用"矩形（REC）"命令，在进门处绘制一个宽为40、长为900的矩形。❷使用"圆弧（A）"命令绘制一条弧线作为平开门路径，效果如左图所示，完成各房间门的绘制。

2.2.7 创建平面窗户

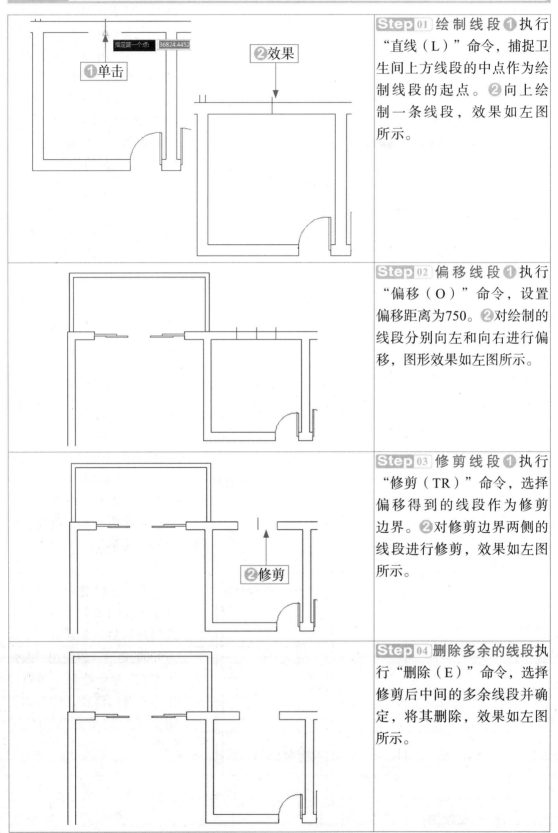

Step 01 绘制线段❶执行"直线（L）"命令，捕捉卫生间上方线段的中点作为绘制线段的起点。❷向上绘制一条线段，效果如左图所示。

Step 02 偏移线段❶执行"偏移（O）"命令，设置偏移距离为750。❷对绘制的线段分别向左和向右进行偏移，图形效果如左图所示。

Step 03 修剪线段❶执行"修剪（TR）"命令，选择偏移得到的线段作为修剪边界。❷对修剪边界两侧的线段进行修剪，效果如左图所示。

Step 04 删除多余的线段执行"删除（E）"命令，选择修剪后中间的多余线段并确定，将其删除，效果如左图所示。

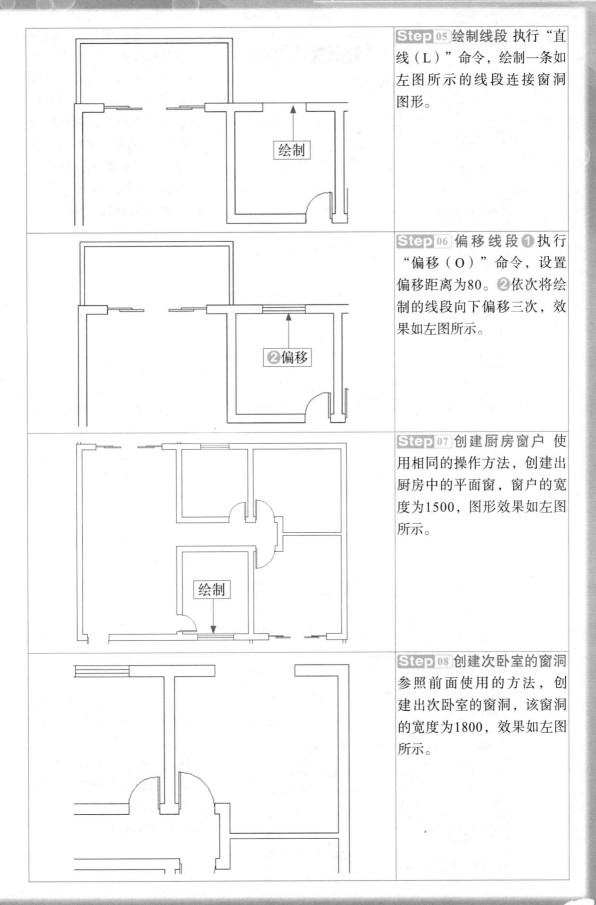

Step 05 绘制线段 执行"直线（L）"命令，绘制一条如左图所示的线段连接窗洞图形。

Step 06 偏移线段 ❶执行"偏移（O）"命令，设置偏移距离为80。❷依次将绘制的线段向下偏移三次，效果如左图所示。

Step 07 创建厨房窗户 使用相同的操作方法，创建出厨房中的平面窗，窗户的宽度为1500，图形效果如左图所示。

Step 08 创建次卧室的窗洞 参照前面使用的方法，创建出次卧室的窗洞，该窗洞的宽度为1800，效果如左图所示。

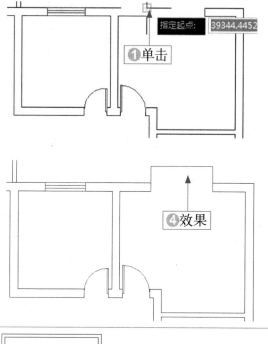

Step 09 绘制多段线①执行"多线段（PL）"命令，捕捉左图所示的端点作为多线段的起点。②向上指定多线段的下一个点，设置距离为600。③向右指定多线段的下一个点，设置距离为1800。④继续向下指定多段线的端点，完成多段线的绘制。

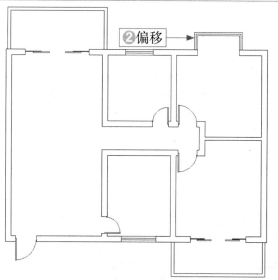

Step 10 偏移多段线①使用"偏移（O）"命令，设置偏移距离为60。②将绘制的多段线向外偏移两次，创建出飘窗图形，效果如左图所示。

2.2.8 标注结构图尺寸

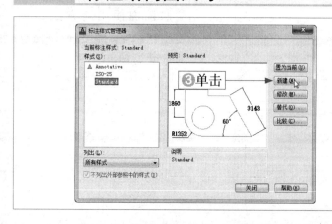

Step 01 单击"新建"按钮①将"标注"图层设置为当前层。②执行"标注样式（D）"命令，打开"标注样式管理器"对话框。③单击该对话框中的"新建"按钮，如左图所示。

Step 02 创建新标注样式 ❶在打开的"创建新标注样式"对话框中输入样式名"建筑"。❷单击"继续"按钮，如左图所示。

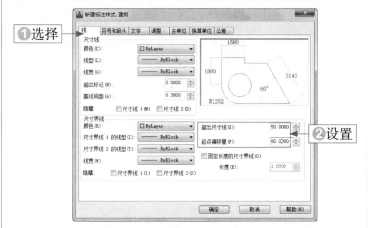

Step 03 设置尺寸线参数❶在打开的"新建标注样式"对话框中选择"线"选项卡。❷设置尺寸界线"超出尺寸线"的值为50、"起点偏移量"的值为80，如左图所示。

Step 04 设置符号和箭头 ❶选择"符号和箭头"选项卡。❷设置箭头和引线为"建筑标记"，设置"箭头大小"为80，如左图所示。

Step 05 设置文字参数❶选择"文字"选项卡。❷设置"文字高度"为280。❸设置文字的垂直对齐为"上"，设置"从尺寸线偏移"的值为100，如左图所示。

Step 06 设置标注的精度❶选择"主单位"选项卡。❷设置"精度"值为0。❸单击"确定"按钮进行确定，如左图所示。❹关闭"标注样式管理器"对话框。

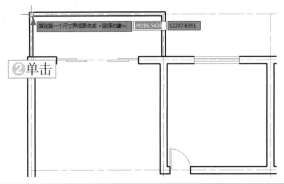

Step 07 捕捉尺寸标注的第一个原点❶打开"轴线"图层。❷执行"线性（DLI）"命令，捕捉尺寸标注的第一个原点，如左图所示。

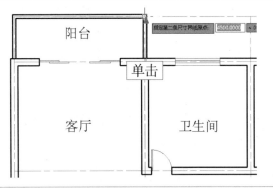

阳台

客厅　　　　卫生间

Step 08 捕捉尺寸标注的第二个原点向右移动鼠标指针，捕捉尺寸标注的第二个原点，如左图所示。

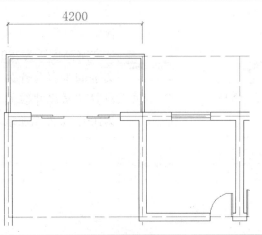

4200

Step 09 创建线性标注向上移动鼠标指针指定尺寸线的位置，创建的线性标注如左图所示。

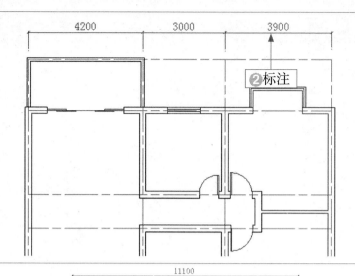

Step 10 连续标注上方尺寸 ❶执行"连续标注（DCO）"命令。❷通过捕捉图形上方轴线的交点，对图形进行连续标注，效果如左图所示。

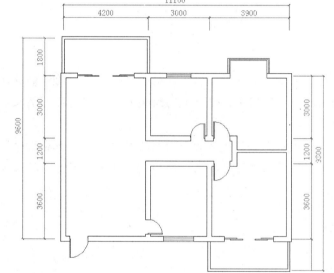

Step 11 创建其他尺寸标准 ❶使用同样的方法，创建结构图的其他尺寸标注。❷隐藏"轴线"图层，效果如左图所示。

平面结构图

Step 12 标注图形文字❶打开"文字说明"图层，并将其设置为当前层。❷执行"单行文字（DT）"命令。❸设置文字的高度为450。❹输入文字内容"平面结构图"，对图形进行文字标注。❺使用"直线（L）"命令，在说明文字下方绘制三条线段，完成本实例平面结构图的绘制，效果如左图所示。

2.3 绘制平面布局图

案例效果

 源文件路径：
光盘\源文件\第2章\2.3

 素材路径：
光盘\素材\第2章\2.3

 教学视频路径：
光盘\教学视频\第2章

 制作时间：
40分钟

平面布局图

设计与制作思路

　　这个室内设计中更多地考虑业主精神上的需要，以简约、高雅、实用的格调展开设计。本实例在绘制平面布局图的操作过程中，可以分为绘制室内家具图形、插入常见图块和填充地面图案等环节。

　　在绘制平面布局图的过程中，可以复制创建好的平面结构图作为平面布局图的绘制基础，然后隐藏影响绘图的图形，再根据设计要求依次绘制家具平面图形、插入常见的室内图块和填充地面布局图案。

2.3.1 创建室内家具图形

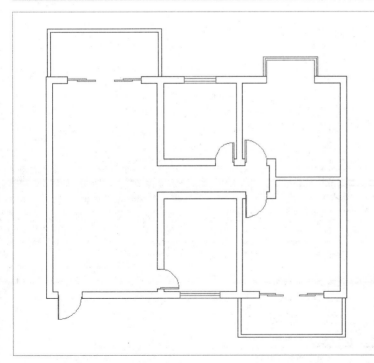

Step 01 复制并修改平面结构图❶新建一个空白文档。❷打开前面绘制好的平面结构图，将其复制到新建文档中。❸隐藏"标注"图层。❹删除图形中的文字对象，修改后的图形效果如左图所示。

Step 02 执行"插入"命令 ❶执行"插入（I）"命令。❷在打开的"插入"对话框中单击"浏览"按钮，如左图所示。

Step 03 打开素材❶在打开的"选择图形文件"对话框中选择实例素材的位置。❷选择需要的素材文件"平面图素材.dwg"。❸单击"打开"按钮，如左图所示。

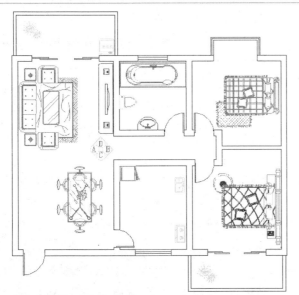

Step 04 布置素材❶选择素材后，返回"插入"对话框中单击"确定"按钮，将平面素材插入到当前图形中。❷执行"分解（X）"命令，将插入的素材分解开。❸使用"移动（M）"命令将各个素材移动到适当的位置，效果如左图所示。

Step 05 设置当前绘图颜色❶单击"特性"工具栏中的"颜色控制"下拉按钮。❷在弹出的下拉列表中选择"蓝"选项，如左图所示。

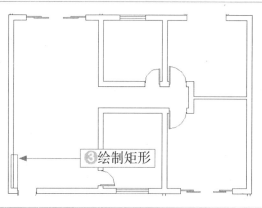

Step 06 绘制矩形❶执行"矩形（REC）"命令。❷捕捉进户门处的墙体上端点作为矩形的第一个角点。❸输入矩形另一个角点的坐标为"@-300，1500"并确定，创建的矩形如左图所示。

❸绘制矩形

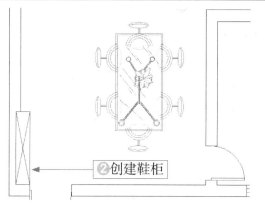

Step 07 创建鞋柜❶执行"直线（L）"命令，在矩形中绘制两条对角线，表示创建的鞋柜图形。❷执行"修剪（TR）"命令，对鞋柜内的墙体线进行修剪，效果如左图所示。

❷创建鞋柜

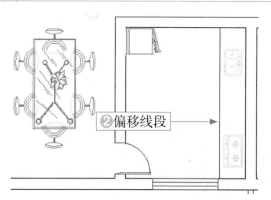

Step 08 偏移线段❶执行"偏移（O）"命令，设置偏移距离为600。❷将厨房右侧的墙体线向左侧偏移一次，如左图所示。

❷偏移线段

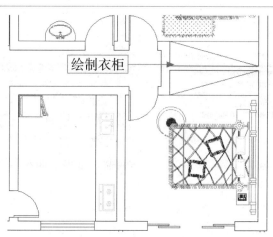

Step 09 绘制衣柜执行"直线（L）"命令，在主卧室和次卧室中各绘制一条水平线段和一条斜线段，创建出各个房间中的衣柜图形，如左图所示。

绘制衣柜

2.3.2 填充地面图案

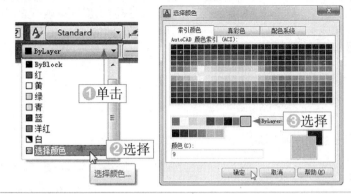

Step 01 设置当前绘图颜色❶单击"特性"工具栏中的"颜色控制"下拉按钮。❷在弹出的下拉列表中选择"选择颜色"选项。❸在打开的"选择颜色"对话框中选择索引颜色为9的灰色，然后进行确定，如左图所示。

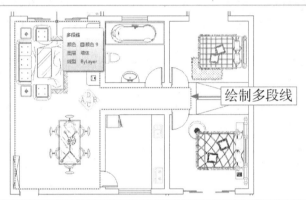

Step 02 绘制多段线执行"多段线（PL）"命令，沿客厅、餐厅和过道边缘绘制一条多段线，如左图所示。

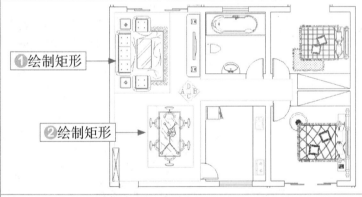

Step 03 绘制矩形❶执行"矩形（REC）"命令，绘制一个矩形框选沙发。❷执行"矩形（REC）"命令，绘制一个矩形框选餐桌，如左图所示。

Step 04 设置图案填充参数❶执行"图案填充（H）"命令，打开"图案填充和渐变色"对话框。❷在"图案"下拉列表中选择DOLMIT图案。❸设置图案的比例为800。❹单击"添加：拾取点"按钮，如左图所示。

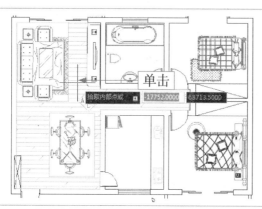

Step 05 指定图案填充区域进入绘图区，在客厅中单击鼠标左键指定图案填充的区域，如左图所示。

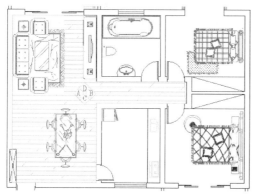

Step 06 填充地面图案❶指定填充区域后按下空格键进行确定，返回"图案填充和渐变色"对话框，单击"确定"按钮。❷使用"删除（E）"命令将绘制的辅助矩形删除，图案填充效果如左图所示。

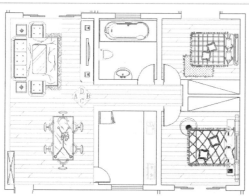

Step 07 填充卧室地面使用相同的操作方法，对卧室地面进行填充，填充图案为DOLMIT、图案比例为800，图案填充效果如左图所示。

Step 08 设置图案填充参数❶使用"多段线（PL）"命令勾勒出厨房、卫生间和阳台的填充区域。❷执行"图案填充（H）"命令，打开"图案填充和渐变色"对话框，在"图案"下拉列表中选择ANGLE图案。❸设置图案的比例为1500。❹单击"添加：拾取点"按钮，如左图所示。

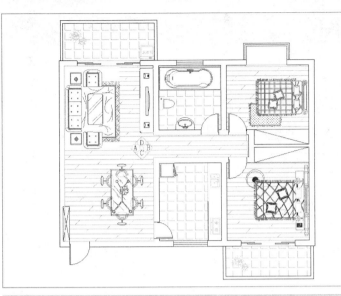

Step 09 填充厨卫和阳台地面❶使用与前面相同的操作方法，依次对厨房、卫生间和阳台地面进行填充。❷将作为辅助线的多段线删除，此时图形的效果如左图所示。

2.3.3 标注图形

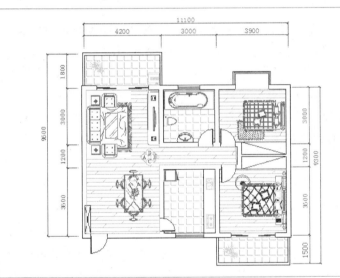

Step 01 打开"标注"图层❶单击"图层"工具栏中的"图层控制"下拉按钮。❷在弹出的下拉列表中打开"标注"图层，图形效果如左图所示。

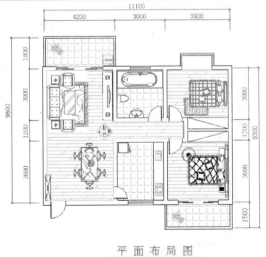

平面布局图

Step 02 标注图形说明文字❶将"文字说明"图层设置为当前层。❷执行"单行文字（DT）"命令。❸设置文字的高度为450。❹输入文字内容"平面布局图"，对图形进行文字标注。❺使用"直线（L）"命令在说明文字下方绘制三条线段，完成本实例平面布局图的绘制，效果如左图所示。

2.4 绘制天花布局图

案例效果

 源文件路径：
光盘\源文件\第2章\2.4

 素材路径：
光盘\素材\第2章\2.4

 教学视频路径：
光盘\教学视频\第2章

 制作时间：
35分钟

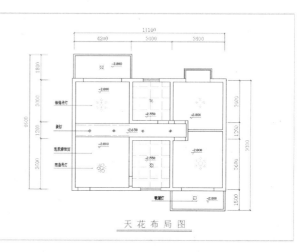

天 花 布 局 图

设计与制作思路

　　天花布局图是室内装修中必不可少的装修施工图，用于直观地反映室内顶面的装饰风格。本实例在绘制天花布局图的操作过程中，可以分为绘制天花造型、创建灯具图形、填充天花图案和标注图形等环节。

　　在绘制天花布局图的过程中，可以复制创建好的平面结构图作为天花布局图的绘制基础，然后隐藏影响绘图的图形，再根据设计要求依次创建室内天花造型、灯具对象、天花材质、天花标高和天花标注文字等内容。

2.4.1 绘制天花造型

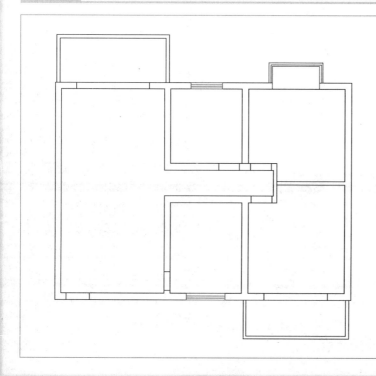

Step 01 复制并修改平面结构图 ❶新建一个空白文档。❷打开前面绘制好的平面结构图，将其复制到新建文档中。❸隐藏"标注"图层。❹删除图形中的文字和平面门对象。❺使用"直线（L）"命令绘制线段，连接门洞图形，效果如左图所示。

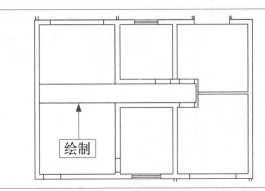

绘制

Step 02 绘制线段执行"直线（L）"命令，在客厅与餐厅之间绘制两条线段，如左图所示。

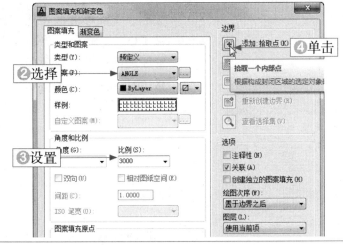

Step 03 设置图案填充参数❶设置当前绘图颜色为浅灰色。❷执行"图案填充（H）"命令，在打开的"图案填充和渐变色"对话框中选择ANGLE图案。❸设置图案的比例为3000。❹单击"添加：拾取点"按钮，如左图所示。

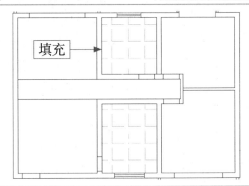

填充

Step 04 填充吊顶图案在厨房和卫生间的顶面位置指定填充的拾取点并确定，创建出厨房和卫生间吊顶图案，效果如左图所示。

2.4.2 创建灯具图形

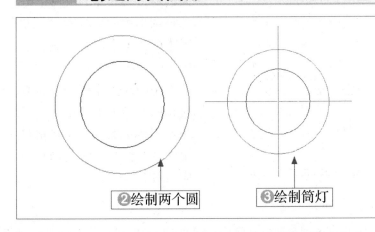

❷绘制两个圆

❸绘制筒灯

Step 01 绘制筒灯图形❶使用"圆（C）"命令，绘制一个半径为80、颜色为洋红色的圆。❷绘制一个半径为50、颜色为蓝色的圆。❸使用"直线（L）"命令绘制两条线段，将线段颜色设置为红色，创建出筒灯图形，如左图所示。

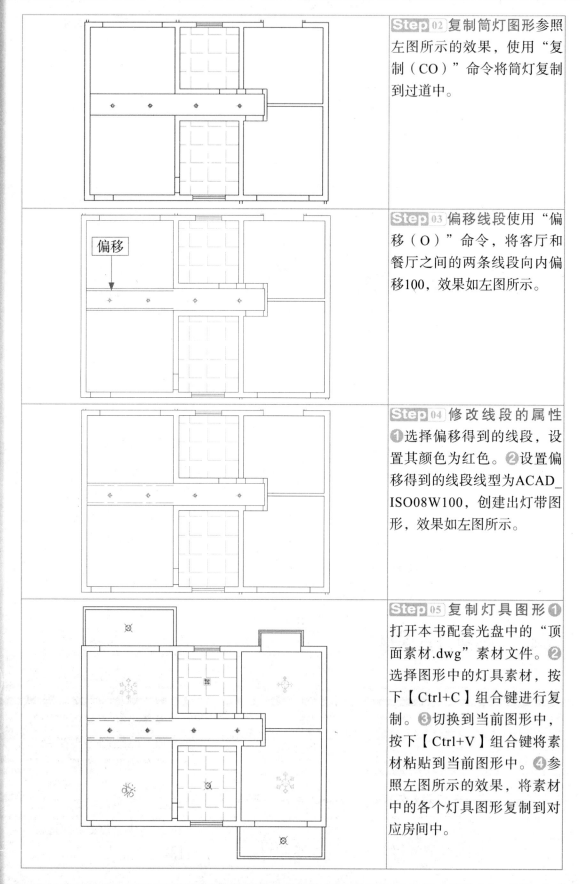

Step 02 复制筒灯图形参照左图所示的效果，使用"复制（CO）"命令将筒灯复制到过道中。

Step 03 偏移线段使用"偏移（O）"命令，将客厅和餐厅之间的两条线段向内偏移100，效果如左图所示。

Step 04 修改线段的属性 ❶选择偏移得到的线段，设置其颜色为红色。❷设置偏移得到的线段线型为ACAD_ISO08W100，创建出灯带图形，效果如左图所示。

Step 05 复制灯具图形 ❶打开本书配套光盘中的"顶面素材.dwg"素材文件。❷选择图形中的灯具素材，按下【Ctrl+C】组合键进行复制。❸切换到当前图形中，按下【Ctrl+V】组合键将素材粘贴到当前图形中。❹参照左图所示的效果，将素材中的各个灯具图形复制到对应房间中。

2.4.3 创建标高

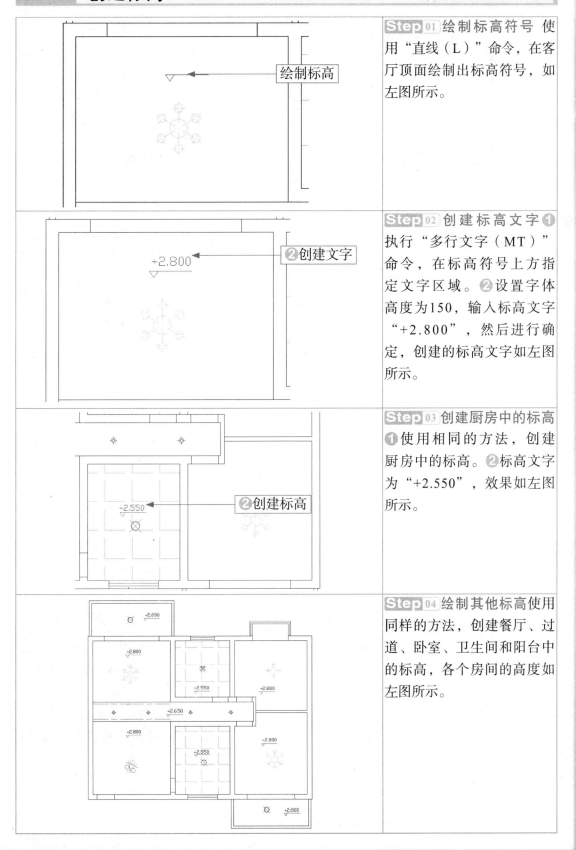

Step 01 绘制标高符号 使用"直线（L）"命令，在客厅顶面绘制出标高符号，如左图所示。

Step 02 创建标高文字❶执行"多行文字（MT）"命令，在标高符号上方指定文字区域。❷设置字体高度为150，输入标高文字"+2.800"，然后进行确定，创建的标高文字如左图所示。

Step 03 创建厨房中的标高❶使用相同的方法，创建厨房中的标高。❷标高文字为"+2.550"，效果如左图所示。

Step 04 绘制其他标高使用同样的方法，创建餐厅、过道、卧室、卫生间和阳台中的标高，各个房间的高度如左图所示。

2.4.4 标注图形

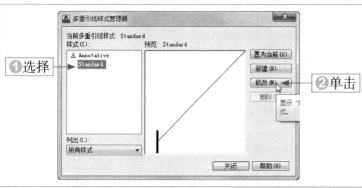

Step 01 修改多重引线样式 ❶执行"多重引线样式（MLEADERSTYLE）"命令，打开"多重引线样式管理器"对话框，选择Standard样式。❷单击"修改"按钮，如左图所示。

Step 02 设置箭头符号 ❶在打开的"修改多重引线样式"对话框中选择"引线格式"选项卡。❷设置箭头符号为"建筑标记"、大小为50，如左图所示。

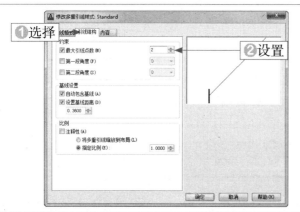

Step 03 设置最大引线点数 ❶选择"引线结构"选项卡。❷设置最大引线点数为2，如左图所示。

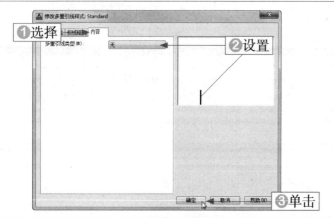

Step 04 设置多重引线类型 ❶选择"内容"选项卡。❷设置多重引线类型为"无"。❸单击"确定"按钮进行确定，然后关闭"多重引线样式管理器"对话框，如左图所示。

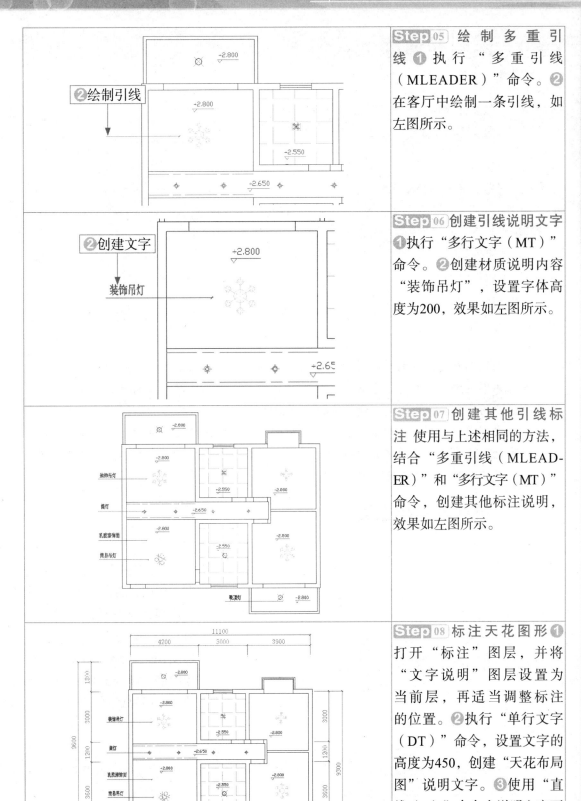

天花布局图

Step 05 绘制多重引线 ❶ 执行"多重引线（MLEADER）"命令。❷ 在客厅中绘制一条引线，如左图所示。

Step 06 创建引线说明文字 ❶ 执行"多行文字（MT）"命令。❷ 创建材质说明内容"装饰吊灯"，设置字体高度为200，效果如左图所示。

Step 07 创建其他引线标注 使用与上述相同的方法，结合"多重引线（MLEADER）"和"多行文字（MT）"命令，创建其他标注说明，效果如左图所示。

Step 08 标注天花图形 ❶ 打开"标注"图层，并将"文字说明"图层设置为当前层，再适当调整标注的位置。❷ 执行"单行文字（DT）"命令，设置文字的高度为450，创建"天花布局图"说明文字。❸ 使用"直线（L）"命令在说明文字下方绘制三条线段，完成本实例天花布局图的绘制。

2.5 绘制立面图

案例效果

 源文件路径：
光盘\源文件\第2章\2.5

 素材路径：
光盘\素材\第2章\2.5

 教学视频路径：
光盘\教学视频\第2章

 制作时间：
30分钟

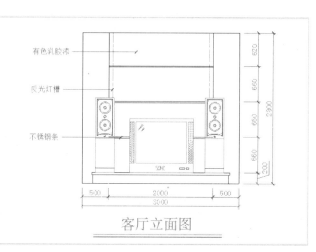

客厅立面图

设计与制作思路

　　立面图同样是室内装饰设计中重要的图样内容，它不仅是为了更全面、直观地展现装修内容的安排，更是进行装修施工的操作依据。立面装修内容的优秀表现，也是一个专业的室内设计师展现设计思想的有力途径。

　　本实例将以客厅电视墙立面图为例，介绍立面图的设计及绘制方法。在绘制客厅立面图的过程中，首先要确定立面图的大小，然后依次绘制电视背景墙、电视地台等图形，最后对图形进行标注即可。

2.5.1 绘制电视墙立面

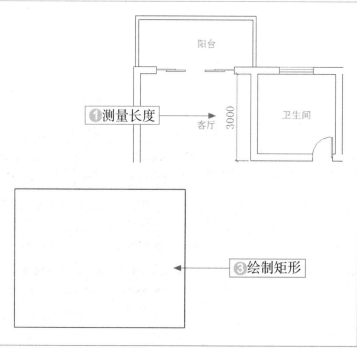

Step 01 绘制立面框架❶打开前面绘制好的平面结构图，使用"线性（DLI）"命令测量出电视墙的长度。❷将"0"图层设置为当前层。❸使用"矩形（REC）"命令绘制一个长3000、宽2800的矩形作为立面图框架。

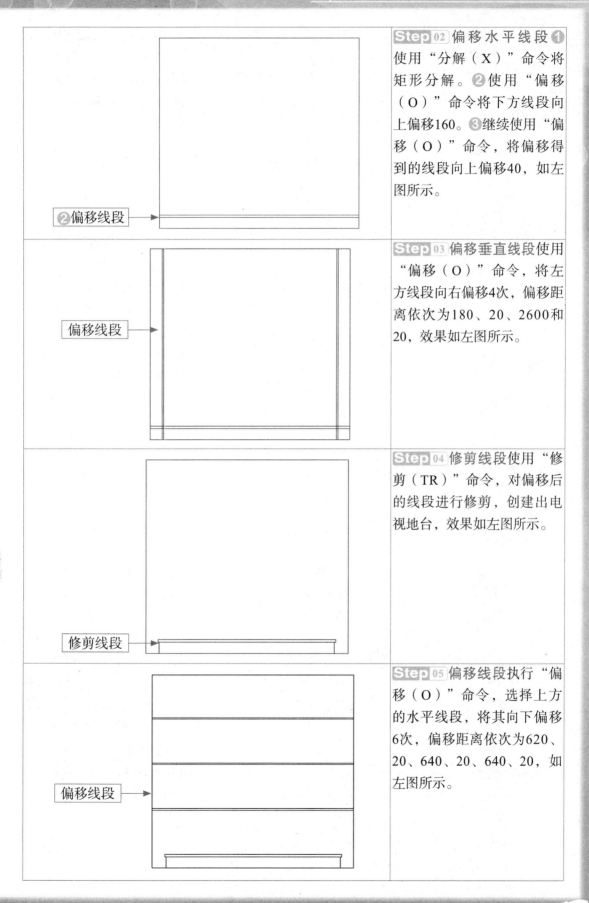

Step 02 偏移水平线段 ❶使用"分解（X）"命令将矩形分解。❷使用"偏移（O）"命令将下方线段向上偏移160。❸继续使用"偏移（O）"命令，将偏移得到的线段向上偏移40，如左图所示。

②偏移线段

Step 03 偏移垂直线段使用"偏移（O）"命令，将左方线段向右偏移4次，偏移距离依次为180、20、2600和20，效果如左图所示。

偏移线段

Step 04 修剪线段使用"修剪（TR）"命令，对偏移后的线段进行修剪，创建出电视地台，效果如左图所示。

修剪线段

Step 05 偏移线段执行"偏移（O）"命令，选择上方的水平线段，将其向下偏移6次，偏移距离依次为620、20、640、20、640、20，如左图所示。

偏移线段

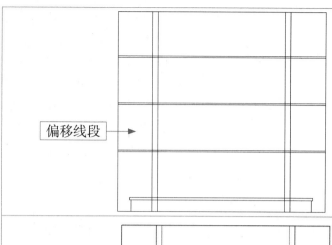

Step 06 偏移线段使用"偏移（O）"命令，将左侧线段向右偏移，偏移距离依次为500、80、1840、80，如左图所示。

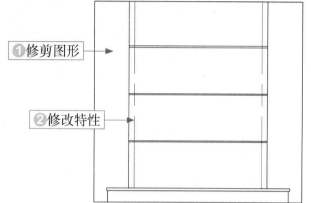

Step 07 修剪线段❶执行"修剪（TR）"命令，对偏移的线段进行修剪。❷修改图形中表示灯带线段的特性，设置其线型为ACAD_ISO08W100、颜色为红色，效果如左图所示。

2.5.2 插入素材图形

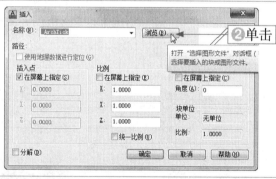

Step 01 执行"插入"命令❶执行"插入（I）"命令。❷在打开的"插入"对话框中单击"浏览"按钮，如左图所示。

Step 02 打开素材❶在打开的"选择图形文件"对话框中选择实例素材的位置。❷选择需要的素材文件"立面图素材.dwg"。❸单击"打开"按钮，如左图所示。

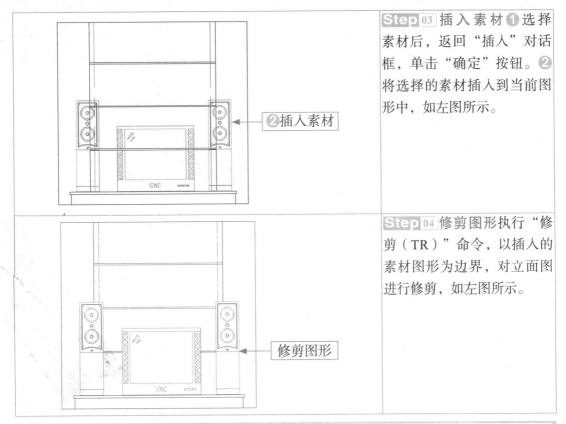

Step 03 插入素材 ❶选择素材后，返回"插入"对话框，单击"确定"按钮。❷将选择的素材插入到当前图形中，如左图所示。

Step 04 修剪图形执行"修剪（TR）"命令，以插入的素材图形为边界，对立面图进行修剪，如左图所示。

2.5.3 标注图形材质

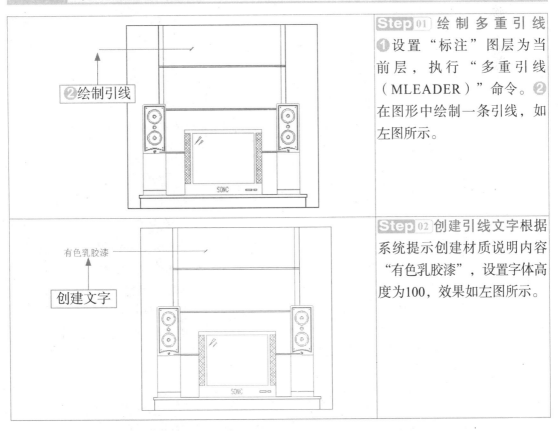

Step 01 绘制多重引线 ❶设置"标注"图层为当前层，执行"多重引线（MLEADER）"命令。❷在图形中绘制一条引线，如左图所示。

Step 02 创建引线文字根据系统提示创建材质说明内容"有色乳胶漆"，设置字体高度为100，效果如左图所示。

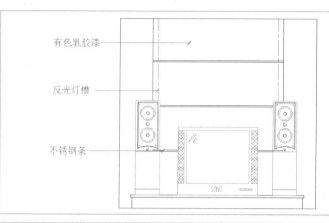

有色乳胶漆

反光灯槽

不锈钢条

Step 03 创建其他引线标注 使用与上述相同的方法，使用"多重引线（MLEADER）"命令创建其他对象的材质说明，如左图所示。

2.5.4 标注图形尺寸

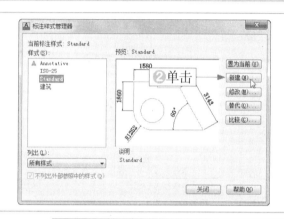

Step 01 单击"新建"按钮 ❶执行"标注样式（D）"命令，打开"标注样式管理器"对话框。❷单击该对话框中的"新建"按钮，如左图所示。

❶输入
❷设置

Step 02 创建新标注样式 ❶在打开的"创建新标注样式"对话框中输入样式名"立面图"。❷设置基础样式为"建筑"。❸单击"继续"按钮，如左图所示。

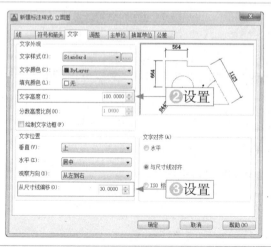

❷设置
❸设置

Step 03 设置文字参数 ❶在打开的"新建标注样式"对话框中选择"文字"选项卡。❷设置文字的高度为100。❸设置"从尺寸线偏移"为30，然后进行确定，如左图所示。

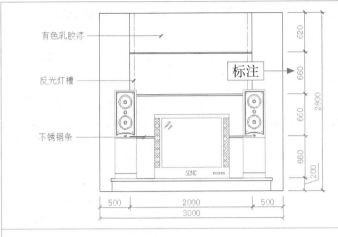

Step 04 标注图形尺寸 使用"线性（DLI）"命令，对立面图依次进行标注，效果如左图所示。

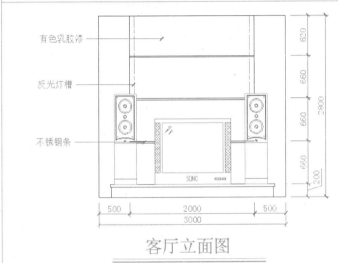

客厅立面图

Step 05 标注图形文字 ❶ 设置"文字说明"图层为当前层。❷ 执行"单行文字（DT）"命令，设置文字的高度为300，输入文字内容"客厅立面图"，对图形进行文字标注。❸ 使用"直线（L）"命令，在说明文字下方绘制三条线段，完成客厅立面图的绘制，效果如左图所示。

2.6 AutoCAD技术库

在本章案例的制作过程中，除了运用许多常用绘图命令外，还涉及图层和对象特性等知识，下面将对图层和对象特性的功能进行深入学习。

2.6.1 应用图层

图层用于在图形中组织对象信息以及执行对象线型、颜色及其他属性。可以使用图层控制对象的可见性，还可以使用图层将特性指定给对象。一个图层就像一张透明的图纸，将各个图层上的画面重叠在一起，即可成为一个完整的图纸。

在AutoCAD中绘制过于复杂的图形时，在应用图层的操作中可以将暂时不用的图层进行关闭或冻结等处理，这样可以方便地进行绘图操作。

1. 打开/关闭图层

在绘图操作中，可以将图层中的对象暂时隐藏起来，或将隐藏的对象显示出来。隐藏图层中的图形不能被选择、编辑、修改或打印。默认情况下，0图层和创建的图层都处于打开状态，通过以下两种方法可以关闭图层。

❀ 在"图层特性管理器"对话框中单击要关闭图层前面的 💡图标（如左下图所示），图层前面的 💡图标将转变为 💡图标，表示该图层已关闭。

❀ 在"图层"面板中单击"图层控制"下拉列表中的"开/关图层"图标 💡（如右下图所示），图层前面的 💡图标将转变为 💡图标，表示该图层已关闭。

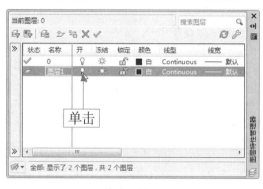

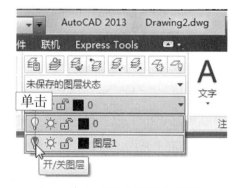

单击图标　　　　　　　　　　　　　　　　单击"开关图层"图标

当图层被关闭后，在"图层特性管理器"对话框中单击图层前面的"开"图标 💡，或在"图层"面板中单击"图层控制"下拉列表中的"开/关图层"图标 💡，可以打开被关闭的图层，此时在图层前面的图标 💡将转变为图标 💡。

2. 冻结/解冻图层

将图层中不需要进行修改的对象进行冻结处理，可以避免这些图形受到错误操作的影响。另外，冻结图层可以在绘图过程中减少系统生成图形的时间，从而提高计算机的运行速度，因此在绘制复杂图形时冻结图层非常重要。被冻结后的图层对象将不能被选择、编辑、修改或打印。

在默认的情况下，0图层和创建的图层都处于解冻状态，用户可以通过以下两种方法将指定的图层冻结。

❀ 在"图层特性管理器"对话框中选择要冻结的图层，单击该图层前面的"冻结"图标 ☀（如左下图所示），图标 ☀将转变为图标 ❄，表示该图层已经被冻结。

❀ 在"图层"面板中单击"图层控制"下拉列表中的"在所有视口中冻结/解冻"图标 ☀（如右下图所示），图层前面的图标 ☀将转变为图标 ❄，表示该图层已经被冻结。

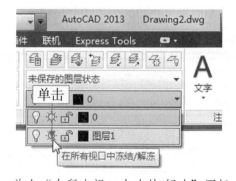

单击"冻结"图标　　　　　　　　　　单击"在所有视口中冻结/解冻"图标

当图层被冻结后，在"图层特性管理器"对话框中单击图层前面的"解冻"图标 ❄，或在"图层"面板中单击"图层控制"下拉列表中的"在所有视口中冻结/解冻"图标❀，可以解冻被冻结的图层，此时在图层前面的图标❀将转变为图标☼。

由于绘制图形操作是在当前图层上进行的，因此不能对当前图层进行冻结操作。如果用户对当前图层进行了冻结操作，系统将给出无法冻结的提示。

3. 锁定/解锁图层

锁定图层可以将该图层中的对象锁定。锁定图层后，图层上的对象仍然处于显示状态，但是用户无法对其进行选择、编辑、修改等操作。在默认情况下，0图层和创建的图层都处于解锁状态，用户可以通过以下两种方法将图层锁定。

❀ 在"图层特性管理器"对话框中选择要锁定的图层，单击该图层前面的"锁定"图标🔓（如左下图所示），图标🔓将转变为图标🔒，表示该图层已经被锁定。

❀ 在"图层"面板中单击"图层控制"下拉列表中的"锁定/解锁图层"图标🔓（如右下图所示），图层前面的图标🔓将转变为图标🔒，表示该图层已经被锁定。

单击"锁定"图标

单击"锁定/解锁图层"图标

解锁图层的操作与锁定图层的操作相似。当图层被锁定后，在"图层特性管理器"对话框中单击图层前面的"解锁"图标🔒，或在"图层"面板中单击"图层控制"下拉列表中的"锁定/解锁图层"图标🔒，可以解锁被锁定的图层，此时在图层前面的图标🔒将转变为图标🔓。

2.6.2 应用对象属性

在实际的制图过程中，除了可以在图层中赋予图层的各种属性外，也可以直接为实体对象赋予需要的特性，设置图形特性通常包括对象的线型、线宽和颜色等属性。

1. 修改图形属性

绘制的每个对象都具有特性。有些特性是基本特性，适用于大多数对象，如图层、颜色、线型和打印样式；有些特性是特定于某个对象的特性，例如，圆的特性包括半径和面积，直线的特性包括长度和角度。

图形的基本特性可以通过图层指定给对象，也可以直接指定给对象。直接指定特性给对象的方法是通过"特性"工具栏和"特性"面板实现的。在"常用"功能区的"特性"面板中，包括对象颜色、线宽、线型、打印样式和列表等列表控制栏，选择要修改的对象后，单击"特性"面板中相应的控制按钮，然后在弹出的列表中选择需要的特性，即可修改对象的特性，如下图所示。

更改颜色   更改线宽   更改线型

如果将特性设置为值"ByLayer"，则将为对象指定与其所在图层相同的值。例如，如果将在图层0上绘制的直线的颜色指定为"ByLayer"，并将图层0的颜色指定为"红"，则该直线的颜色将为红色。如果将特性设置为一个特定值，则该值将替代为图层设置的值。例如，如果将图层0上绘制的直线的颜色指定为"蓝"色，即使将图层0的颜色指定为"红"色，直线的颜色也仍然会是蓝色。

2. 复制图形属性

选择"修改"|"特性匹配"命令，可以将一个对象所具有的特性复制给其他对象，可以复制的特性包括颜色、图层、线型、线型比例、厚度和打印样式，有时也包括文字、标注和图案填充等特性。

执行"特性匹配"命令后，系统将提示"选择源对象："，此时需要用户选择已具有所需要特性的对象。选择源对象后，系统将提示"选择目标对象或[设置(S)]："，此时选择应用源对象特性的目标对象即可。在执行"特性匹配"命令的过程中，当系统提示"选择目标对象或[设置(S)]："时输入S并确定，将打开"特性设置"对话框，用户在该对话框中可以设置所需要的复制特性，如右图所示。

"特性设置"对话框

知识链接

"特性匹配"的命令语句为MATCHPROP，直接输入并执行"MATCHPROP（MA）"命令，可以快速启动"特性匹配"命令。

2.7　设计理论深化

为了使读者提高设计理念，掌握更多的设计理论知识，为以后的设计工作提供理论指导和参考，做到有的放矢，需要理解和熟悉以下知识内容。

2.7.1　室内空间的常规尺度

由于室内空间是人们日常生活的主要活动场所，平面布置时应充分考虑到人体活动尺度，然后根据空间的要求来对各功能区进行划分。在通常情况下，可以参照以下尺寸对家具进行设计。

下面内容中的W表示宽度，L表示长度，D表示深度，H表示高度，单位为厘米。

❋ 衣橱：D：60~65（一般）；衣橱推拉门W：70，衣橱普通门W：40~65。

❋ 推拉门：W：75~150；H：190~240。

❋ 矮柜：D：35~45，柜门W：30~60。

❋ 电视柜：D：45~60；H：60~70。

❋ 单人床：W：90/105/120；L：180/186/200/210。

❋ 双人床：W：135/150/180；L：80/186/200/210。

❋ 室内门：W：普通门：80~95；医院室内门：120；H：190/200/210/220/240。

❋ 厕所和厨房门：W：70/80；H：190/200/210。

❋ 窗帘盒：H：12~18；D：单层布12，双层布16~18（实际尺寸）。

❋ 沙发：单人式：L：80~95；D：85~90；坐垫高：35~42；背高：70~90。双人式：L：126~150；D：80~90。三人式：L：175~196；D：80~90。四人式：L：232~252；D：80~90。

❋ 小型茶几：L：60~75；W：45~60；H：38~50（38最佳）。

❋ 书桌：固定式：D：45~70（60最佳）；H：75。书桌下缘离地至少58；L：最少90（150~180最佳）。

❋ 餐桌：H：75~78（一般）；西式H：68~72；一般方桌W：120/90/75；圆桌：直径：90/120/135/150/180。

❋ 书架：D：25~40（每格）；L：60~120；下大上小型：下方D：35~45；H：80~90。

2.7.2　室内装修的常见风格

根据不同的室内装修格调，可以将室内装修分为欧式古典风格、新古典主义风格、自然风格和现代风格。

1．欧式古典风格

这是一种追求华丽、高雅的古典装饰样式。欧式古典风格中的色彩主调为白色，家具、门窗一般都为白色。家具框饰以金线、金边装饰，从而体现华丽的风格；墙纸、地毯、窗帘、床罩、帷幔的图案以及装饰画都为古典样式，如下图所示。

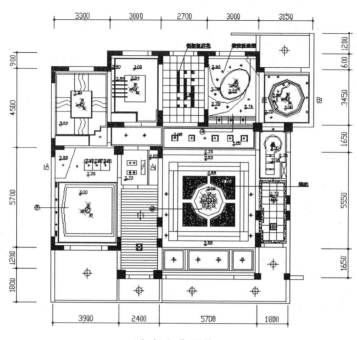

欧式古典风格

2．新古典主义风格

新古典主义风格是指在传统美学的基础上，运用现代的材质及工艺，演绎传统文化的精髓，新古典主义风格不仅拥有端庄、典雅的气质并具有明显的时代特征，如下图所示。

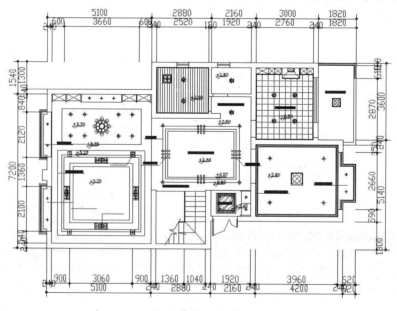

新古典主义风格

3．自然风格

这种风格崇尚返璞归真，回归自然，丢弃人造材料的制品，把木材、石材、草藤、棉布等天然材料运用到室内装饰中，使居室更接近自然效果，如下图所示。

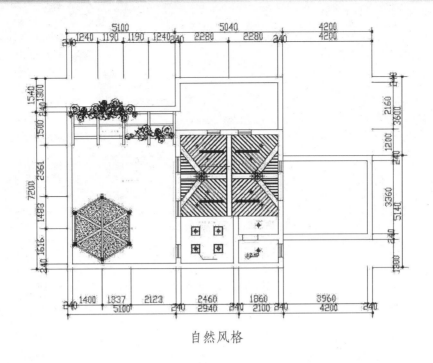

自然风格

4. 现代风格

现代风格的特点是注重使用功能，强调室内空间形态和物件的单一性、抽象性，并运用几何要素（点、线、面、体等）来对家具进行组合，从而让人有种简洁、明快的感觉。同时这种风格又追求新潮、奇异，并且通常将流行的绘画、雕刻、文字、广告画、卡通造型、现代灯具等运用到居室内，如下图所示。

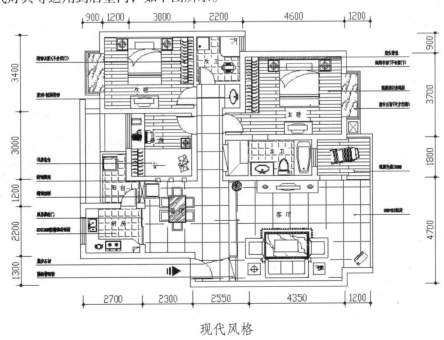

现代风格

Chapter 第**03**章

别墅装修设计

课前导读

　　本章将对一套别墅的装饰设计图进行详细讲解，让大家能在熟练使用AutoCAD进行装修绘图的同时，加深对装修设计的理解与认识。本套别墅设计方案共分为3层，在本实例进行设计时，需要考虑整个空间的使用功能是否合理，然后在此基础上进行新颖及合理的设计。

本章学习要点

* 绘制别墅平面图
* 绘制别墅天花图
* AutoCAD技术库

精彩效果赏析

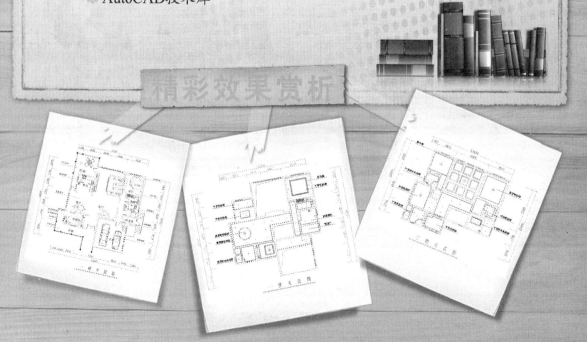

3.1　别墅设计概述

在室内家居设计中，别墅的装修设计较为复杂，难度也比普通家居设计大。在进行别墅装修设计前，首先了解一下别墅装修设计的要素和别墅的空间布局。

3.1.1　别墅装修设计的要素

别墅装修设计要在考虑和谐、融于整体外界环境的同时，加入主人个性化的要素。在装修设计上，可以选择种植一些主人偏爱的观赏性庭院植物，或者加入水景设计、室外休闲桌椅等元素来体现出主人的个性化要素。

别墅装修在设计的时候一定要构建合理的架构。局部的细节设计是显示主人个性、优雅的生活情趣的象征。在合理的平面布局下着重于立面的表现，注重使用玻璃、石材及质感、涂料来营造现代休闲的居室环境。

在别墅的设计过程中，设计师首先应考虑整个空间的使用功能是否合理，在这个基础之上去创造优雅新颖的设计，因为有些别墅装修格局的不合理性会影响整个空间的使用。合理设计墙体，墙体的结构有利于更好地描述主人的美好家园。尤其是在别墅中最常见的斜顶、柱子等结构的应用上更能体现出别墅的与众不同，下图所示分别是别墅客厅和卫生间的装修效果。

别墅客厅装修效果　　　　　　　　　　　　别墅卫生间装修效果

3.1.2　别墅的空间布局

别墅每个空间的划分相较于一般空间的划分，其注重的点也大不相同。大宅别墅的空间衔接过渡更多的是体现主人居住的品味与感受，而非实用功能性为主。但是会客厅及娱乐空间数量及分布层面较多，应注意动静区域的相对独立，互不干扰。

除满足一般的空间功能外，别墅装修中对空间的划分更多的是体现主人对居室环境的品味要求，这就要求设计师必须与业主有深入的沟通，通过各个方面来发现主人内心的一些真实想法，在此基础上才能通过装修设计方案透彻地表现出来。

别墅由于面积较大、房间较多，家庭辅助人员的通道、入口及居住应与整体空间相协调。如果建筑设计上没有相应考虑，则可在装修过程中加以调整。

设
计
师
实
战
应
用

3.2 绘制别墅平面图

本套别墅设计方案共分为3层，在别墅平面图的绘制中，将学习别墅一楼平面、二楼平面和三楼平面图形的绘制。

3.2.1 绘制一楼平面图

案例效果

 源文件路径：
光盘\源文件\第3章\3.2

 素材路径：
光盘\素材\第3章\3.2

 教学视频路径：
光盘\教学视频\第3章

 制作时间：
50分钟

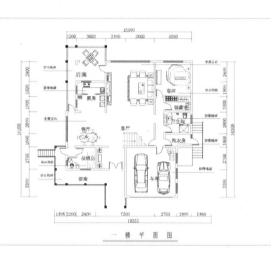

一 楼 平 面 图

设 计 与 制 作 思 路

在绘制别墅一楼平面图的过程中，首先创建绘图所需要的图层，然后绘制平面图墙体结构，接下来绘制门图形、窗户图形和室内装饰图形，最后再设置标注样式并对图形进行尺寸标注。

1. 设置绘图环境

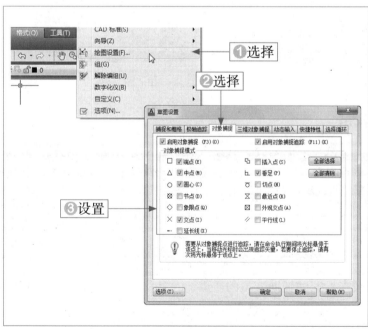

Step 01 设置对象捕捉❶选择"工具"|"绘图设置"命令，打开"草图设置"对话框。❷选择"对象捕捉"选项卡。❸根据左图所示进行对象捕捉选项设置。

Step 02 设置全局比例因子①选择"格式"|"线型"命令，打开"线型管理器"对话框。②设置"全局比例因子"为1000、"当前对象缩放比例"为20，然后进行确定，如左图所示。

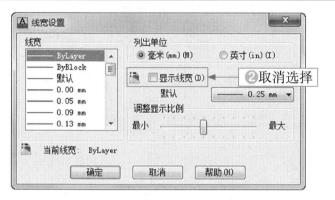

Step 03 取消线宽显示①选择"格式"|"线宽"命令，打开"线宽设置"对话框。②取消选择"显示线宽"复选框并确定，如左图所示。

Step 04 新建"轴线"图层①执行"图层（LA）"命令，在打开的图层特性管理器中单击"新建图层"按钮。②将创建的图层命名为"轴线"，如左图所示。

Step 05 设置线型①单击"轴线"图层的线型图标，打开"选择线型"对话框。②单击"加载"按钮，打开"加载或重载线型"对话框，如左图所示。

设计师实战应用

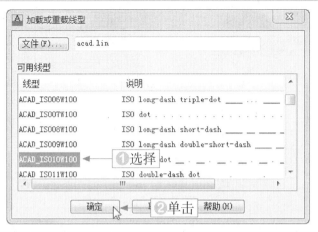

Step 06 加载线型❶在打开的"加载或重载线型"对话框中选择"ACAD_ISO10W100"选项。❷单击"确定"按钮，返回"选择线型"对话框，如左图所示。

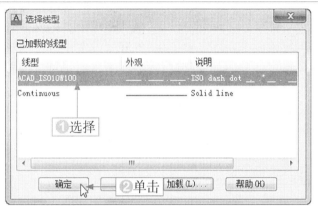

Step 07 选择线型❶在"选择线型"对话框中选择加载的"ACAD_ISO10W100"线型。❷单击"确定"按钮，完成"轴线"图层的设置，如左图所示。

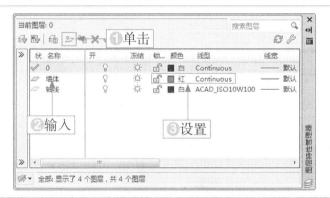

Step 08 新建"墙体"图层❶单击"新建图层"按钮。❷将新建的图层命名为"墙体"。❸将"墙体"图层的颜色设置为红色、线型设置为Continuous，如左图所示。

Step 09 创建其他图层❶继续创建"门窗"、"标注"、"填充"和"文字"图层，并设置好各图层的属性。❷选择"轴线"图层，再单击"置为当前"按钮，将"轴线"图层设置为当前层。❸单击"关闭"按钮，关闭图层特性管理器，如左图所示。

2. 绘制墙体框架

	Step 01 绘制线段 ❶执行 "直线（L）" 命令，绘制一条长18600的水平线段。❷执行 "直线（L）" 命令，绘制一条长18800的垂直线段，效果如左图所示。
	**Step 02** 偏移线段 ❶执行 "偏移（O）" 命令。❷将水平线段向上偏移8次，偏移的距离依次为3300、2100、1600、1100、1500、1800、1800、2140，效果如左图所示。
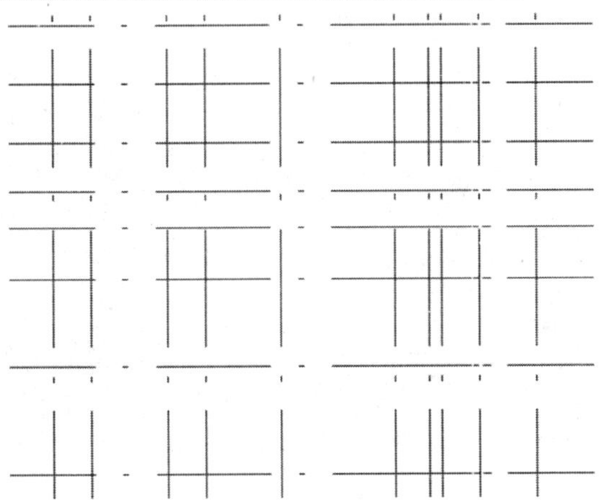	**Step 03** 偏移垂直线段 ❶执行 "偏移（O）" 命令。❷将左方的垂直线段向右偏移9次，偏移距离依次为1200、2400、1200、2400、3600、1200、360、1140、1800，效果如左图所示。

设计师实战应用

```
命令: ML MLINE
当前设置: 对正 = 上, 比例 = 1.00, 样式 = STANDARD
指定起点或 [对正(J)/比例(S)/样式(ST)]: s        ②设置
输入多线比例 <1.00>:  240
当前设置: 对正 = 上, 比例 = 240.00, 样式 = STANDARD
指定起点或 [对正(J)/比例(S)/样式(ST)]: j
输入对正类型 [上(T)/无(Z)/下(B)] <上>: z
当前设置: 对正 = 无, 比例 = 240.00, 样式 = STANDARD
```
⌖▾ MLINE 指定起点或 [对正(J) 比例(S) 样式(ST)]:

Step 04 执行"多线"命令❶将"墙体"图层为当前层。❷执行"多线(ML)"命令,依次设置多线比例为240、对正类型为"无(Z)",如左图所示。

---

②绘制多线

①指定起点

Step 05 绘制多线❶根据左图所示的位置,指定多线的起点。❷依次指定多线的其他点,绘制一条多线,作为墙体线。

---

②绘制多线

Step 06 绘制其他多线❶继续执行"多线(ML)"命令。❷参照左图所示的效果,绘制其他多线。

---

②偏移线段

③修剪线段

Step 07 修改墙体图形❶执行"分解(X)"命令,将所绘制的多线段分解。❷执行"偏移(O)"命令,将左上方的线段向右偏移500。❸执行"修剪(TR)"命令,以偏移得到的线段为修剪边界,对图形进行修剪,如左图所示。

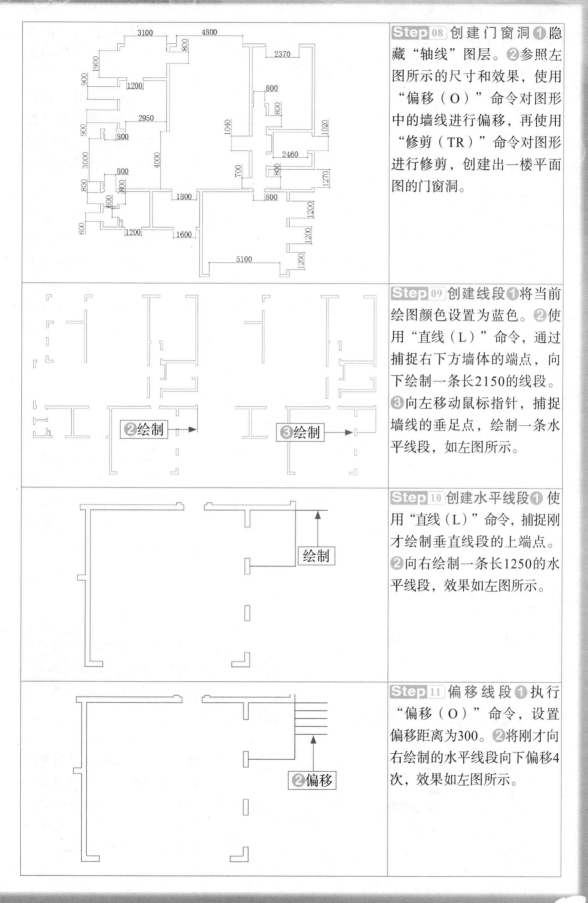

Step 08 创建门窗洞❶隐藏"轴线"图层。❷参照左图所示的尺寸和效果,使用"偏移(O)"命令对图形中的墙线进行偏移,再使用"修剪(TR)"命令对图形进行修剪,创建出一楼平面图的门窗洞。

Step 09 创建线段❶将当前绘图颜色设置为蓝色。❷使用"直线(L)"命令,通过捕捉右下方墙体的端点,向下绘制一条长2150的线段。❸向左移动鼠标指针,捕捉墙线的垂足点,绘制一条水平线段,如左图所示。

Step 10 创建水平线段❶使用"直线(L)"命令,捕捉刚才绘制垂直线段的上端点。❷向右绘制一条长1250的水平线段,效果如左图所示。

Step 11 偏移线段❶执行"偏移(O)"命令,设置偏移距离为300。❷将刚才向右绘制的水平线段向下偏移4次,效果如左图所示。

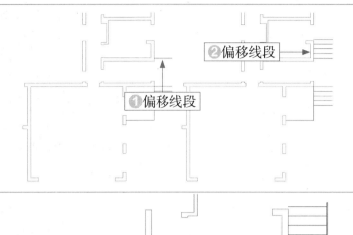

②偏移线段

①偏移线段

Step 12 偏移线段①使用"偏移（O）"命令将刚才绘制的水平线段向上偏移1800。②继续使用"偏移（O）"命令，将偏移得到的线段向上偏移4次，偏移的距离均为300，完成踏步的绘制，效果如左图所示。

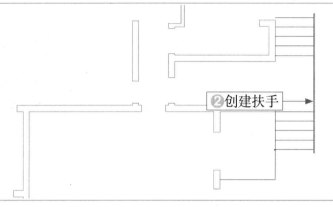

②创建扶手

Step 13 绘制扶手①执行"矩形（REC）"命令，在踏步的旁边绘制一个宽度为30、长度为4400的矩形框作为扶手图形。②适当调整扶手的位置，效果如左图所示。

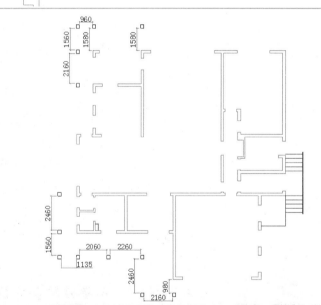

Step 14 绘制矩形①设置当前绘图颜色为白色。②参照左图所示的尺寸和效果，使用"矩形（REC）"命令绘制多个矩形，表示柱体图形，各个矩形的长宽均为240，效果如左图所示。

知识链接

在AutoCAD中设置的颜色虽然为白色，但是绘制和打印的颜色却是纯黑色。

②选择

③单击

Step 15 设置图案填充参数①执行"图案填充（H）"命令，打开"图案填充和渐变色"对话框。②在"图案"下拉列表中选择SOLID图案。③单击"添加：选择对象"按钮，如左图所示。

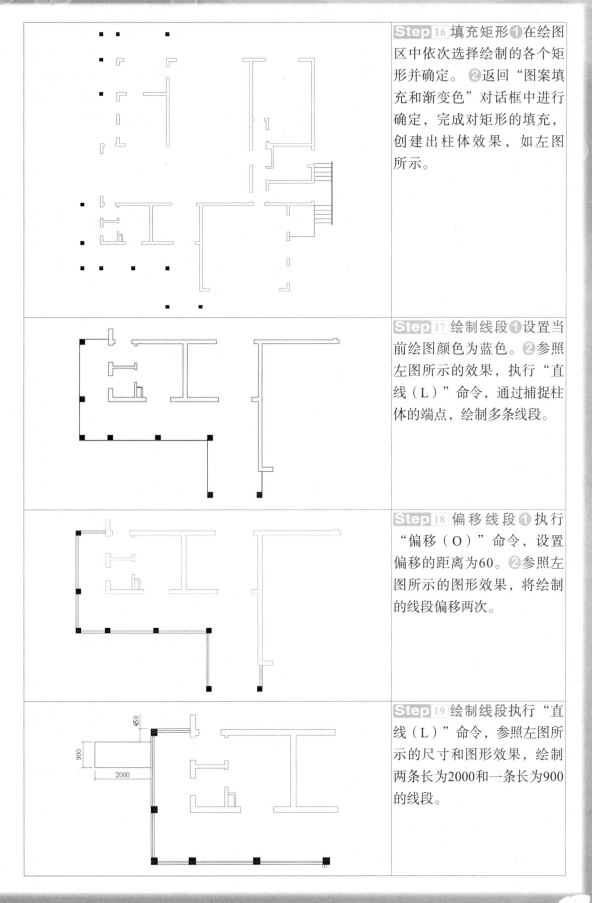

Step 16 填充矩形❶在绘图区中依次选择绘制的各个矩形并确定。❷返回"图案填充和渐变色"对话框中进行确定，完成对矩形的填充，创建出柱体效果，如左图所示。

Step 17 绘制线段❶设置当前绘图颜色为蓝色。❷参照左图所示的效果，执行"直线（L）"命令，通过捕捉柱体的端点，绘制多条线段。

Step 18 偏移线段❶执行"偏移（O）"命令，设置偏移的距离为60。❷参照左图所示的图形效果，将绘制的线段偏移两次。

Step 19 绘制线段执行"直线（L）"命令，参照左图所示的尺寸和图形效果，绘制两条长为2000和一条长为900的线段。

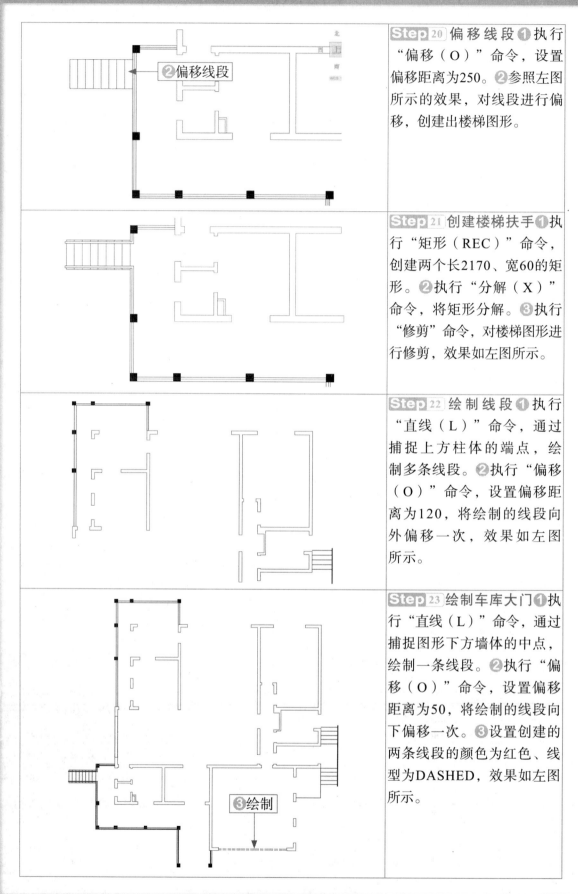

②偏移线段

Step 20 偏移线段❶执行"偏移（O）"命令，设置偏移距离为250。❷参照左图所示的效果，对线段进行偏移，创建出楼梯图形。

Step 21 创建楼梯扶手❶执行"矩形（REC）"命令，创建两个长2170、宽60的矩形。❷执行"分解（X）"命令，将矩形分解。❸执行"修剪"命令，对楼梯图形进行修剪，效果如左图所示。

Step 22 绘制线段❶执行"直线（L）"命令，通过捕捉上方柱体的端点，绘制多条线段。❷执行"偏移（O）"命令，设置偏移距离为120，将绘制的线段向外偏移一次，效果如左图所示。

Step 23 绘制车库大门❶执行"直线（L）"命令，通过捕捉图形下方墙体的中点，绘制一条线段。❷执行"偏移（O）"命令，设置偏移距离为50，将绘制的线段向下偏移一次。❸设置创建的两条线段的颜色为红色、线型为DASHED，效果如左图所示。

③绘制

3．创建门窗图形

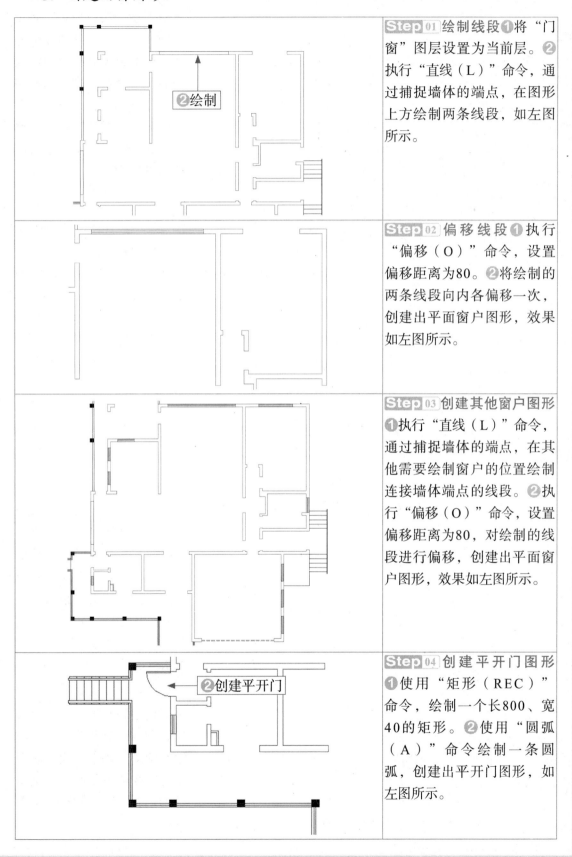

（绘制线段图）	**Step 01** 绘制线段❶将"门窗"图层设置为当前层。❷执行"直线（L）"命令，通过捕捉墙体的端点，在图形上方绘制两条线段，如左图所示。
（偏移线段图）	**Step 02** 偏移线段❶执行"偏移（O）"命令，设置偏移距离为80。❷将绘制的两条线段向内各偏移一次，创建出平面窗户图形，效果如左图所示。
（创建其他窗户图形）	**Step 03** 创建其他窗户图形❶执行"直线（L）"命令，通过捕捉墙体的端点，在其他需要绘制窗户的位置绘制连接墙体端点的线段。❷执行"偏移（O）"命令，设置偏移距离为80，对绘制的线段进行偏移，创建出平面窗户图形，效果如左图所示。
（创建平开门图形）	**Step 04** 创建平开门图形❶使用"矩形（REC）"命令，绘制一个长800、宽40的矩形。❷使用"圆弧（A）"命令绘制一条圆弧，创建出平开门图形，如左图所示。

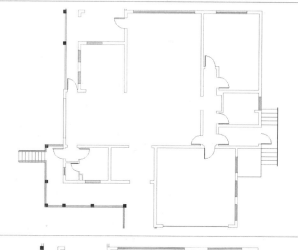

Step 05 创建其他平开门❶参照上述方法，使用"矩形（REC）"命令在需要创建平开门的位置处根据门洞大小绘制一个矩形表示门框图形。❷使用"圆弧（A）"命令，绘制圆弧表示开门路径，创建其他的平开门图形，如左图所示。

Step 06 标注房间功能文字❶执行"多行文字（MT）"命令，设置文字的高度为400、颜色为红色。❷参照左图所示的效果，依次对各个房间的功能进行文字标注。

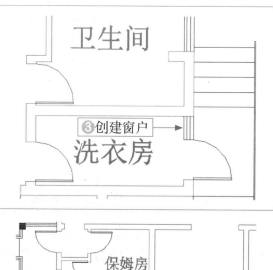

Step 07 创建小窗户❶使用"直线（L）"命令，在洗衣房的右侧墙体处绘制一条垂直线段连接平开门。❷使用"偏移（O）"命令，将线段向左偏移三次，偏移距离为80。❸使用"直线（L）"命令绘制一条水平线段，如左图所示。

Step 08 创建双开门❶使用前面介绍的方法，在前廊大门处绘制一个平开门。❷使用"镜像（MI）"命令对平开门进行镜像复制，创建出双开门图形，效果如左图所示。

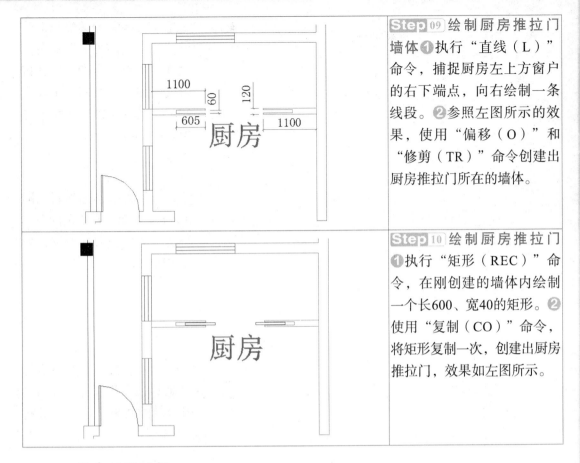

Step 09 绘制厨房推拉门墙体❶执行"直线（L）"命令，捕捉厨房左上方窗户的右下端点，向右绘制一条线段。❷参照左图所示的效果，使用"偏移（O）"和"修剪（TR）"命令创建出厨房推拉门所在的墙体。

Step 10 绘制厨房推拉门❶执行"矩形（REC）"命令，在刚创建的墙体内绘制一个长600、宽40的矩形。❷使用"复制（CO）"命令，将矩形复制一次，创建出厨房推拉门，效果如左图所示。

4. 创建别墅楼梯

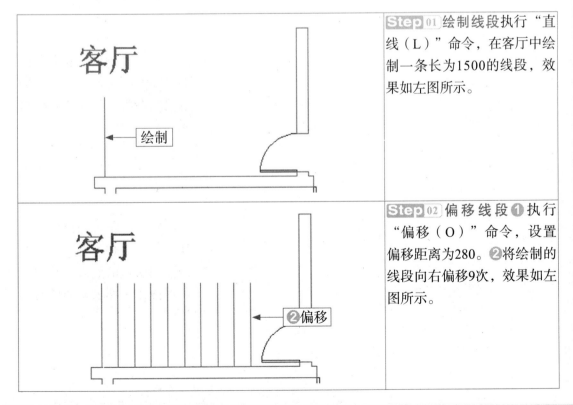

Step 01 绘制线段执行"直线（L）"命令，在客厅中绘制一条长为1500的线段，效果如左图所示。

Step 02 偏移线段❶执行"偏移（O）"命令，设置偏移距离为280。❷将绘制的线段向右偏移9次，效果如左图所示。

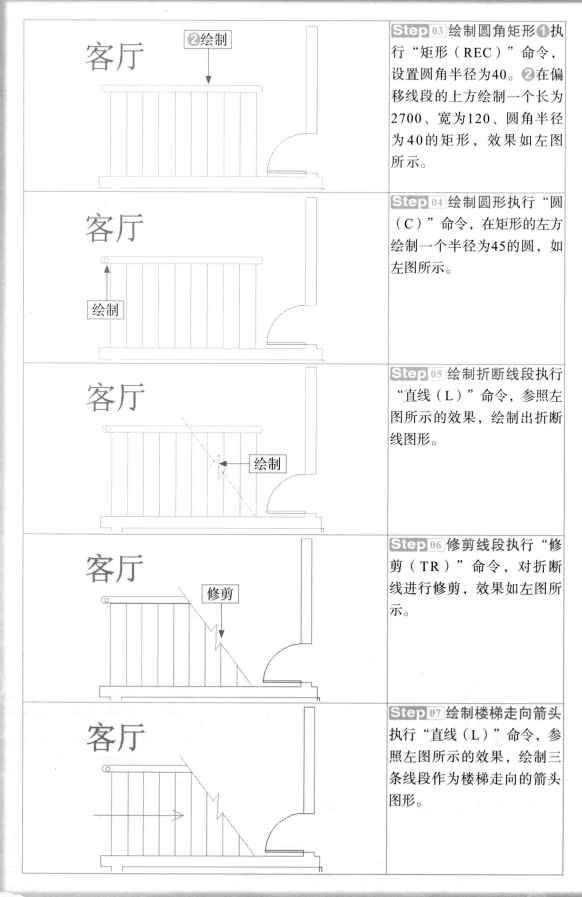

客厅
②绘制

Step 03 绘制圆角矩形❶执行"矩形（REC）"命令，设置圆角半径为40。❷在偏移线段的上方绘制一个长为2700、宽为120、圆角半径为40的矩形，效果如左图所示。

客厅
绘制

Step 04 绘制圆形执行"圆（C）"命令，在矩形的左方绘制一个半径为45的圆，如左图所示。

客厅
绘制

Step 05 绘制折断线段执行"直线（L）"命令，参照左图所示的效果，绘制出折断线图形。

客厅
修剪

Step 06 修剪线段执行"修剪（TR）"命令，对折断线进行修剪，效果如左图所示。

客厅

Step 07 绘制楼梯走向箭头执行"直线（L）"命令，参照左图所示的效果，绘制三条线段作为楼梯走向的箭头图形。

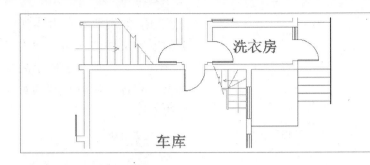

Step 08 创建车库楼梯使用与上述操作相同的方法，在车库中创建一个转角楼梯图形，效果如左图所示。

5. 创建室内图形

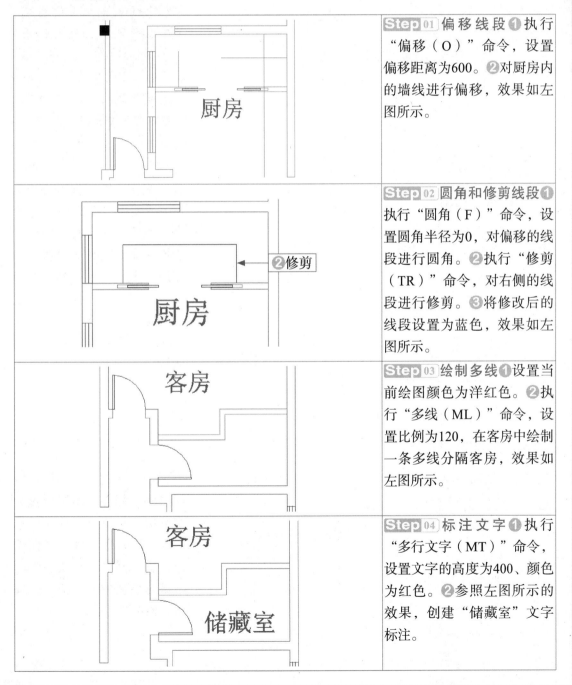

Step 01 偏移线段❶执行"偏移（O）"命令，设置偏移距离为600。❷对厨房内的墙线进行偏移，效果如左图所示。

Step 02 圆角和修剪线段❶执行"圆角（F）"命令，设置圆角半径为0，对偏移的线段进行圆角。❷执行"修剪（TR）"命令，对右侧的线段进行修剪。❸将修改后的线段设置为蓝色，效果如左图所示。

Step 03 绘制多线❶设置当前绘图颜色为洋红色。❷执行"多线（ML）"命令，设置比例为120，在客房中绘制一条多线分隔客房，效果如左图所示。

Step 04 标注文字❶执行"多行文字（MT）"命令，设置文字的高度为400、颜色为红色。❷参照左图所示的效果，创建"储藏室"文字标注。

设
计
师
实
战
应
用

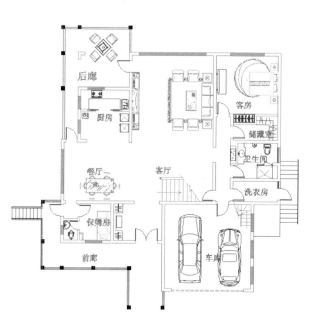

Step 05 复制素材打开本实例的素材文件"一楼平面素材.dwg",参照左图所示的效果,将各个素材复制到对应的位置。

操 作 技 巧

　　在复制素材图形的操作过程中,可以使用【Ctrl+C】组合键对素材进行复制,然后使用【Ctrl+V】组合键将其粘贴到指定的位置;也可以使用"插入(I)"命令将需要的素材插入到指定的位置。

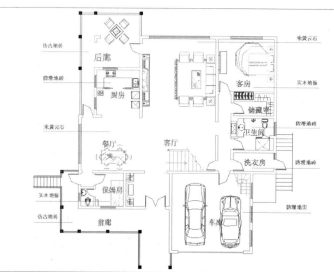

Step 06 标注地面材质❶将"文字"图层设置为当前层。❷使用"直线(L)"命令,在需要标注材质的位置绘制一条线段作为引线。❸使用"多行文字(MT)"命令,在引线上方创建材质说明文字,设置文字的高度为280,材质标注效果如左图所示。

6. 标注图形尺寸

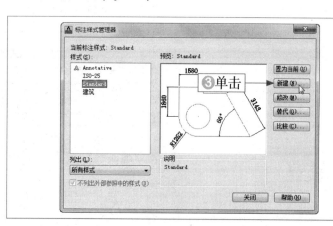

Step 01 单击"新建"按钮❶将"标注"图层设置为当前层。❷执行"标注样式(D)"命令,打开"标注样式管理器"对话框。❸单击该对话框中的"新建"按钮,如左图所示。

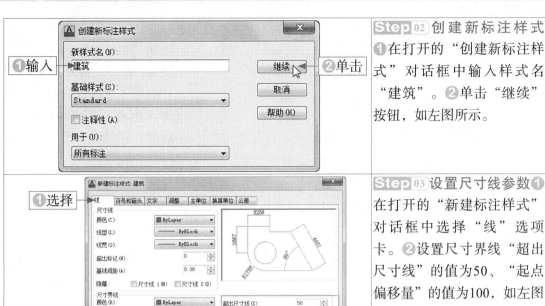

Step 02 创建新标注样式
❶在打开的"创建新标注样式"对话框中输入样式名"建筑"。❷单击"继续"按钮，如左图所示。

Step 03 设置尺寸线参数❶在打开的"新建标注样式"对话框中选择"线"选项卡。❷设置尺寸线"超出尺寸线"的值为50、"起点偏移量"的值为100，如左图所示。

Step 04 设置符号和箭头❶选择"符号和箭头"选项卡。❷设置箭头和引线为"建筑标记"，设置"箭头大小"为50，如左图所示。

Step 05 设置文字参数❶选择"文字"选项卡。❷设置"文字高度"为400。❸设置文字的垂直对齐为"上"，设置"从尺寸线偏移"的值为80，如左图所示。

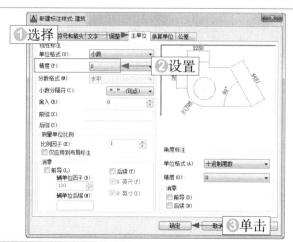

Step 06 设置标注的精度❶选择"主单位"选项卡。❷设置"精度"值为0。❸单击"确定"按钮进行确定，关闭"标注样式管理器"对话框。

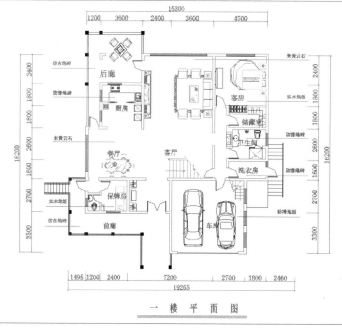

一 楼 平 面 图

Step 07 标注图形❶打开"轴线"图层。❷使用"线性（DLI）"命令和"连续（DCO）"命令，对平面图进行尺寸标注。❸使用"多行文字（MT）"和"直线（L）"命令，对图形进行文字说明，然后关闭"轴线"图层，完成一楼平面图的绘制，效果如左图所示。

3.2.2 绘制二楼平面图

案例效果

源文件路径：
光盘\源文件\第3章\3.2

素材路径：
光盘\素材\第3章\3.2

教学视频路径：
光盘\教学视频\第3章

制作时间：
35分钟

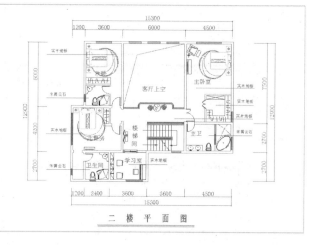

二 楼 平 面 图

─ 设 计 与 制 作 思 路 ─

　　别墅二楼平面图的绘制方法与一楼相似，由于前面已经创建好了图层，这里可以直接绘制轴线，然后创建平面图墙体结构，接下来绘制门图形、窗户图形和室内装饰图形，最后对图形进行尺寸标注。

1. 创建二楼平面框架

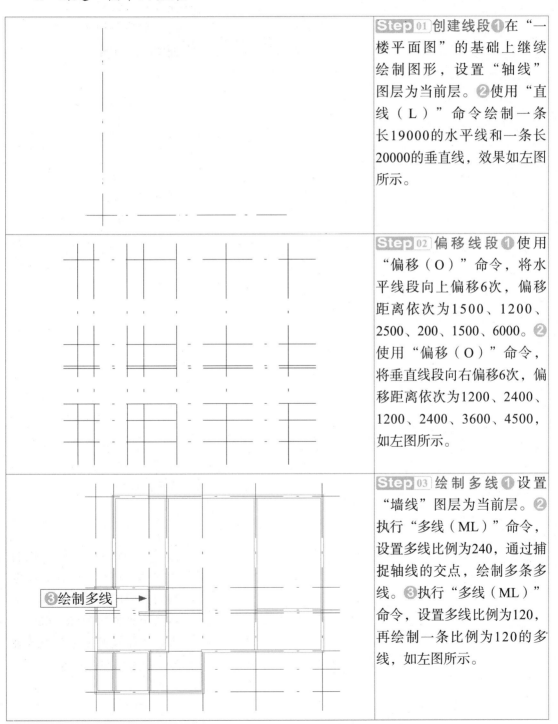

Step 01 创建线段❶在"一楼平面图"的基础上继续绘制图形，设置"轴线"图层为当前层。❷使用"直线（L）"命令绘制一条长19000的水平线和一条长20000的垂直线，效果如左图所示。

Step 02 偏移线段❶使用"偏移（O）"命令，将水平线段向上偏移6次，偏移距离依次为1500、1200、2500、200、1500、6000。❷使用"偏移（O）"命令，将垂直线段向右偏移6次，偏移距离依次为1200、2400、1200、2400、3600、4500，如左图所示。

Step 03 绘制多线❶设置"墙线"图层为当前层。❷执行"多线（ML）"命令，设置多线比例为240，通过捕捉轴线的交点，绘制多条多线。❸执行"多线（ML）"命令，设置多线比例为120，再绘制一条比例为120的多线，如左图所示。

❸绘制多线

Step 04 创建门窗洞 ❶ 将"轴线"图层隐藏。❷ 执行"分解（X）"命令，选择绘制的多线并确定，将多线分解开。❸ 参照左图所示的效果和尺寸，使用"偏移（O）"命令和"修剪（TR）"命令对图形进行修剪，创建出平面图的门窗洞。

Step 05 标注房间功能 ❶ 将"文字"图层设置为当前层。❷ 执行"多行文字（MT）"命令，设置文字的高度为400、颜色为红色。❸ 参照左图所示的效果，依次对各个房间的功能进行文字标注。

Step 06 绘制矩形 ❶ 将"墙线"图层设置为当前层。❷ 执行"矩形（REC）"命令，在楼梯间绘制一个长为3510、宽为270的矩形，效果如左图所示。

Step 07 偏移矩形 ❶ 执行"偏移（O）"命令，将绘制的矩形向内偏移两次，偏移的距离依次为50、60。❷ 将偏移得到的矩形修改为蓝色，效果如左图所示。

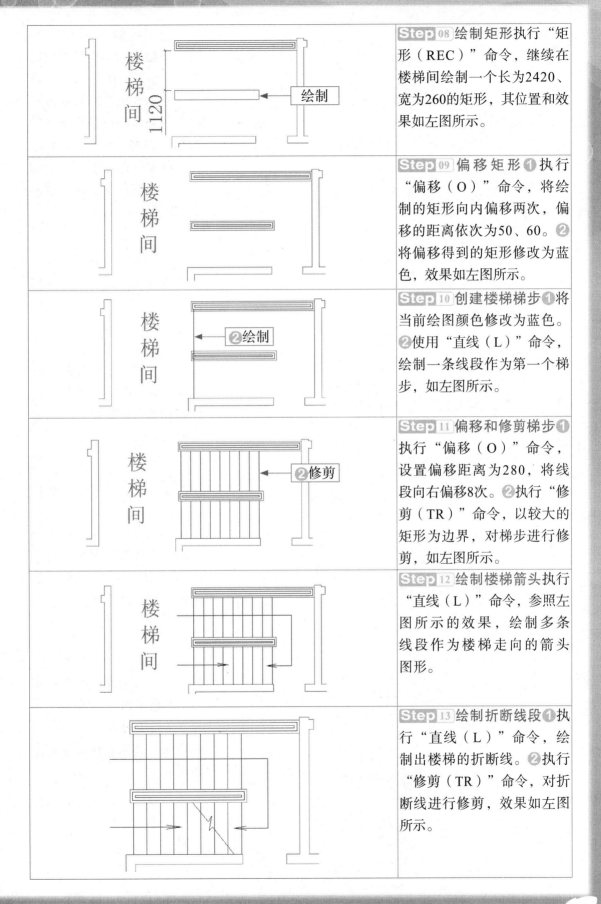

Step 08 绘制矩形执行"矩形（REC）"命令，继续在楼梯间绘制一个长为2420、宽为260的矩形，其位置和效果如左图所示。

Step 09 偏移矩形❶执行"偏移（O）"命令，将绘制的矩形向内偏移两次，偏移的距离依次为50、60。❷将偏移得到的矩形修改为蓝色，效果如左图所示。

Step 10 创建楼梯梯步❶将当前绘图颜色修改为蓝色。❷使用"直线（L）"命令，绘制一条线段作为第一个梯步，如左图所示。

Step 11 偏移和修剪梯步❶执行"偏移（O）"命令，设置偏移距离为280，将线段向右偏移8次。❷执行"修剪（TR）"命令，以较大的矩形为边界，对梯步进行修剪，如左图所示。

Step 12 绘制楼梯箭头执行"直线（L）"命令，参照左图所示的效果，绘制多条线段作为楼梯走向的箭头图形。

Step 13 绘制折断线段❶执行"直线（L）"命令，绘制出楼梯的折断线。❷执行"修剪（TR）"命令，对折断线进行修剪，效果如左图所示。

Step 14 绘制平面窗户❶将"门窗"图层设置为当前层。❷使用"直线（L）"命令，在需要创建窗户的位置绘制一条线段连接窗洞。❸使用"偏移（O）"命令，将线段偏移3次，偏移距离均为80，绘制的平面窗户效果如左图所示。

Step 15 绘制平开门❶在需要创建平开门的位置，使用"矩形（REC）"命令，绘制一个宽为40的矩形作为门框，其长度根据具体的门洞大小进行确定。❷使用"圆弧（A）"命令，绘制一段圆弧作为开门路径，效果如左图所示。

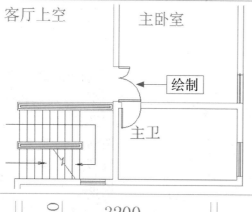

Step 16 绘制双开门使用"矩形（REC）"和"圆弧（A）"命令，在主卧室中绘制一个双开门图形，其中的小门长度为400、大门长度为800，如左图所示。

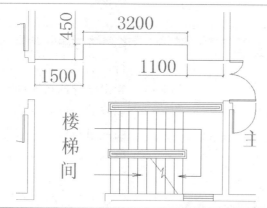

Step 17 绘制多段线使用"多段线（PL）"命令，在客厅上空和楼梯间绘制一条多段线，其位置和尺寸如左图所示。

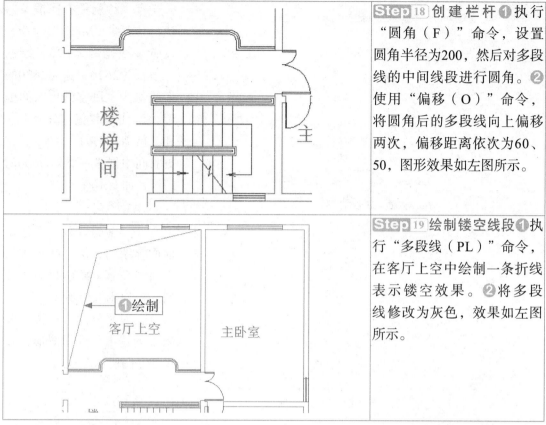

Step 18 创建栏杆❶执行"圆角（F）"命令，设置圆角半径为200，然后对多段线的中间线段进行圆角。❷使用"偏移（O）"命令，将圆角后的多段线向上偏移两次，偏移距离依次为60、50，图形效果如左图所示。

Step 19 绘制镂空线段❶执行"多段线（PL）"命令，在客厅上空中绘制一条折线表示镂空效果。❷将多段线修改为灰色，效果如左图所示。

2. 创建二楼室内图形

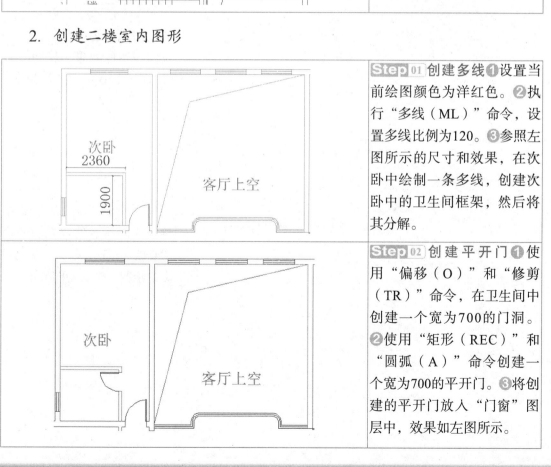

Step 01 创建多线❶设置当前绘图颜色为洋红色。❷执行"多线（ML）"命令，设置多线比例为120。❸参照左图所示的尺寸和效果，在次卧中绘制一条多线，创建次卧中的卫生间框架，然后将其分解。

Step 02 创建平开门❶使用"偏移（O）"和"修剪（TR）"命令，在卫生间中创建一个宽为700的门洞。❷使用"矩形（REC）"和"圆弧（A）"命令创建一个宽为700的平开门。❸将创建的平开门放入"门窗"图层中，效果如左图所示。

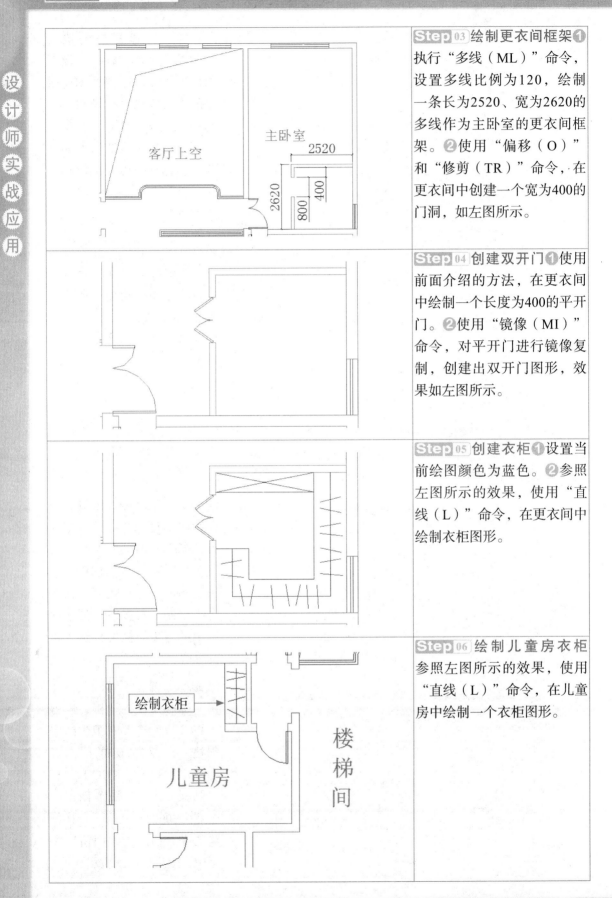

Step 03 绘制更衣间框架❶执行"多线（ML）"命令，设置多线比例为120，绘制一条长为2520、宽为2620的多线作为主卧室的更衣间框架。❷使用"偏移（O）"和"修剪（TR）"命令，在更衣间中创建一个宽为400的门洞，如左图所示。

Step 04 创建双开门❶使用前面介绍的方法，在更衣间中绘制一个长度为400的平开门。❷使用"镜像（MI）"命令，对平开门进行镜像复制，创建出双开门图形，效果如左图所示。

Step 05 创建衣柜❶设置当前绘图颜色为蓝色。❷参照左图所示的效果，使用"直线（L）"命令，在更衣间中绘制衣柜图形。

Step 06 绘制儿童房衣柜参照左图所示的效果，使用"直线（L）"命令，在儿童房中绘制一个衣柜图形。

客厅上空

主卧室
2520
2620
800
400

绘制衣柜

儿童房

楼梯间

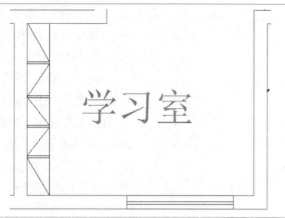

Step 07 绘制书柜❶执行"偏移（O）"命令，将学习室左侧墙线向右偏移330，将偏移得到的线段改为蓝色。❷参照左图所示的效果，绘制一个书柜图形。

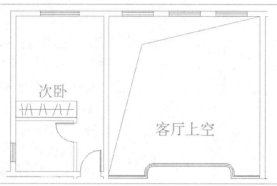

Step 08 绘制次卧衣柜❶执行"矩形（REC）"命令，在次卧中绘制一个长为2360、宽为600的矩形。❷使用"直线（L）"命令，在矩形内绘制多条线段作为衣柜图形，效果如左图所示。

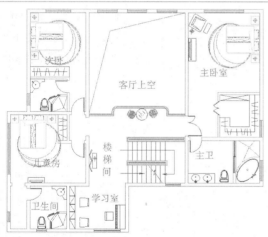

Step 09 复制素材❶打开本实例的素材文件"二楼平面素材.dwg"。❷参照左图所示的效果，将各个素材复制到对应的位置。

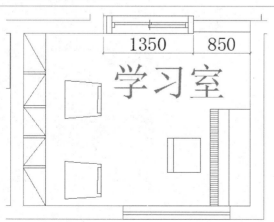

Step 10 创建学习室推拉门❶使用"矩形（REC）"命令，在学习室中绘制一个长为1350、宽为260的矩形和一个长为850、宽为240的矩形。❷参照左图所示的尺寸和效果，使用"矩形（REC）"和"直线（L）"命令，绘制学习室的推拉门。

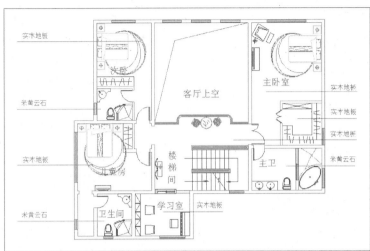

实木地板
米黄云石
实木地板
米黄云石

客厅上空
主卧室
实木地板
实木地板
实木地板
米黄云石

楼梯间
主卫
学习室
实木地板
卫生间

Step 11 标注地面材质 ① 将"文字"图层设置为当前层。② 使用"直线（L）"命令，在需要标注材质的位置绘制一条线段作为引线。③ 使用"多行文字（MT）"命令，在引线上方创建材质文字，设置文字的高度为280，标注效果如左图所示。

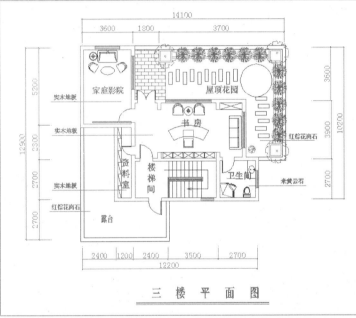

实木地板
家庭影院
实木地板
资料室
实木地板
红棕花岗石
露台

屋顶花园
书房
楼梯间
卫生间
红棕花岗石
米黄云石

三 楼 平 面 图

Step 12 标注图形 ① 打开"轴线"图层。② 使用"线性（DLI）"命令和"连续（DCO）"命令，对平面图进行尺寸标注。③ 使用"多行文字（MT）"和"直线（L）"命令，对图形进行文字说明，然后关闭"轴线"图层，完成二楼平面图的绘制，效果如左图所示。

3.2.3 绘制三楼平面图

案例效果

源文件路径：
光盘\源文件\第3章\3.2

素材路径：
光盘\素材\第3章\3.2

教学视频路径：
光盘\教学视频\第3章

制作时间：
35分钟

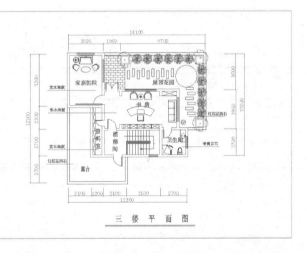

三 楼 平 面 图

别墅三楼平面图的绘制方法与一楼相似，首先使用"直线（L）"命令绘制轴线，然后创建平面图墙体结构，接下来绘制门图形、窗户图形和室内装饰图形，最后对图形进行尺寸标注。

1. 创建三楼平面框架

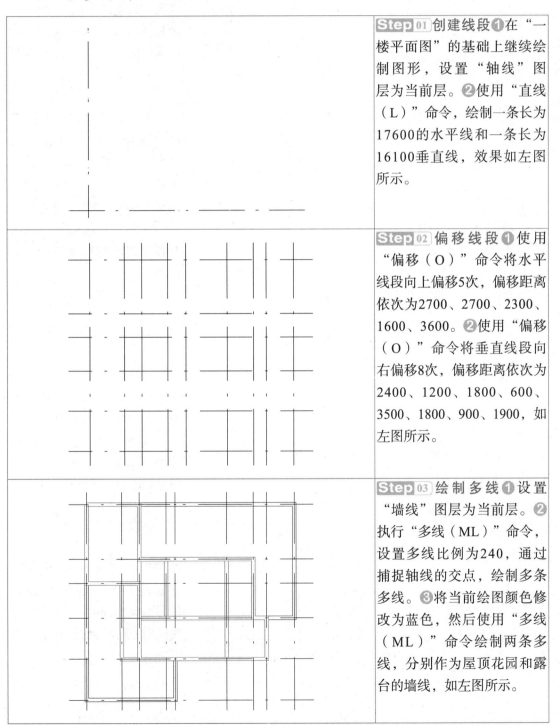

Step 01 创建线段❶在"一楼平面图"的基础上继续绘制图形，设置"轴线"图层为当前层。❷使用"直线（L）"命令，绘制一条长为17600的水平线和一条长为16100垂直线，效果如左图所示。

Step 02 偏移线段❶使用"偏移（O）"命令将水平线段向上偏移5次，偏移距离依次为2700、2700、2300、1600、3600。❷使用"偏移（O）"命令将垂直线段向右偏移8次，偏移距离依次为2400、1200、1800、600、3500、1800、900、1900，如左图所示。

Step 03 绘制多线❶设置"墙线"图层为当前层。❷执行"多线（ML）"命令，设置多线比例为240，通过捕捉轴线的交点，绘制多条多线。❸将当前绘图颜色修改为蓝色，然后使用"多线（ML）"命令绘制两条多线，分别作为屋顶花园和露台的墙线，如左图所示。

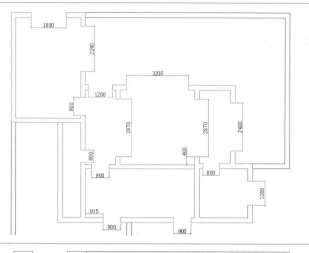

Step 04 创建门窗洞❶将"轴线"图层隐藏。❷执行"分解（X）"命令，选择绘制的多线并确定，将多线分解开。❸参照左图所示的效果和尺寸，使用"偏移（O）"命令和"修剪（TR）"命令对图形进行修剪，创建出平面图的门窗洞。

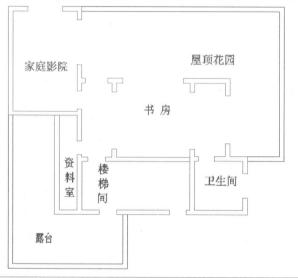

Step 05 标注房间功能❶将"文字"图层设置为当前层。❷执行"多行文字（MT）"命令，设置文字的高度为400、颜色为红色。❸参照左图所示的效果，依次对各个房间的功能进行文字标注。

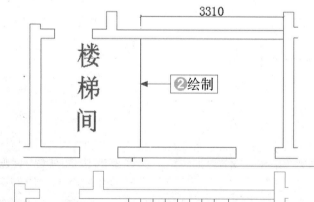

Step 06 绘制线段❶将当前绘图颜色设置为蓝色。❷执行"直线（L）"命令，参照左图所示的效果和尺寸，在楼梯间绘制一条线段。

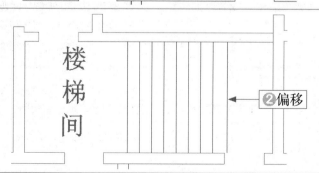

Step 07 偏移线段❶执行"偏移（O）"命令，设置偏移距离为280。❷将绘制的线段向右偏移8次，效果如左图所示。

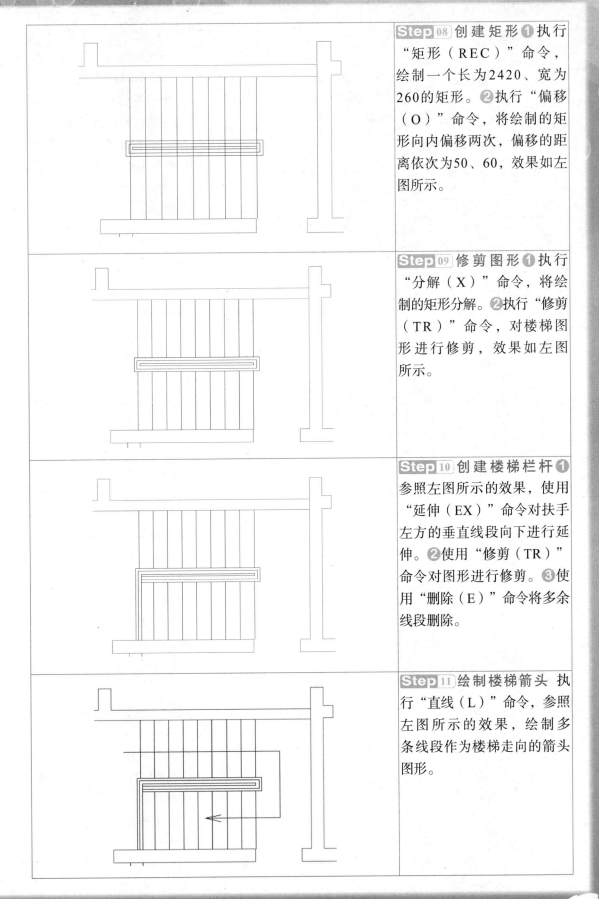

Step 08 创建矩形❶执行"矩形（REC）"命令，绘制一个长为2420、宽为260的矩形。❷执行"偏移（O）"命令，将绘制的矩形向内偏移两次，偏移的距离依次为50、60，效果如左图所示。

Step 09 修剪图形❶执行"分解（X）"命令，将绘制的矩形分解。❷执行"修剪（TR）"命令，对楼梯图形进行修剪，效果如左图所示。

Step 10 创建楼梯栏杆❶参照左图所示的效果，使用"延伸（EX）"命令对扶手左方的垂直线段向下进行延伸。❷使用"修剪（TR）"命令对图形进行修剪。❸使用"删除（E）"命令将多余线段删除。

Step 11 绘制楼梯箭头 执行"直线（L）"命令，参照左图所示的效果，绘制多条线段作为楼梯走向的箭头图形。

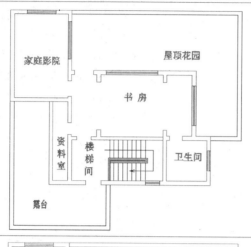

Step 12 绘制平面窗户❶将"门窗"图层设置为当前层。❷使用"直线（L）"命令，在需要创建窗户的位置绘制一条线段连接窗洞。❸使用"偏移（O）"命令对线段偏移3次，偏移距离均为80，绘制的平面窗户效果如左图所示。

Step 13 绘制平开门❶在需要创建平开门的位置，使用"矩形（REC）"命令，绘制一个宽为40的矩形作为门框，其长度根据具体的门洞大小进行确定。❷使用"圆弧（A）"命令，绘制一段圆弧作为开门路径，效果如左图所示。

Step 14 绘制双开门❶使用"矩形（REC）"和"圆弧（A）"命令，在书房通向屋顶花园的位置绘制一个平开门，其长度为600。❷使用"镜像（MI）"命令对平开门进行镜像复制，创建出双开门图形，效果如左图所示。

2. 创建三楼室内图形

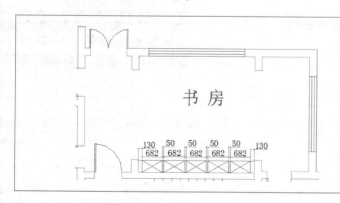

Step 01 创建书柜图形❶设置当前绘图颜色为蓝色。❷参照左图所示的效果和尺寸，使用"直线（L）"和"偏移（O）"命令，在书房中创建书柜图形，书柜的宽度为380。

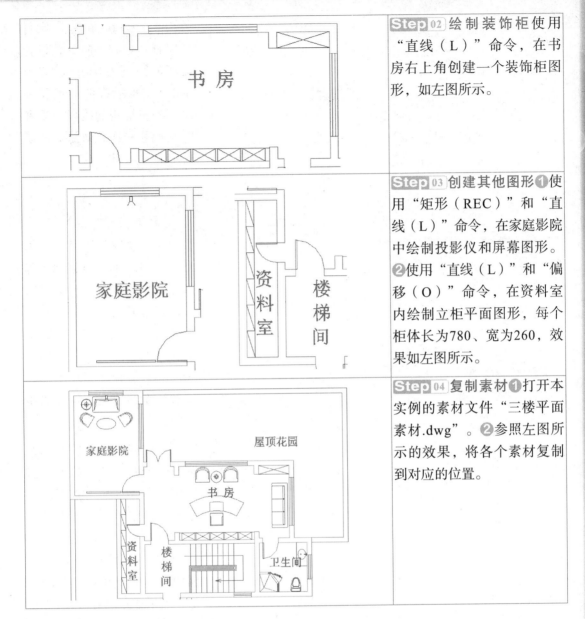

Step 02 绘制装饰柜使用"直线（L）"命令，在书房右上角创建一个装饰柜图形，如左图所示。

Step 03 创建其他图形❶使用"矩形（REC）"和"直线（L）"命令，在家庭影院中绘制投影仪和屏幕图形。❷使用"直线（L）"和"偏移（O）"命令，在资料室内绘制立柜平面图形，每个柜体长为780、宽为260，效果如左图所示。

Step 04 复制素材❶打开本实例的素材文件"三楼平面素材.dwg"。❷参照左图所示的效果，将各个素材复制到对应的位置。

3. 创建屋顶花园

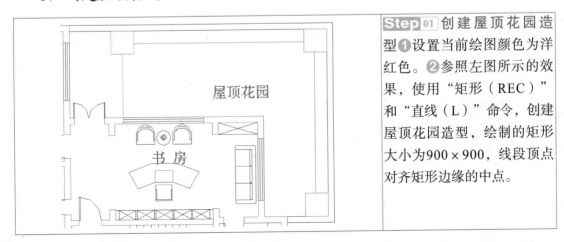

Step 01 创建屋顶花园造型❶设置当前绘图颜色为洋红色。❷参照左图所示的效果，使用"矩形（REC）"和"直线（L）"命令，创建屋顶花园造型，绘制的矩形大小为900×900，线段顶点对齐矩形边缘的中点。

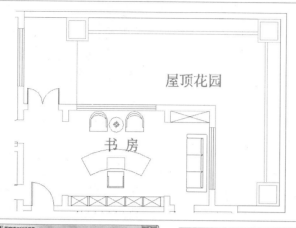

Step 02 偏移图形①执行"偏移（O）"命令，设置偏移的距离为100。②将绘制的3个矩形都向内偏移一次。③将绘制的线段向下和向左偏移一次，效果如左图所示。

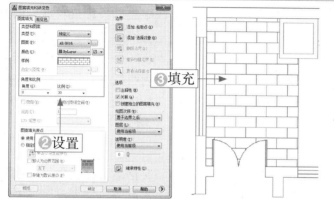

Step 03 填充图案①将"填充"图层设置为当前层。②执行"图案填充（H）"命令，在打开的"图案填充和渐变色"对话框中设置图案为"AR-B816"、比例为30。③对屋顶花园左侧的区域进行图案填充，效果如左图所示。

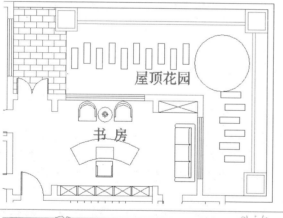

Step 04 创建屋顶景观①设置当前绘图颜色为蓝色。②使用"圆（C）"命令，在屋顶花园中绘制一个半径为1100的圆形。③使用"矩形（REC）"命令，在屋顶花园中绘制多个800×250的矩形，效果如左图所示。

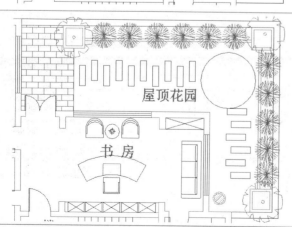

Step 05 复制素材①打开本实例的素材文件"屋顶花园平面素材.dwg"。②参照左图所示的效果，将各个素材复制到对应的位置。

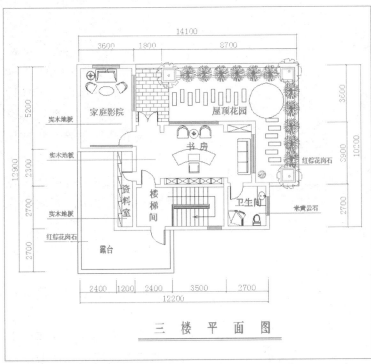

三　楼　平　面　图

Step 06 标注图形❶将"文字"图层设置为当前层，使用"直线（L）"和"多行文字（MT）"命令，对地面材质进行标注。❷打开"轴线"图层，使用"线性（DLI）"和"连续（DCO）"命令，对平面图进行尺寸标注，然后关闭"轴线"图层。❸使用"多行文字（MT）"和"直线（L）"命令，对图形进行文字说明，完成三楼平面图的绘制，效果如左图所示。

3.3　绘制别墅天花图

别墅的天花图对应于别墅的平面图，在本套别墅中，天花图同样分为3层，在别墅天花图的绘制过程中，将学习别墅一楼天花、二楼天花和三楼天花图形的绘制。

3.3.1　绘制一楼天花图

案例效果

　源文件路径：
光盘\源文件\第3章\3.3

　素材路径：
无

　教学视频路径：
光盘\教学视频\第3章

　制作时间：
45分钟

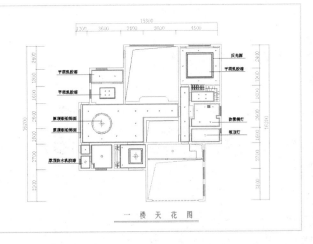

一　楼　天　花　图

设计与制作思路

在绘制一楼天花图的过程中，首先复制创建好的一楼平面图作为天花图的绘制基础，然后隐藏影响绘图的图形，再根据设计效果依次创建一楼天花造型、灯具对象、天花材质和天花标注文字等内容。

1. 创建顶面造型

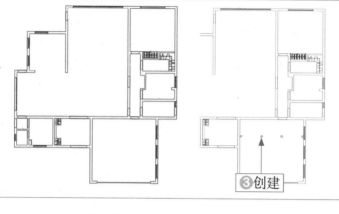

❸创建

Step 01 创建一楼天花结构❶使用"复制（CO）"命令复制一楼平面图。❷使用"删除（E）"命令将多余的图块和线段删除。❸使用"矩形（REC）"命令在车库的天花图中绘制4个长宽为150的正方形，其间距为1800，效果如左图所示。

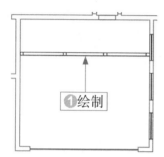

❶绘制

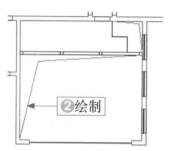

❷绘制

Step 02 创建车库顶面造型❶使用"直线（L）"命令，通过捕捉矩形的端点绘制水平造型线段。❷使用"多段线（PL）"命令，在车库楼梯的位置绘制折线造型，再绘制两个镂空效果图形，如左图所示。

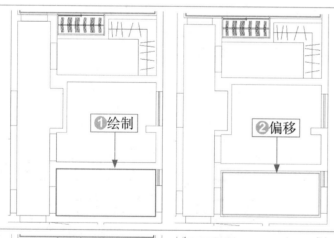

❶绘制　　❷偏移

Step 03 绘制洗衣房顶面造型❶使用"矩形（REC）"命令，在洗衣房中通过捕捉端点的方式，绘制与洗衣房大小相同的矩形。❷使用"偏移（O）"命令，选择刚才绘制的矩形，将其向内依次偏移50和20，作为阴角线图形，然后将绘制的辅助矩形删除，效果如左图所示。

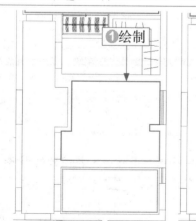

❶绘制

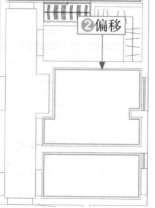

❷偏移

Step 04 绘制卫生间顶面造型❶使用"多段线（PL）"命令，通过捕捉卫生间的端点绘制一条多段线。❷使用"偏移（O）"命令，选择刚才绘制的多段线，将其向内依次偏移50和20，作为阴角线图形，然后将绘制的多段线删除，效果如左图所示。

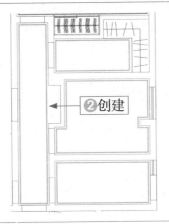

Step 05 绘制衣帽间和过道造型❶参照前面介绍的方法，使用"矩形（REC）"和"偏移（O）"命令，绘制衣帽间的阴角线。❷使用"矩形（REC）"和"偏移（O）"命令，绘制过道的阴角线，效果如左图所示。

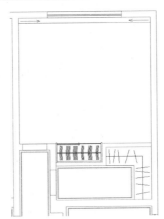

Step 06 绘制客房窗帘盒❶使用"直线（L）"命令，在距客房最上方内墙线180的位置绘制一条水平线段，表示窗帘盒。❷使用"直线（L）"命令，在直线的上方绘制两个箭头表示窗帘的走向，效果如左图所示。

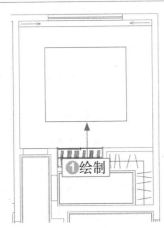
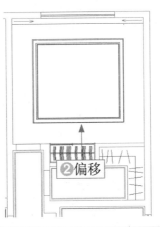

Step 07 绘制客房的顶面造型❶使用"矩形（REC）"命令，在客房的上方绘制一个2600×2300的矩形。❷使用"偏移（O）"命令，将刚才绘制的矩形向外偏移4次，偏移距离依次为15、30、100、20，效果如左图所示。

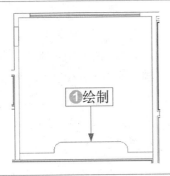
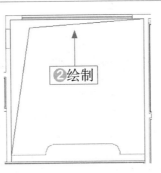

Step 08 绘制客厅顶面❶使用"多段线（PL）"和"圆角（O）"命令，在客厅顶面创建顶面区域线。❷使用"直线（L）"命令，绘制一条折线表示客厅上方的悬空区域，效果如左图所示。

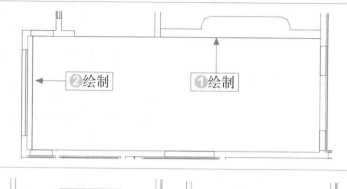

Step 09 绘制客餐厅中的线段①使用"直线（L）"命令，通过捕捉客厅上方端点绘制水平线。②使用"直线（L）"命令，在距餐厅左侧垂直线段180的位置绘制一条线段，效果如左图所示。

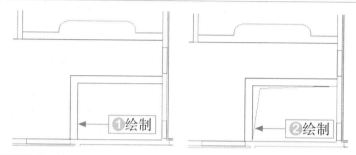

Step 10 绘制楼梯间造型①执行"多线（ML）"命令，设置比例为300，在楼梯间上方绘制一条多线。②执行"直线（L）"命令，绘制一条折线，如左图所示。

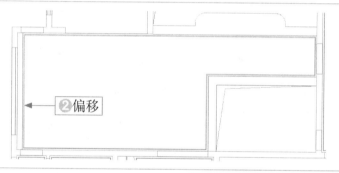

Step 11 创建多段线①执行"多段线（PL）"命令，在客餐厅上方绘制一条封闭的多段线。②使用"偏移（O）"命令，将多段线向内偏移两次，偏移距离依次20、50，效果如左图所示。

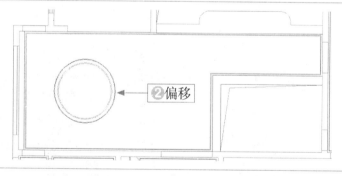

Step 12 绘制圆形造型①执行"圆（C）"命令，在餐厅上方绘制一个半径为1080的圆。②使用"偏移（O）"命令，将圆向外偏移3次，偏移距离依次为20、100、30，效果如左图所示。

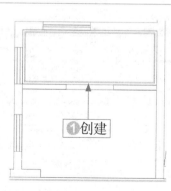
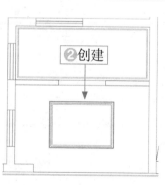

Step 13 绘制厨房顶面造型①在厨房上方绘制一个1220×3000的矩形，然后向内偏移20。②在厨房下方绘制一个1150×1650的矩形，然后向内偏移3次，偏移距离依次为15、30、30，效果如左图所示。

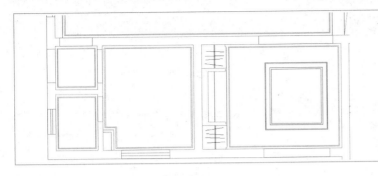

Step 14 绘制门厅和保姆房顶面❶在门厅处绘制一个1220×1300的矩形，将矩形向外偏移3次，偏移距离依次为30、100、20。❷使用前面介绍的方法，绘制保姆房的阴角线，效果如左图所示。

2. 创建顶面灯具

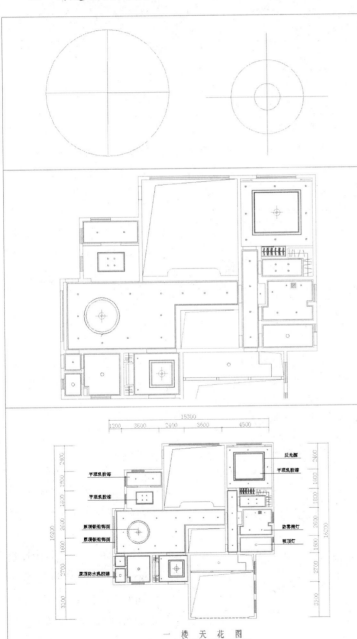

Step 01 绘制灯具❶绘制一个半径为50的圆，然后绘制两条线段作为筒灯图形。❷绘制一个半径为70和一个半径为200的同心圆，然后绘制两条线段作为吊灯图形，如左图所示。

Step 02 创建顶面灯具❶将绘制好的灯具复制到对应的位置。❷在洗衣房、车库和保姆房中，分别绘制一个半径为90和一个半径为100的同心圆作为吸顶灯。❸在卫生间中绘制一个边长为300的正方形，将其向内偏移3次，偏移距离均为38，再绘制两条对角线作为排气扇，如左图所示。

Step 03 标注图形❶使用"直线（L）"和"多行文字（MT）"命令，标注顶面材质内容。❷将一楼平面图中的尺寸标注复制当前图形中。❸使用"直线（L）"和"多行文字（MT）"命令，对图形进行文字说明，完成一楼天花图的绘制，效果如左图所示。

一 楼 天 花 图

3.3.2 绘制二楼天花图

案例效果

源文件路径：
光盘\源文件\第3章\3.3

素材路径：
无

教学视频路径：
光盘\教学视频\第3章

制作时间：
35分钟

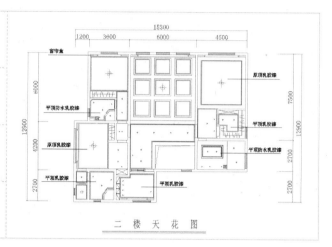

二 楼 天 花 图

设计与制作思路

　　别墅二楼天花图的绘制方法与一楼相似，二楼天花图重点在于客厅造型的设计和绘制。首先复制创建好的二楼平面图作为天花图的绘制基础，然后根据设计效果依次创建二楼天花造型和灯具对象。

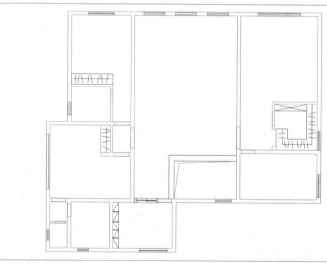

Step 01 创建二楼天花结构❶使用"复制（CO）"命令，复制二楼平面图。❷使用"删除（E）"命令，将多余的图块和线段删除掉。❸使用"直线（L）"命令连接门洞图形，效果如左图所示。

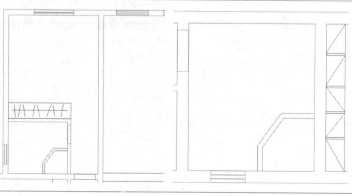

Step 02 绘制卫生间顶面结构❶执行"多线（ML）"命令，设置比例为85，参照次卧卫生间中的淋浴房图形绘制顶面结构。❷参照儿童房卫生间中的淋浴房图形绘制顶面结构，效果如左图所示。

Step 03 绘制主卫生间顶面结构 ❶使用"矩形（REC）"命令，在主卫生间中位置绘制一个1650×830的矩形。❷使用"偏移（O）"命令，将矩形向外依次偏移15、30、100、15。❸参照淋浴房图形绘制一条垂直线段将顶面分开，效果如左图所示。

Step 04 创建窗帘盒和走向 ❶使用"直线（L）"命令，绘制各个房间的窗帘盒。❷使用"直线（L）"命令，绘制各个房间窗帘走向的箭头，效果如左图所示。

Step 05 绘制客厅顶面造型 ❶使用"多线（ML）"命令，在客厅中绘制一条比例为300的多线作为顶面的梁。❷使用"矩形（REC）"和"偏移（O）"命令，绘制客厅顶面造型，大矩形的边长为1533×1522，将其向内偏移的距离依次为20、100、30、15，如左图所示。

Step 06 绘制各个房间的阴角线 参照前面绘制阴角线的方法，使用"矩形（REC）"和"偏移（O）"等命令依次绘制各个房间的阴角线，效果如左图所示。

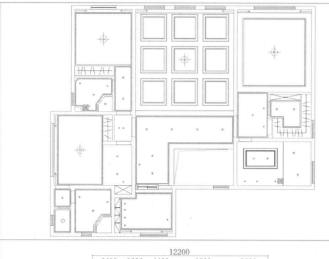

Step 07 创建灯具图形 使用"复制（O）"命令，将前面绘制好的吊灯、筒灯、吸顶灯和排气扇图形复制到各个房间中，效果如左图所示。

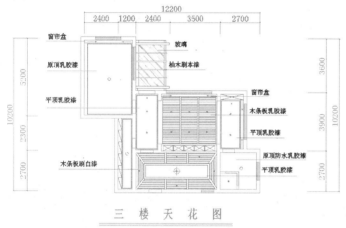

三 楼 天 花 图

Step 08 标注图形❶使用"直线（L）"和"多行文字（MT）"命令，标注顶面材质和图形说明。❷将二楼平面图的尺寸标注复制当前图形中，完成二楼天花图的绘制，效果如左图所示。

3.3.3 绘制三楼天花图

案例效果

源文件路径：
光盘\源文件\第3章\3.3

素材路径：
无

教学视频路径：
光盘\教学视频\第3章

制作时间：
35分钟

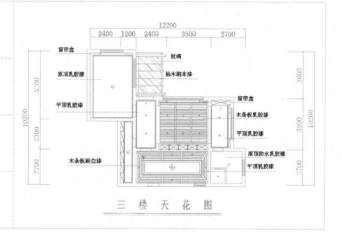

三 楼 天 花 图

设 计 与 制 作 思 路

　　别墅三楼天花图的绘制方法与一、二楼相似，首先复制三楼平面图作为绘图的基础，然后根据设计效果依次创建三楼天花造型和灯具对象。

Step 01 创建三楼天花结构 ❶使用"复制（CO）"命令，复制三楼平面图。❷使用"删除（E）"命令，将多余的图块和线段删除掉。❸使用"直线（L）"命令，连接门洞和顶梁图形，效果如左图所示。

Step 02 绘制屋顶花园木架图形使用"矩形（REC）"、"直线（L）"、"偏移（O）"和"修剪（TR）"等命令，绘制屋顶木架图形，其效果和尺寸如左图所示。

Step 03 填充屋顶花园 ❶执行"图案填充（BH）"命令，在弹出的对话框中选择"AR-RROOF"图案，设置"角度"为45、"比例"为500。❷对屋顶玻璃材质进行图案填充，如左图所示。

Step 04 创建窗帘盒和走向 ❶使用"直线（L）"命令，绘制各个房间的窗帘盒。❷使用"直线（L）"命令，绘制各个房间窗帘走向的箭头，如左图所示。

Step 05 绘制书房顶面造型参照左图所示的尺寸和效果，使用"直线（L）"、"偏移（O）"、"修剪（TR）等命令，绘制书房顶面的造型。

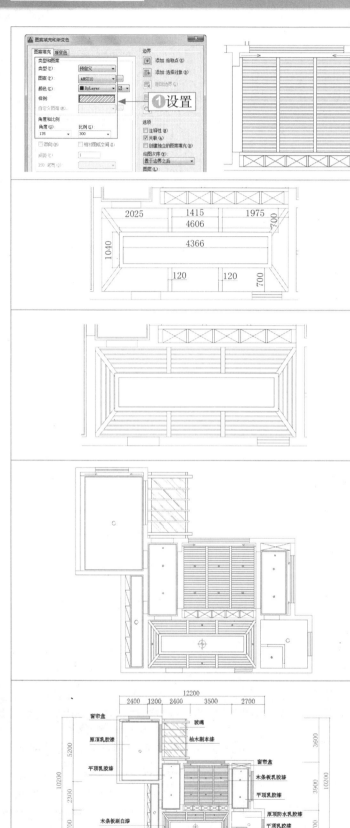

三 楼 天 花 图

Step 06 填充书房顶面① 执行"图案填充（BH）"命令，在弹出的对话框中选择"ANSI32"图案，设置"角度"为135、"比例"为300。②对书房顶面材质进行图案填充，如左图所示。

Step 07 创建楼梯间顶面造型参照左图所示的尺寸和效果，使用"直线（L）"、"偏移（O）"、"修剪（TR）"等命令，绘制楼梯间顶面造型。

Step 08 填充楼梯顶面① 执行"图案填充（BH）"命令，在弹出的对话框中选择"ANSI32"图案，设置"角度"为135、"比例"为300。②对楼梯间顶面材质进行图案填充，效果如左图所示。

Step 09 创建各个房间的阴角线和灯具①参照前面绘制阴角线的方法，使用"矩形（REC）"和"偏移（O）"等命令，依次绘制各个房间的阴角线。②使用"复制（O）"命令，将前面绘制好的吊灯、筒灯、吸顶灯和排气扇图形复制到各个房间中，如左图所示。

Step 10 标注图形①使用"直线（L）"和"多行文字（MT）"命令，标注顶面材质和图形说明。②使用"线性（DLI）"和"连续（DCO）命令，对图形进行尺寸标注，完成三楼天花图的绘制，效果如左图所示。

3.4 AutoCAD技术库

在本章案例的制作过程中，运用了许多绘图和修改命令，下面将对常用的绘图和修改命令进行深入学习。

3.4.1 应用"矩形"命令

使用"矩形（REC）"命令可以直接绘制任意大小的矩形，也可以绘制指定大小的矩形。除此之外，还可以绘制指定倒角、指定圆角或指定旋转角度的矩形。

1. 绘制任意大小的矩形

执行"矩形（REC）"命令后，用户可以通过直接单击鼠标左键，确定矩形的两个对角点，绘制一个任意大小的矩形。

2. 绘制指定大小的矩形

绘制指定大小的矩形时，可以在执行"矩形（REC）"命令后，单击鼠标左键指定矩形的第一个角点，然后根据系统提示输入矩形另一个角点的相对坐标值（如@50，40）并确定（如左下图所示），即可创建一个指定大小的矩形，如右下图所示。

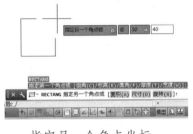

指定另一个角点坐标

创建指定大小的矩形

3. 绘制倒角矩形

在绘制矩形的操作中，除了可以绘制指定大小的矩形外，还可以绘制带倒角的矩形，并且可以指定矩形的倒角大小。

Step 01 执行"RECTANG（REC）"命令，输入参数C并确定，以启用"倒角(C)"选项，如左下图所示。

Step 02 根据系统提示输入矩形的第一个倒角长度（如4）并确定，如右下图所示。

输入参数C并确定

输入第一个倒角长度

Step 03 继续输入矩形的第二个倒角长度（如5）并确定。

Step 04 根据系统提示单击鼠标左键，指定矩形的第一个角点。

Step 05 拖动鼠标指定矩形的另一个角点，或者指定矩形另一个角点的相对坐标值

（如@50，40）并确定（如左下图所示），创建的倒角矩形如右下图所示。

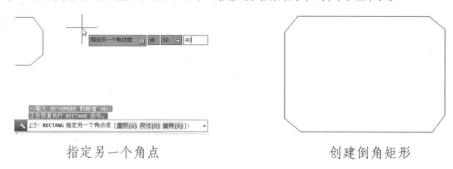

指定另一个角点　　　　　　　　　　　　　　创建倒角矩形

4. 绘制圆角矩形

在AutoCAD中，不仅可以绘制倒角矩形，也可以绘制圆角矩形。圆角矩形是指矩形边角呈圆弧形，在绘制圆角矩形的过程中，用户可以指定圆角的半径大小。

Step 01 执行"RECTANG（REC）"命令，输入参数F并确定，以启用"圆角(F)"选项，如左下图所示。

Step 02 根据系统提示输入矩形圆角的大小并确定，再指定矩形的第一个角点和另一个角点，创建的圆角矩形如右下图所示。

输入参数F并确定　　　　　　　　　　　　　　创建圆角矩形

5. 绘制旋转矩形

在AutoCAD中，用户除了可以直接绘制上述介绍的各种矩形外，还可以通过指定矩形的旋转角度，绘制具有一定旋转角度的矩形。

Step 01 执行"RECTANG（REC）"命令，指定矩形的第一个角点。

Step 02 根据系统提示输入旋转参数R并确定，以启用"旋转(R)"选项，如左下图所示。

Step 03 根据系统提示输入旋转矩形的角度（如15）并确定。

Step 04 输入矩形另一个角点的相对坐标（如@30，205）并确定，即可创建具有指定旋转角度的矩形，如右下图所示。

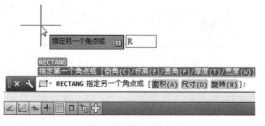

输入参数R并确定　　　　　　　　　　　　　　创建旋转矩形

3.4.2　应用"圆"命令

在默认状态下，圆形的绘制方式是先确定圆心，再确定半径。用户也可以通过指定两点确定圆的直径或是通过三个点确定圆形等方式绘制圆形。

执行"圆（CIRCLE）"命令，系统将提示"指定圆的圆心或[三点(3P)/两点(2P)/相切、相切、半径(T)]："，用户可以指定圆的圆心或选择某种绘制圆的方式。

❈ 三点（3P）：通过在绘图区内确定三个点来绘制圆。输入3P后，系统分别提示指定圆上的第一点、第二点、第三点。

❈ 两点（2P）：通过确定圆的直径的两个端点绘制圆。输入2P后，系统分别提示指定圆的直径的第一端点和第二端点。

❈ 相切、相切、半径（T）：通过两条切线和半径绘制圆。输入T后，系统分别提示指定圆的第一切线和第二切线上的点以及圆的半径。

在绘制圆的操作过程中，用户可以选择"绘图"|"圆"命令，在其子菜单中选择绘制圆所用的子命令（如左下图所示）；或者单击"绘图"面板中的"圆"下拉按钮，在弹出的列表中选择绘制圆所用的工具按钮，如右下图所示。

选择命令　　　　　　　　　　　　　选择工具按钮

1．绘制任意大小的圆

执行"CIRCLE（C）"命令，用户可以通过直接单击鼠标左键依次指定圆的圆心和半径，从而绘制出一个任意大小的圆形。

2．绘制指定半径的圆

通过拖动鼠标的方式绘制圆形时，只能确定一个粗略的半径值，要准确地设置圆的半径，则需要在指定圆的圆心后，通过输入半径的长度绘制一个指定大小的圆。

Step 01 执行"CIRCLE（C）"命令，单击鼠标左键指定圆的圆心。

Step 02 输入圆的半径长度（如40）并确定（如左下图所示），即可创建一个指定半径的圆形，如右下图所示。

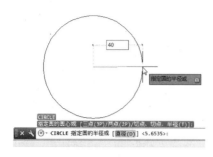

指定圆的半径长度　　　　　　　　　绘制圆形

3. 通过指定直径绘制圆

执行"CIRCLE（C）"命令后，输入参数2P并确定，可以通过指定两个点确定圆的直径，从而绘制出指定直径的圆形。

Step 01 使用"直线（L）"命令绘制一条线段，然后执行"CIRCLE（C）"命令，在系统提示下输入2P并确定，如左下图所示。

Step 02 根据系统提示在线段的左端点处单击鼠标左键，指定圆直径的第一个端点。

Step 03 在线段的右端点处单击鼠标左键指定圆直径的第二个端点，即可绘制一个通过指定两点的圆形，效果如右下图所示。

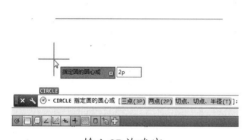

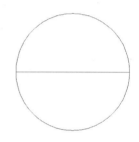

输入2P并确定　　　　　　　　　　绘制圆形

4. 通过三点确定圆

由于指定三点可以确定一个圆的形状，因此用户也可以在执行"CIRCLE（C）"命令后，输入参数3P并确定，通过指定圆形经过的三个点绘制出圆形。

Step 01 使用"直线（L）"命令绘制一个三角形，然后执行"圆（C）"命令，根据系统提示输入参数3P并确定，如左下图所示。

Step 02 依次在三角形的三个顶点处单击鼠标左键指定圆通过的三个点，即可绘制出通过指定三个点的圆形，如右下图所示。

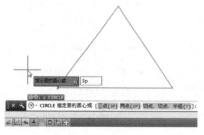

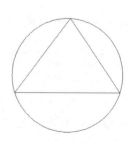

输入参数3P并确定　　　　　　　　　绘制圆形

5. 通过切点和半径确定圆

在绘制圆形时，指定圆通过的切点和圆的半径后，也可以确定圆的形状。下面介绍通过指定切点和半径绘制圆的方法。

Step 01 绘制两条互相垂直的线段，以线段的边作为绘制圆形的切边。

Step 02 执行"圆（C）"命令，然后输入参数T并确定，如左下图所示。

Step 03 根据系统提示依次指定对象与圆的第一个切边和第二个切边。

Step 04 输入圆的半径并确定，即可创建通过指定切点和半径的圆，如右下图所示。

输入参数T并确定 绘制圆形

3.4.3 应用"复制"命令

使用"复制（COPY）"命令可以为对象在指定的位置创建一个或多个副本，该操作是以选定对象的某一基点将其复制到绘图区内的其他位置。在复制图形的过程中，如果不需要准确指定复制对象的位置，可以直接使用鼠标对图形进行复制。除此之外，还可以进行定距复制、连续复制和阵列复制。

1. 定距复制对象

Step 01 绘制一个长为50、宽为25的矩形和一个半径为10的圆，然后执行"CO（CO）"命令，选择圆形并确定。

Step 02 在任意位置指定复制的基点。

Step 03 向右移动鼠标指针，输入第二个点的距离（如50）并确定（如左下图所示），即可将选择的圆形按指定的距离进行复制，效果如右下图所示。

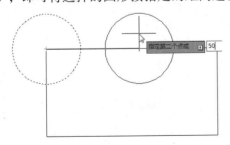 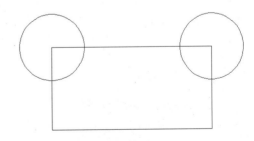

指定复制的间距 复制图形后的效果

2. 连续复制对象

在默认状态下，执行"复制（CO）"命令只能对图形进行一次直接复制，如果要对图

设计师实战应用

形进行多次复制，则需要在选择复制对象后输入"M（多个）"参数并确定，然后即可对图形进行多次复制。

Step 01 执行"复制（CO）"命令，参照左下图所示的效果，选择矩形作为复制对象。

Step 02 在系统提示下输入参数M并确定。

Step 03 依次指定复制对象的位置并确定，即可连续复制多个对象，右下图所示是连续4次复制矩形的效果。

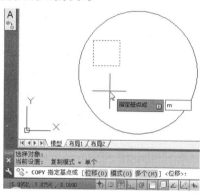

选择对象并输入参数

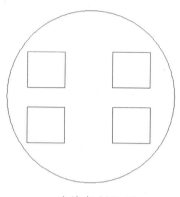

连续复制矩形

3. 阵列复制对象

在AutoCAD 2013中，"复制（COPY）"命令除了可以对图形进行常规的复制操作外，还可以在复制图形的过程中通过使用"阵列（A）"参数，对图形进行阵列操作。

Step 01 使用"直线（L）"命令绘制两条相互垂直的线段，然后执行"复制（COPY）"命令，选择绘制的图形。

Step 02 指定复制的基点，如左下图所示。

Step 03 当系统提示"指定第二个点或 [阵列(A)] <使用第一个点作为位移>："时，输入A并确定，启用"阵列"选项，如右下图所示。

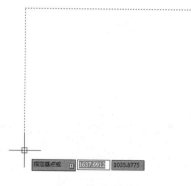

指定基点

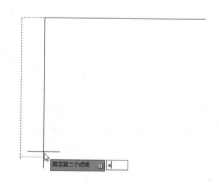

输入参数

Step 04 当系统提示"输入要进行阵列的项目数："时，输入阵列的项目数量（如5）并确定，如左下图所示。

Step 05 当系统提示"指定第二个点或 [布满(F)]："时，在水平线段的右端点处指定复制的第二个点，即可完成阵列复制对象的操作，效果如右下图所示。

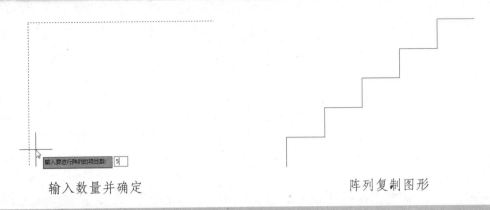

输入数量并确定　　　　　　　　　　　　　阵列复制图形

3.5　设计理论深化

在别墅装修设计中，可以根据使用功能的不同来设计不同的空间布局。在平面、顶面和立面设计中，可以从如下方面进行构思。

1．平面

别墅设计就功能而言，相对比较齐全，与其他室内环境的装修看似相同，实际上却在功能分配、设计风格等方面，增加了不少的难度。设计师在平面中应考虑到移动的造型屏风、书柜、开敞式展架、投影墙等的设计，以将功能分配把握得入木三分。

在别墅设计中，平面规划不仅要布局合理，在地面上也要考虑得十分周到，因为地面通常是最先引人注意的部分，其色彩、质地和图案能直接影响室内观感。此外，地面还与家具起着互相衬托的作用。

2．顶面

天花顶面在人的上方，对空间的影响要比地面显著，因此天花顶面处理对整个装修空间起决定性作用。除视觉效果外，触觉效果亦不容忽视，墙面天花与地面是形成空间的两个水平面。

在别墅设计中，设计师在材料、灯具的选择、灯光颜色的搭配上，都应该狠下一番工夫。选择先进的吸音材料、流行的雷士射灯、长筒丝质吊灯、流行的灯光效果，可以设计出舒适的灯光环境。

3．立面

在别墅立面的设计中，各个房间的立面在视觉上应形成独立的空间。设计师可以选用沙比利饰面板、磨砂玻璃等材质，在颜色和材料上相搭配，从而使设计颇具现代感，也适用于豪华的室内空间。

在别墅立面中采用大量的金花米黄大理石饰面，可以显示出简洁、现代、豪华的设计格调。材质的合理利用能使空间充满层次感，特别是随着科技的发展，材料的更新必然会带来更多、更好的新形式。

Chapter 第**04**章

茶楼装修设计

课前导读

　　茶楼的影子随处可见，可以说茶楼是商业发展中一个重要的内容，现在茶楼的经营模式更趋多元化，对茶楼室内的设计要求也逐步提高。

　　本章主要讲解茶楼布局图的绘制方法。首先学习茶楼的设计理念和设计要点，然后根据设计流程绘制各房间平面图、天花图和立面图。

本章学习要点

* 绘制茶楼建筑结构图
* 绘制茶楼平面布局图
* 绘制茶楼天花图

* 绘制茶楼包间立面图
* AutoCAD技术库

精彩效果赏析

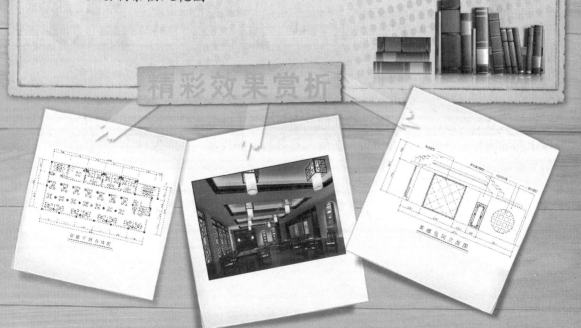

4.1 茶楼设计概述

茶楼的室内环境设计，是人为环境设计的一个主要组成部分，是建筑内部空间理性的创造方法，是一门复杂的学科。

4.1.1 茶楼设计要点

茶楼是人们进行休闲、娱乐的场所，很多茶楼仍保留了明清风格，即古色古香、飞檐斗拱、红柱青瓦、精雕细刻等特色，所以茶楼中的元素以仿古特色最为典型，如左下图所示。茶楼的室内设计都是很有个性的，茶楼室内各种桌椅、茶几、室内挂件陈设相映成趣，浑然一体，整体结构也相当紧凑，从而突出了古典韵味；茶楼还需要以幽雅为特点，可以使用碎石铺小路以显示雅洁环境，如右下图所示。

仿古特色的茶楼　　　　　　　　　　雅洁环境的茶楼

茶楼内部空间的分割要巧妙，不仅要古朴大方，在博古架上陈设各种茶具和陶艺工艺品，与周围环境相得益彰；还需要整体设计更精致、流畅，这也是我国传统美学中的构建特征之一。

茶楼灯光不仅赋予了人们视觉能力，而且为茶楼起着重要的点缀作用。在茶楼中饮茶是一件十分有情趣的雅事，灯在这一过程中自然扮演了极其重要的角色。一是灯光所表现的实用性，即照明功效；二是灯具所具有的艺术性，即灯具的造型为茶楼的整体风格增添了几分情趣。

4.1.2 绘制茶楼设计图的流程

绘制茶楼设计图需要注意以下几点。

（1）室内设计师在接受设计任务以后，首先需要对空间进行主题构思，并与茶楼最高经营者进行交谈，听取意见和要求后，在最高经营者的决策下，对整个空间进行了解、分析、收集调查资料、现场测量尺寸等。

（2）使用前面绘制结构图的方法，根据提供的草图绘制茶楼结构图，规划出茶楼功能分区、交通路线等，并绘制大堂、包间的家具，插入需要的图块等，完成平面图的绘制。

（3）平面图绘制完成后，接下来绘制各房间的天花图，根据不同的区域设计不同的造型和灯具。另外，还需要考虑主光源和局部光源之间的联系与区别，主光源应该能够对茶楼进行全局照明，局部光源则考虑如何突出细部和特殊区域的照明。

（4）最后根据整体设计风格，绘制茶楼中重要的立面结构图。

4.2 绘制茶楼建筑结构图

案例效果

 源文件路径：
光盘\源文件\第4章

 素材路径：
光盘\素材\第4章\4.2

 教学视频路径：
光盘\教学视频\第4章

 制作时间：
35分钟

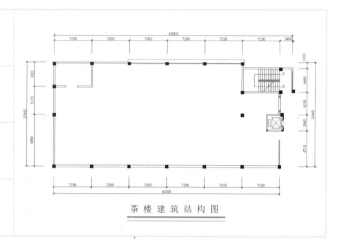

茶 楼 建 筑 结 构 图

设计与制作思路

　　茶楼结构图是茶楼在装修前的结构样式，在后面的茶楼设计中，可以对结构图进行重新修改和布局。在绘制茶楼结构图的过程中，首先创建绘图所需要的图层，然后创建茶楼结构的轴线，再根据轴线绘制柱体和墙体对象，接下来创建窗户和门洞对象，最后对图形进行尺寸标注即可。

4.2.1 绘制茶楼框架

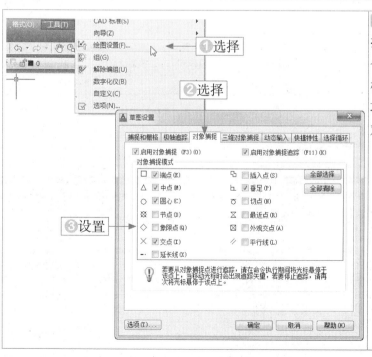

Step 01 设置对象捕捉❶选择"工具"|"绘图设置"命令，打开"草图设置"对话框。❷选择"对象捕捉"选项卡。❸根据左图所示进行对象捕捉选项设置。

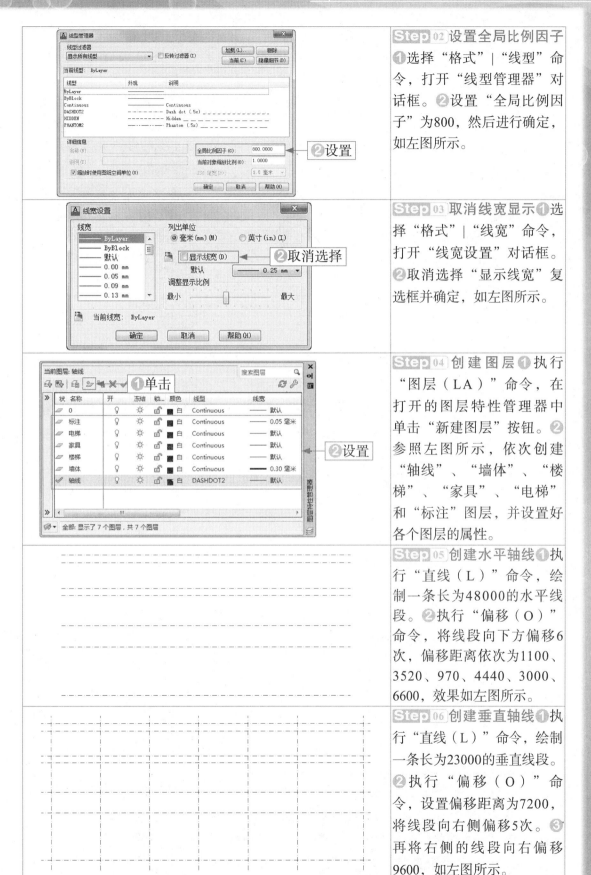

Step 02 设置全局比例因子 ❶选择"格式"|"线型"命令,打开"线型管理器"对话框。❷设置"全局比例因子"为800,然后进行确定,如左图所示。

Step 03 取消线宽显示 ❶选择"格式"|"线宽"命令,打开"线宽设置"对话框。❷取消选择"显示线宽"复选框并确定,如左图所示。

Step 04 创建图层 ❶执行"图层(LA)"命令,在打开的图层特性管理器中单击"新建图层"按钮。❷参照左图所示,依次创建"轴线"、"墙体"、"楼梯"、"家具"、"电梯"和"标注"图层,并设置好各个图层的属性。

Step 05 创建水平轴线 ❶执行"直线(L)"命令,绘制一条长为48000的水平线段。❷执行"偏移(O)"命令,将线段向下方偏移6次,偏移距离依次为1100、3520、970、4440、3000、6600,效果如左图所示。

Step 06 创建垂直轴线 ❶执行"直线(L)"命令,绘制一条长为23000的垂直线段。❷执行"偏移(O)"命令,设置偏移距离为7200,将线段向右侧偏移5次。❸再将右侧的线段向右偏移9600,如左图所示。

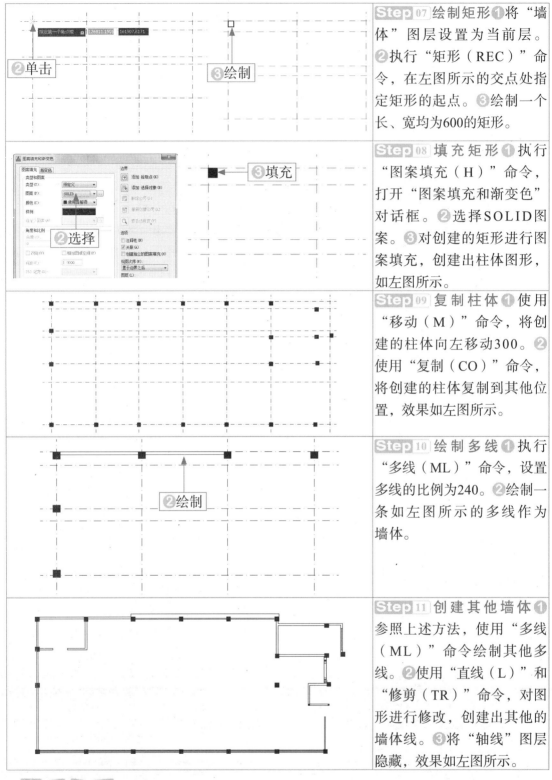

②单击 | ③绘制

Step 07 绘制矩形❶将"墙体"图层设置为当前层。❷执行"矩形（REC）"命令，在左图所示的交点处指定矩形的起点。❸绘制一个长、宽均为600的矩形。

②选择 | ③填充

Step 08 填充矩形❶执行"图案填充（H）"命令，打开"图案填充和渐变色"对话框。❷选择SOLID图案。❸对创建的矩形进行图案填充，创建出柱体图形，如左图所示。

Step 09 复制柱体❶使用"移动（M）"命令，将创建的柱体向左移动300。❷使用"复制（CO）"命令，将创建的柱体复制到其他位置，效果如左图所示。

②绘制

Step 10 绘制多线❶执行"多线（ML）"命令，设置多线的比例为240。❷绘制一条如左图所示的多线作为墙体。

Step 11 创建其他墙体❶参照上述方法，使用"多线（ML）"命令绘制其他多线。❷使用"直线（L）"和"修剪（TR）"命令，对图形进行修改，创建出其他的墙体线。❸将"轴线"图层隐藏，效果如左图所示。

操作技巧

　　虽然茶楼墙体结构看似复杂，其实绘制方法很简单，通过"多线（ML）"和"直线（L）"命令即可绘制出来，用户可以参照本实例源文件中的尺寸，绘制该墙体线。

4.2.2 绘制茶楼楼梯

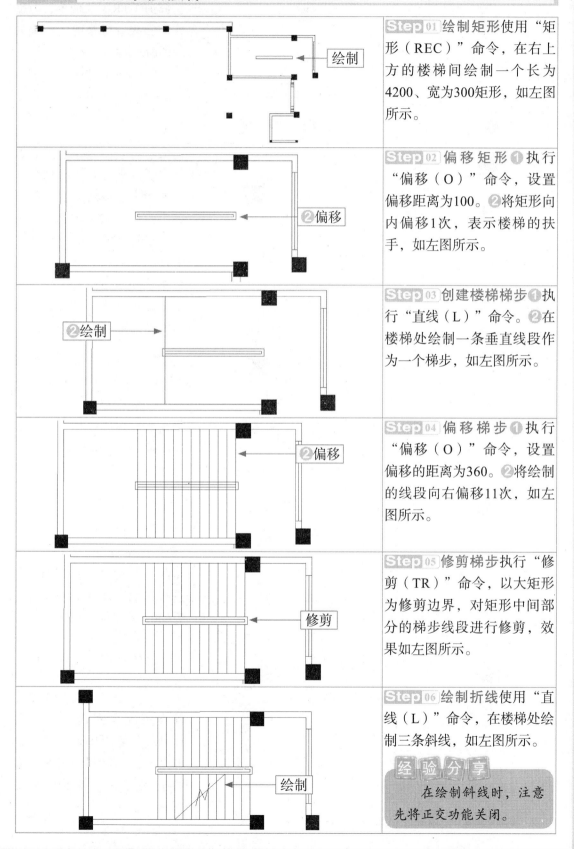

绘制	**Step 01** 绘制矩形使用"矩形（REC）"命令，在右上方的楼梯间绘制一个长为4200、宽为300矩形，如左图所示。
②偏移	**Step 02** 偏移矩形❶执行"偏移（O）"命令，设置偏移距离为100。❷将矩形向内偏移1次，表示楼梯的扶手，如左图所示。
②绘制	**Step 03** 创建楼梯梯步❶执行"直线（L）"命令。❷在楼梯处绘制一条垂直线段作为一个梯步，如左图所示。
②偏移	**Step 04** 偏移梯步❶执行"偏移（O）"命令，设置偏移的距离为360。❷将绘制的线段向右偏移11次，如左图所示。
修剪	**Step 05** 修剪梯步执行"修剪（TR）"命令，以大矩形为修剪边界，对矩形中间部分的梯步线段进行修剪，效果如左图所示。
绘制	**Step 06** 绘制折线使用"直线（L）"命令，在楼梯处绘制三条斜线，如左图所示。

经验分享

　　在绘制斜线时，注意先将正交功能关闭。

设计师实战应用

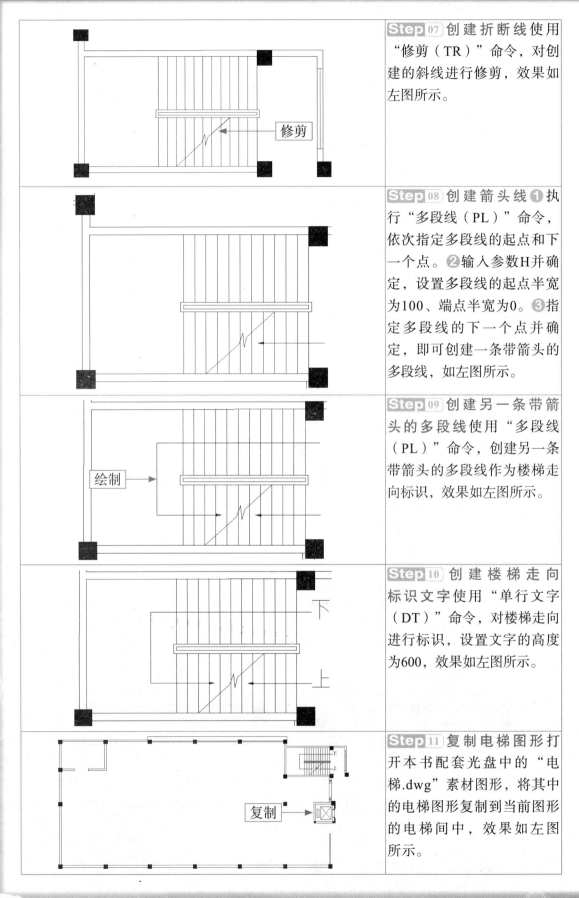

Step 07 创建折断线使用"修剪（TR）"命令，对创建的斜线进行修剪，效果如左图所示。

修剪

Step 08 创建箭头线❶执行"多段线（PL）"命令，依次指定多段线的起点和下一个点。❷输入参数H并确定，设置多段线的起点半宽为100、端点半宽为0。❸指定多段线的下一个点并确定，即可创建一条带箭头的多段线，如左图所示。

Step 09 创建另一条带箭头的多段线使用"多段线（PL）"命令，创建另一条带箭头的多段线作为楼梯走向标识，效果如左图所示。

绘制

Step 10 创建楼梯走向标识文字使用"单行文字（DT）"命令，对楼梯走向进行标识，设置文字的高度为600，效果如左图所示。

下

上

Step 11 复制电梯图形打开本书配套光盘中的"电梯.dwg"素材图形，将其中的电梯图形复制到当前图形的电梯间中，效果如左图所示。

复制

4.2.3 标注茶楼图形

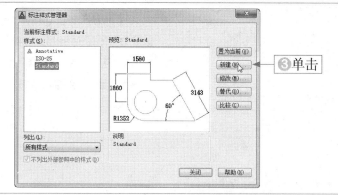

Step 01 单击"新建"按钮①将"标注"图层设置为当前层。②执行"标注样式（D）"命令，打开"标注样式管理器"对话框。③单击该对话框中的"新建"按钮，如左图所示。

Step 02 创建新标注样式①在打开的"创建新标注样式"对话框中输入样式名"茶楼"。②单击"继续"按钮，如左图所示。

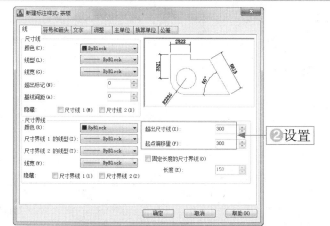

Step 03 设置尺寸线参数①在打开的"新建标注样式"对话框中选择"线"选项卡。②设置尺寸界线"超出尺寸线"的值为300、"起点偏移量"的值为300，如左图所示。

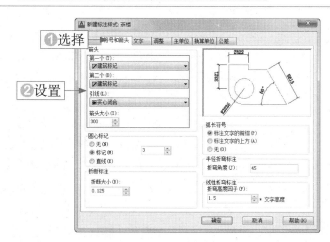

Step 04 设置符号和箭头①选择"符号和箭头"选项卡。②设置箭头为"建筑标记"、"箭头大小"为300，如左图所示。

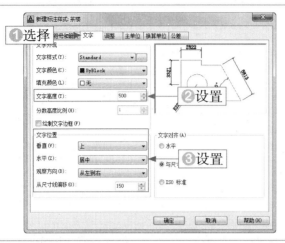

Step 05 设置文字参数①选择"文字"选项卡。②设置"文字高度"为500。③设置文字的垂直对齐为"上"，设置"从尺寸线偏移"的值为150，如左图所示。

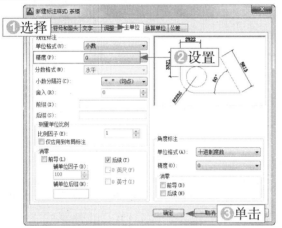

Step 06 设置标注的精度①选择"主单位"选项卡。②设置"精度"值为0。③单击"确定"按钮进行确定，如左图所示。④关闭"标注样式管理器"对话框。

Step 07 标注图形尺寸①打开"轴线"图层。②使用"线性（DLI）"命令，对图形左上方的尺寸进行标注。③使用"连续（DCO）"命令，对图形进行连续标注，如左图所示。

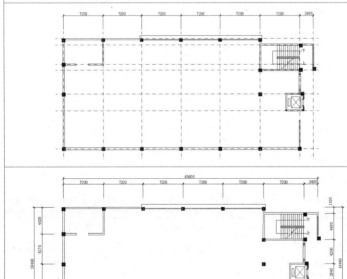

茶 楼 建 筑 结 构 图

Step 08 标注图形①使用上述方法，继续使用"线性（DLI）"命令和"连续（DCO）"命令标注图形的其他尺寸。②使用"多行文字（MT）"和"直线（L）"命令，对图形进行文字说明。③关闭"轴线"图层，完成茶楼结构图的绘制，效果如左图所示。

4.3 绘制茶楼平面布局图

源文件路径：
光盘\源文件\第4章

素材路径：
光盘\素材\第4章\4.3

教学视频路径：
光盘\教学视频\第4章

制作时间：
45分钟

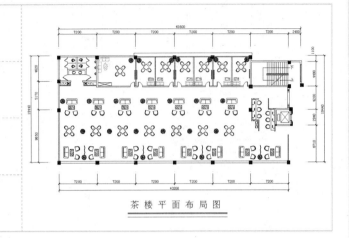

茶 楼 平 面 布 局 图

设计与制作思路

本节将在茶楼建筑结构图的基础上创建茶楼平面布局图，需要进行布局的内容包括接待区平面、大堂平面、包间平面和卫生间平面等。

创建接待区平面图时，应设有吧台、屏风、电脑、装饰柜等对象；在创建大堂平面图的过程中，首先使用"多线"命令创建出包间的墙体线，然后使用"直线"命令绘制出大厅的分割线，再使用"插入"命令插入所需要的桌椅和植物素材，最后对桌椅和植物进行复制；在创建包间平面图的过程中，首先创建包间门图形，然后插入麻将桌椅和沙发素材，再绘制电视机图形，最后将所需的图形复制到其他包间中；在创建卫生间平面图的过程中，首先绘制出卫生间的结构，然后绘制门图形和其他装饰图形。在绘图过程中，可以使用"插入"命令插入需要的素材。

4.3.1 创建接待区平面图

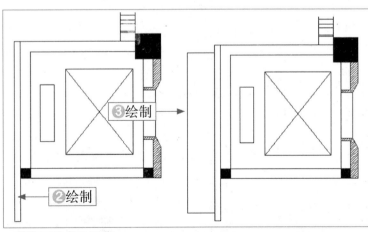

Step 01 创建矩形 ❶打开前面绘制的茶楼建筑结构图，将"家具"图层设置为当前层。❷执行"矩形（REC）"命令，在电梯间左侧绘制一个长为140、宽为4170的矩形作为装饰墙。❸绘制一个长为660、宽为3810的矩形作为吧台，效果如左图所示。

操作技巧

在打开的图形文件中进行修改后，可以选择"文件" | "另存为"命令将文件以其他文件名进行另存。

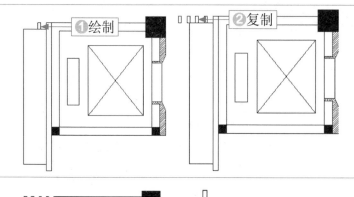

Step 02 创建装饰立柱❶使用"矩形（REC）"命令，绘制一个长为100、宽为180的矩形作为装饰立柱。❷使用"复制（CO）"命令，将立柱向左复制3次，如左图所示。

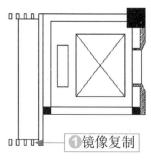

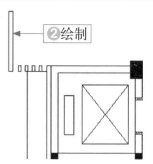

Step 03 绘制屏风❶执行"镜像（MI）"命令，选择吧台上方的立柱图形，将其镜像复制到吧台的下方。❷使用"矩形（REC）"命令，绘制一个长为140、宽为2000的矩形作为茶楼的屏风，如左图所示。

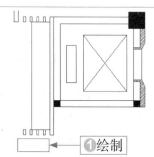

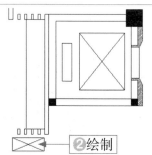

Step 04 创建装饰柜平面❶使用"矩形（REC）"命令，绘制一个长为1200、宽为450的矩形。❷执行"直线（L）"命令，在矩形中绘制两条对角线，如左图所示。

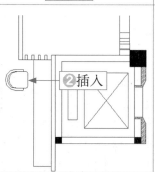

Step 05 插入素材❶执行"插入（I）"命令，打开"插入"对话框，选择"椅子.dwg"素材文件。❷将椅子素材插入到吧台前，如左图所示。

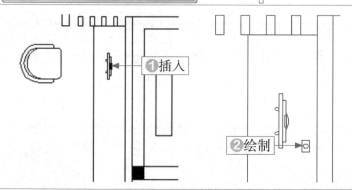

Step 06 添加显示器素材❶使用"插入（I）"命令，将显示器素材插入到当前图形中。❷使用"矩形（REC）"和"圆（C）"命令，绘制一个矩形和一个圆形表示穿线孔，如左图所示。

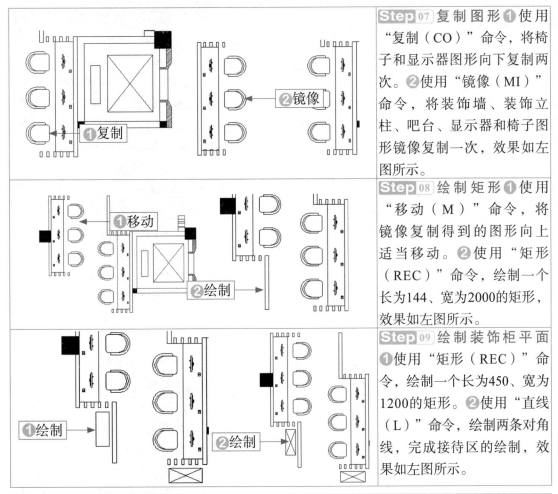

Step 07 复制图形❶使用"复制（CO）"命令，将椅子和显示器图形向下复制两次。❷使用"镜像（MI）"命令，将装饰墙、装饰立柱、吧台、显示器和椅子图形镜像复制一次，效果如左图所示。

Step 08 绘制矩形❶使用"移动（M）"命令，将镜像复制得到的图形向上适当移动。❷使用"矩形（REC）"命令，绘制一个长为144、宽为2000的矩形，效果如左图所示。

Step 09 绘制装饰柜平面❶使用"矩形（REC）"命令，绘制一个长为450、宽为1200的矩形。❷使用"直线（L）"命令，绘制两条对角线，完成接待区的绘制，效果如左图所示。

4.3.2　创建大堂平面图

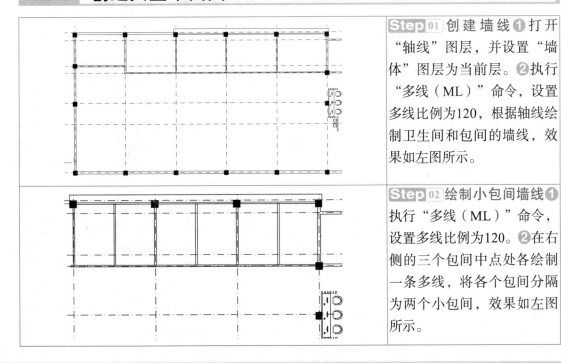

Step 01 创建墙线❶打开"轴线"图层，并设置"墙体"图层为当前层。❷执行"多线（ML）"命令，设置多线比例为120，根据轴线绘制卫生间和包间的墙线，效果如左图所示。

Step 02 绘制小包间墙线❶执行"多线（ML）"命令，设置多线比例为120。❷在右侧的三个包间中点处各绘制一条多线，将各个包间分隔为两个小包间，效果如左图所示。

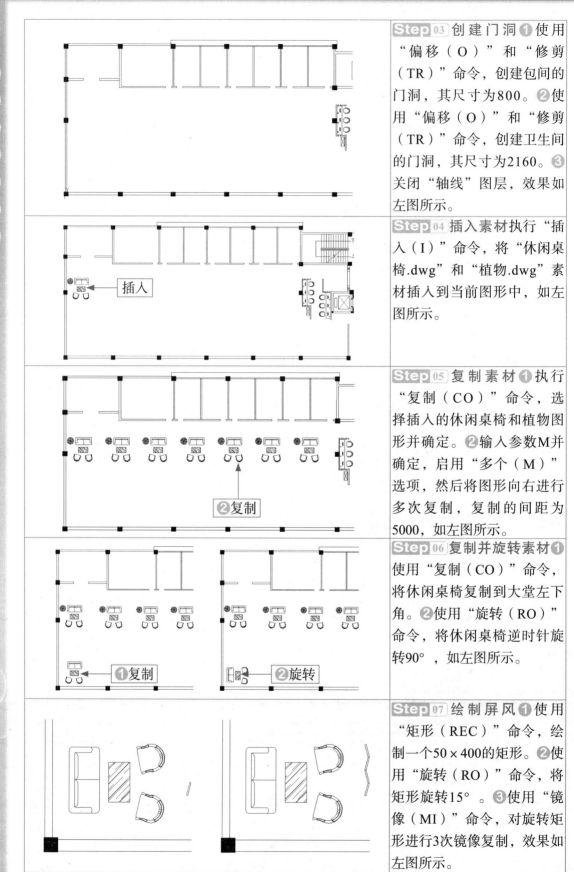

Step 03 创建门洞①使用"偏移（O）"和"修剪（TR）"命令，创建包间的门洞，其尺寸为800。**②**使用"偏移（O）"和"修剪（TR）"命令，创建卫生间的门洞，其尺寸为2160。**③**关闭"轴线"图层，效果如左图所示。

Step 04 插入素材执行"插入（I）"命令，将"休闲桌椅.dwg"和"植物.dwg"素材插入到当前图形中，如左图所示。

插入

Step 05 复制素材①执行"复制（CO）"命令，选择插入的休闲桌椅和植物图形并确定。**②**输入参数M并确定，启用"多个（M）"选项，然后将图形向右进行多次复制，复制的间距为5000，如左图所示。

②复制

Step 06 复制并旋转素材①使用"复制（CO）"命令，将休闲桌椅复制到大堂左下角。**②**使用"旋转（RO）"命令，将休闲桌椅逆时针旋转90°，如左图所示。

①复制　②旋转

Step 07 绘制屏风①使用"矩形（REC）"命令，绘制一个50×400的矩形。**②**使用"旋转（RO）"命令，将矩形旋转15°。**③**使用"镜像（MI）"命令，对旋转矩形进行3次镜像复制，效果如左图所示。

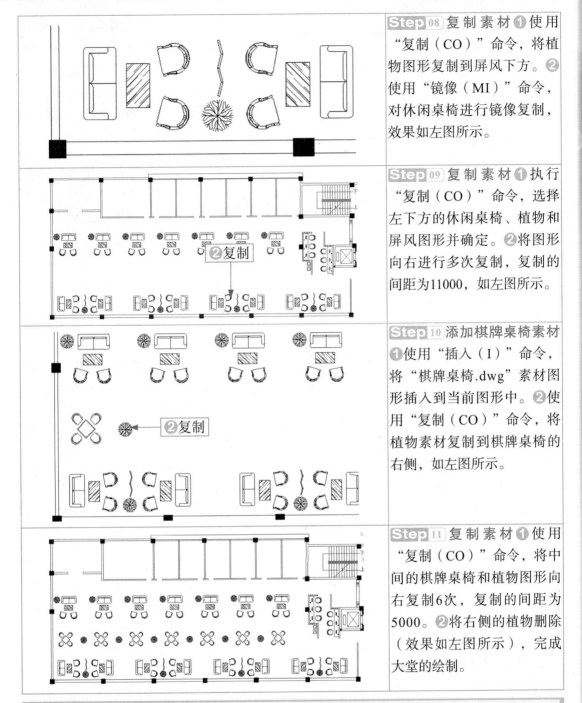

Step 08 复制素材❶使用"复制（CO）"命令，将植物图形复制到屏风下方。❷使用"镜像（MI）"命令，对休闲桌椅进行镜像复制，效果如左图所示。

Step 09 复制素材❶执行"复制（CO）"命令，选择左下方的休闲桌椅、植物和屏风图形并确定。❷将图形向右进行多次复制，复制的间距为11000，如左图所示。

Step 10 添加棋牌桌椅素材❶使用"插入（I）"命令，将"棋牌桌椅.dwg"素材图形插入到当前图形中。❷使用"复制（CO）"命令，将植物素材复制到棋牌桌椅的右侧，如左图所示。

Step 11 复制素材❶使用"复制（CO）"命令，将中间的棋牌桌椅和植物图形向右复制6次，复制的间距为5000。❷将右侧的植物删除（效果如左图所示），完成大堂的绘制。

4.3.3　绘制包间平面图

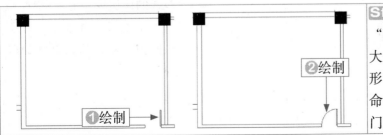

Step 01 创建平开门❶使用"矩形（REC）"命令，在大包间的门洞处绘制一个矩形。❷使用"圆弧（A）"命令，绘制一条圆弧作为开门路径，如左图所示。

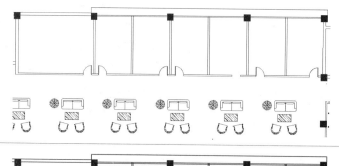

Step 02 复制平开门❶使用"镜像（MI）"命令，对平开门图形进行镜像复制。❷使用"复制（CO）"命令，将创建好的两个平开门复制到其他门洞中，如左图所示。

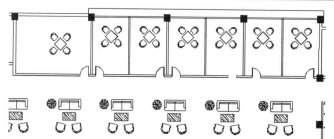

Step 03 添加棋牌桌椅使用"复制（CO）"命令，将大堂中的棋牌桌椅复制到各个包间中，效果如左图所示。

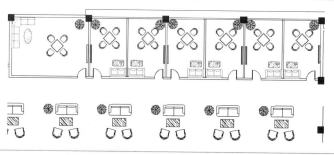

Step 04 添加其他素材❶使用"插入（I）"命令，将转角沙发、双人沙发和液晶电视素材图形插入到各个包间中。❷使用"复制（CO）"命令，将植物复制到各个包间中，效果如左图所示。

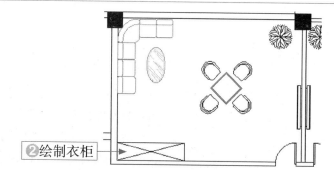

②绘制衣柜

Step 05 创建衣柜图形❶使用"矩形（REC）"命令，在大包间中绘制一个长为2600、宽为660的矩形。❷使用"直线（L）"命令，在矩形中绘制两条对角线，完成包间的绘制，效果如左图所示。

4.3.4 绘制卫生间平面图

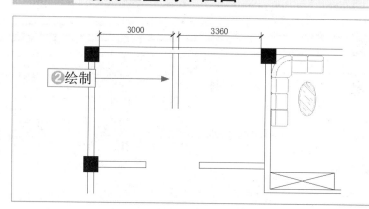

②绘制

Step 01 创建多线❶执行"多线（ML）"命令，设置多线的比例为240。❷参照左图所示的尺寸和效果，在卫生间内绘制一条长度为2160的多线。

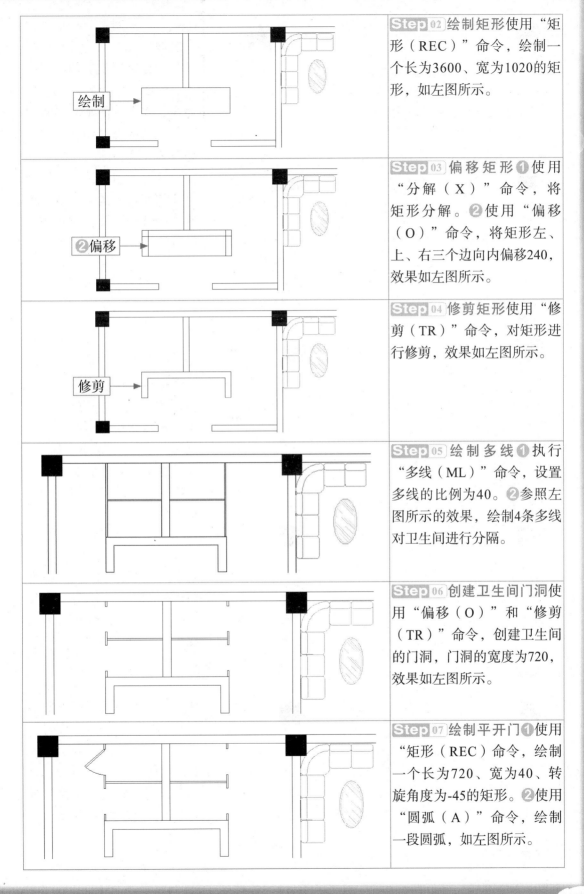

Step 02 绘制矩形使用"矩形（REC）"命令，绘制一个长为3600、宽为1020的矩形，如左图所示。

Step 03 偏移矩形❶使用"分解（X）"命令，将矩形分解。❷使用"偏移（O）"命令，将矩形左、上、右三个边向内偏移240，效果如左图所示。

Step 04 修剪矩形使用"修剪（TR）"命令，对矩形进行修剪，效果如左图所示。

Step 05 绘制多线❶执行"多线（ML）"命令，设置多线的比例为40。❷参照左图所示的效果，绘制4条多线对卫生间进行分隔。

Step 06 创建卫生间门洞使用"偏移（O）"和"修剪（TR）"命令，创建卫生间的门洞，门洞的宽度为720，效果如左图所示。

Step 07 绘制平开门❶使用"矩形（REC）命令，绘制一个长为720、宽为40、转旋角度为-45的矩形。❷使用"圆弧（A）"命令，绘制一段圆弧，如左图所示。

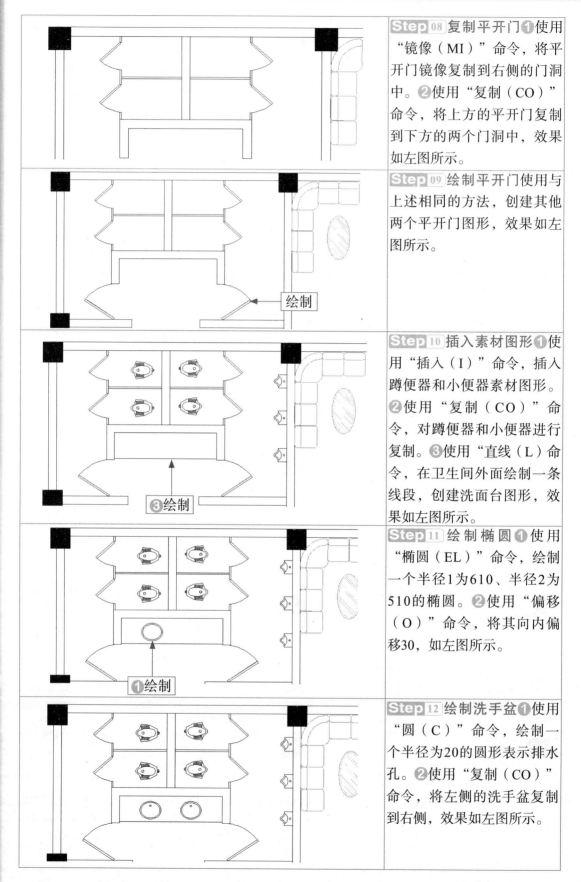

Step 08 复制平开门❶使用"镜像（MI）"命令，将平开门镜像复制到右侧的门洞中。❷使用"复制（CO）"命令，将上方的平开门复制到下方的两个门洞中，效果如左图所示。

Step 09 绘制平开门使用与上述相同的方法，创建其他两个平开门图形，效果如左图所示。

绘制

Step 10 插入素材图形❶使用"插入（I）"命令，插入蹲便器和小便器素材图形。❷使用"复制（CO）"命令，对蹲便器和小便器进行复制。❸使用"直线（L）命令，在卫生间外面绘制一条线段，创建洗面台图形，效果如左图所示。

❸绘制

Step 11 绘制椭圆❶使用"椭圆（EL）"命令，绘制一个半径1为610、半径2为510的椭圆。❷使用"偏移（O）"命令，将其向内偏移30，如左图所示。

❶绘制

Step 12 绘制洗手盆❶使用"圆（C）"命令，绘制一个半径为20的圆形表示排水孔。❷使用"复制（CO）"命令，将左侧的洗手盆复制到右侧，效果如左图所示。

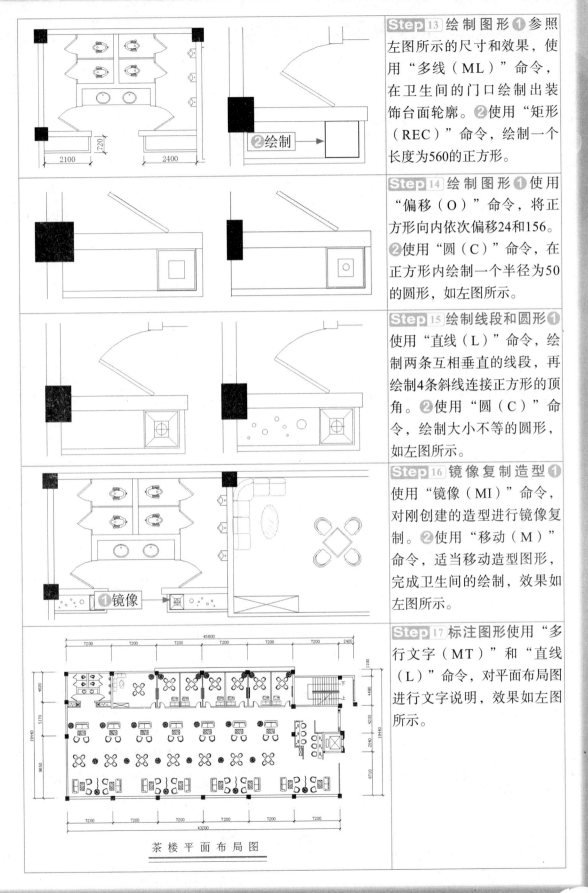

Step 13 绘制图形 ❶ 参照左图所示的尺寸和效果，使用"多线（ML）"命令，在卫生间的门口绘制出装饰台面轮廓。❷ 使用"矩形（REC）"命令，绘制一个长度为560的正方形。

Step 14 绘制图形 ❶ 使用"偏移（O）"命令，将正方形向内依次偏移24和156。❷ 使用"圆（C）"命令，在正方形内绘制一个半径为50的圆形，如左图所示。

Step 15 绘制线段和圆形 ❶ 使用"直线（L）"命令，绘制两条互相垂直的线段，再绘制4条斜线连接正方形的顶角。❷ 使用"圆（C）"命令，绘制大小不等的圆形，如左图所示。

Step 16 镜像复制造型 ❶ 使用"镜像（MI）"命令，对刚创建的造型进行镜像复制。❷ 使用"移动（M）"命令，适当移动造型图形，完成卫生间的绘制，效果如左图所示。

Step 17 标注图形使用"多行文字（MT）"和"直线（L）"命令，对平面布局图进行文字说明，效果如左图所示。

茶楼平面布局图

147

4.4 绘制茶楼天花图

案例效果

 源文件路径：
光盘\源文件\第4章

 素材路径：
光盘\素材\第4章\4.4

 教学视频路径：
光盘\教学视频\第4章

制作时间：
45分钟

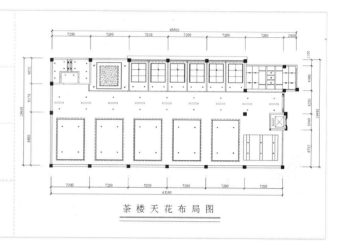

茶楼天花布局图

设计与制作思路

　　绘制茶楼天花图可以在平面布局图的基础上进行修改和创建。首先复制茶楼平面布局图，并对其进行修改，然后依次绘制楼梯间、大厅、包间和卫生间的顶面图形。在绘图过程中，除了需要绘制独特的顶面造型外，可以使用"插入"命令添加常用的图块。

4.4.1 创建楼梯间天花图

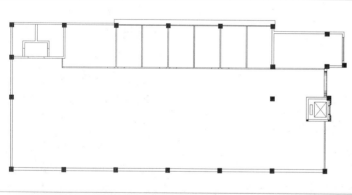

Step 01 创建茶楼天花结构❶使用"复制（CO）"命令，复制茶楼平面布局图。❷使用"删除（E）"命令，将不需要的图块和线段删除。❸参照左图所示的效果，使用"直线（L）"命令连接门洞。

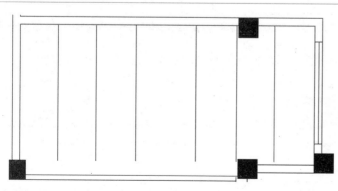

Step 02 偏移线段使用"偏移（O）"命令，将楼梯左侧墙线向右偏移6次，偏移距离依次为1200、1200、1300、1900、1300、1200，如左图所示。

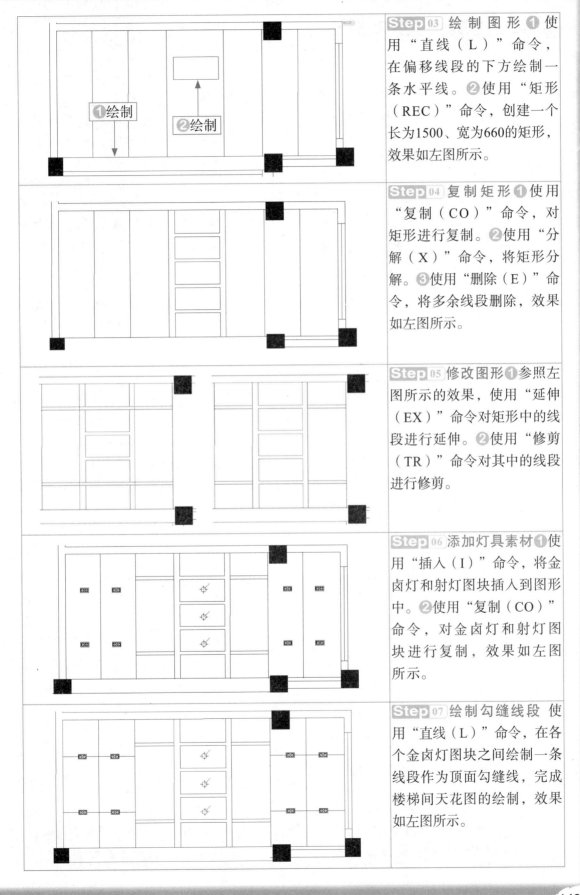

Step 03 绘制图形❶使用"直线（L）"命令，在偏移线段的下方绘制一条水平线。❷使用"矩形（REC）"命令，创建一个长为1500、宽为660的矩形，效果如左图所示。

Step 04 复制矩形❶使用"复制（CO）"命令，对矩形进行复制。❷使用"分解（X）"命令，将矩形分解。❸使用"删除（E）"命令，将多余线段删除，效果如左图所示。

Step 05 修改图形❶参照左图所示的效果，使用"延伸（EX）"命令对矩形中的线段进行延伸。❷使用"修剪（TR）"命令对其中的线段进行修剪。

Step 06 添加灯具素材❶使用"插入（I）"命令，将金卤灯和射灯图块插入到图形中。❷使用"复制（CO）"命令，对金卤灯和射灯图块进行复制，效果如左图所示。

Step 07 绘制勾缝线段 使用"直线（L）"命令，在各个金卤灯图块之间绘制一条线段作为顶面勾缝线，完成楼梯间天花图的绘制，效果如左图所示。

4.4.2 创建大堂天花图

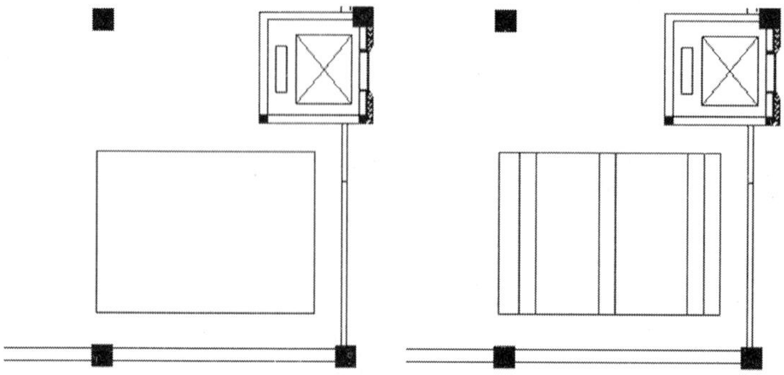

设计师实战应用

Step 01 绘制造型 ❶使用"矩形（REC）"命令，在大厅进门处绘制一个长为6400、宽为4600的矩形。❷使用"分解（X）"命令将矩形分解。❸使用"偏移（O）"命令，将矩形左侧线段向右偏移6次，偏移距离依次为600、480、1900、480、1900、480。

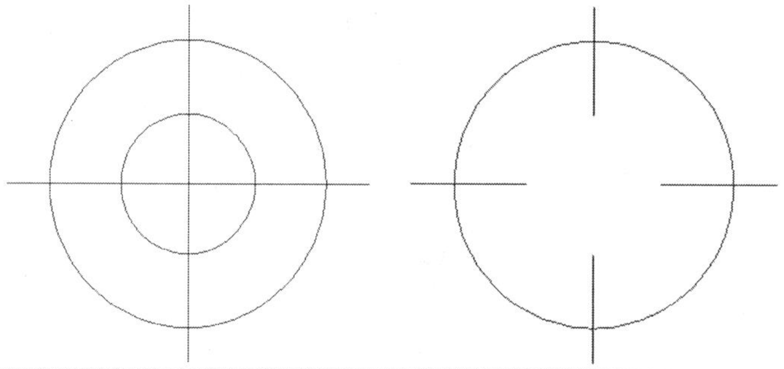

Step 02 创建灯具 ❶使用"圆（C）"命令，绘制两个半径分别为70和50的圆，使用"直线（L）"命令绘制两条线段。❷使用"修剪（TR）"命令，以小圆为边界对线段进行修剪，然后将小圆删除，效果如左图所示。

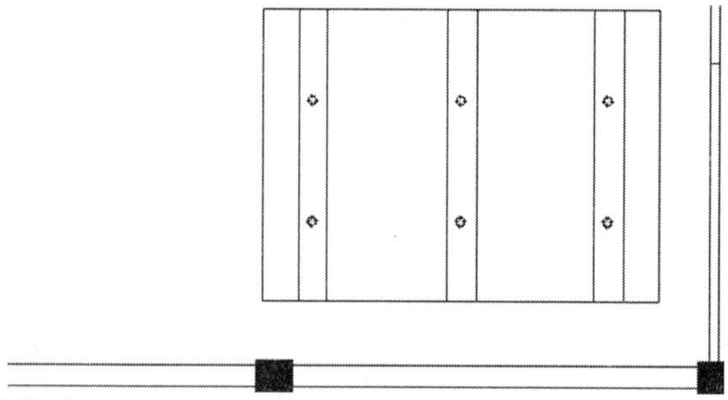

Step 03 分布灯具图形 ❶使用"移动（M）"命令，将创建的灯具图形移动到大厅进门处的天花造型中。❷参照左图所示的效果，使用"复制（CO）"命令对灯具进行复制并分布。

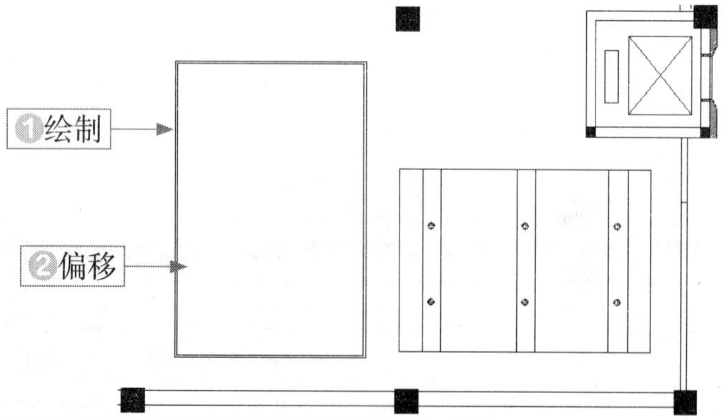

Step 04 绘制矩形 ❶使用"矩形（REC）"命令，绘制一个长5000、宽7300的矩形。❷使用"偏移（O）"命令，将矩形向内偏移60，效果如左图所示。

❶绘制

❷偏移

知识链接

　　使用"偏移（OFFSET）"命令可以将选中的图形对象以一定的距离增量单方向复制一次，偏移图形的操作主要包括通过指定距离、通过指定点和通过指定图层3种方式。

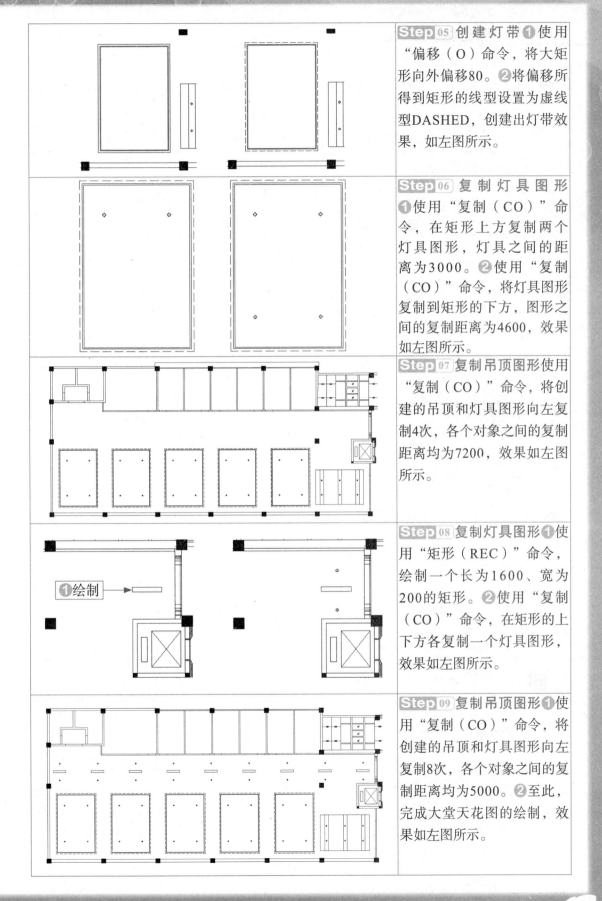

Step 05 创建灯带❶使用"偏移（O）命令，将大矩形向外偏移80。❷将偏移所得到矩形的线型设置为虚线型DASHED，创建出灯带效果，如左图所示。

Step 06 复制灯具图形❶使用"复制（CO）"命令，在矩形上方复制两个灯具图形，灯具之间的距离为3000。❷使用"复制（CO）"命令，将灯具图形复制到矩形的下方，图形之间的复制距离为4600，效果如左图所示。

Step 07 复制吊顶图形使用"复制（CO）"命令，将创建的吊顶和灯具图形向左复制4次，各个对象之间的复制距离均为7200，效果如左图所示。

Step 08 复制灯具图形❶使用"矩形（REC）"命令，绘制一个长为1600、宽为200的矩形。❷使用"复制（CO）"命令，在矩形的上下方各复制一个灯具图形，效果如左图所示。

Step 09 复制吊顶图形❶使用"复制（CO）"命令，将创建的吊顶和灯具图形向左复制8次，各个对象之间的复制距离均为5000。❷至此，完成大堂天花图的绘制，效果如左图所示。

设计师实战应用

4.4.3 创建包间天花图

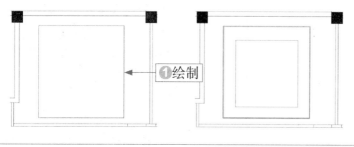

Step 01 创建包间天花造型 ❶使用"矩形（REC）"命令，在大包间的上方绘制一个长为4700的正方形。❷使用"偏移（O）"命令，将矩形向内依次偏移40、700，效果如左图所示。

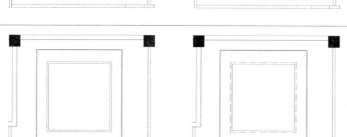

Step 02 创建灯带图形❶使用"偏移（O）"命令，将小矩形向外偏移120。❷设置偏移得到的矩形的线型为虚线DASHED，创建出灯带效果，如左图所示。

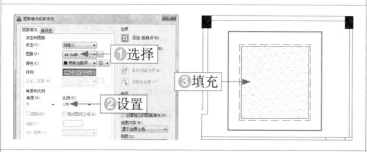

Step 03 填充图案❶执行"图案填充（H）"命令，选择"AR-SAND"图案。❷设置图案比例为135。❸对小矩形进行图案填充，如左图所示。

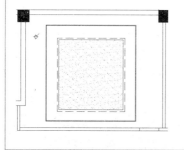 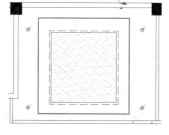

Step 04 添加射灯图形❶使用"插入（I）"命令，将射灯图块插入到包间中。❷使用"复制（CO）"命令，将射灯复制3次，分布在包间顶面的四周，效果如左图所示。

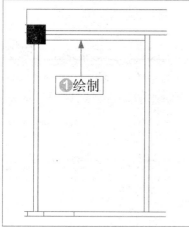 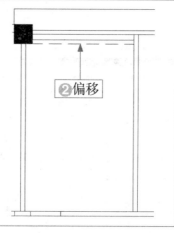

Step 05 绘制小包间灯带❶使用"直线（L）"命令，在距小包间上方180的位置创建一条水平线段。❷使用"偏移（O）"命令，将创建的线段向下偏移150，再将偏移得到的线段的线型修改为DASHED，创建出灯带图形，效果如左图所示。

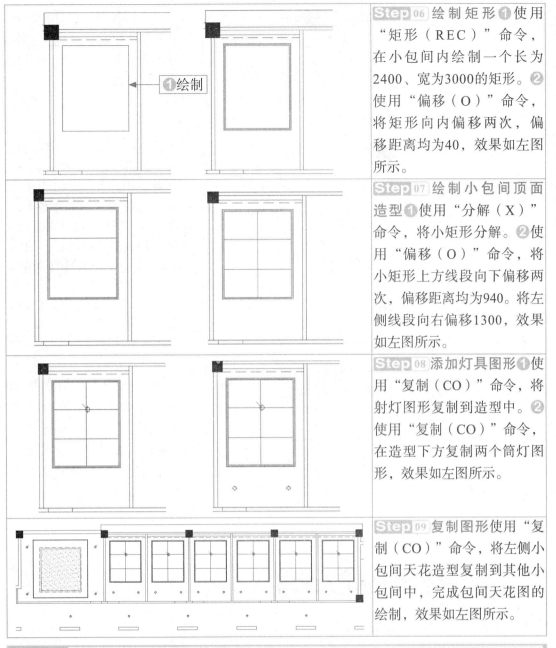

Step 06 绘制矩形❶使用"矩形（REC）"命令，在小包间内绘制一个长为2400、宽为3000的矩形。❷使用"偏移（O）"命令，将矩形向内偏移两次，偏移距离均为40，效果如左图所示。

Step 07 绘制小包间顶面造型❶使用"分解（X）"命令，将小矩形分解。❷使用"偏移（O）"命令，将小矩形上方线段向下偏移两次，偏移距离均为940。将左侧线段向右偏移1300，效果如左图所示。

Step 08 添加灯具图形❶使用"复制（CO）"命令，将射灯图形复制到造型中。❷使用"复制（CO）"命令，在造型下方复制两个筒灯图形，效果如左图所示。

Step 09 复制图形使用"复制（CO）"命令，将左侧小包间天花造型复制到其他小包间中，完成包间天花图的绘制，效果如左图所示。

4.4.4 创建卫生间天花图

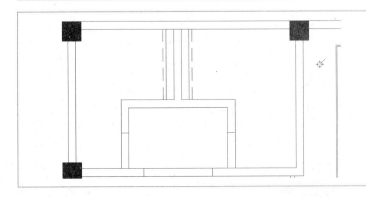

Step 01 创建卫生间天花造型❶使用"偏移（O）"命令，将卫生间上方的线段向外分别偏移两次，偏移距离依次为240、120。❷将偏移得到的外侧线段的线型修改为DASHED，效果如左图所示。

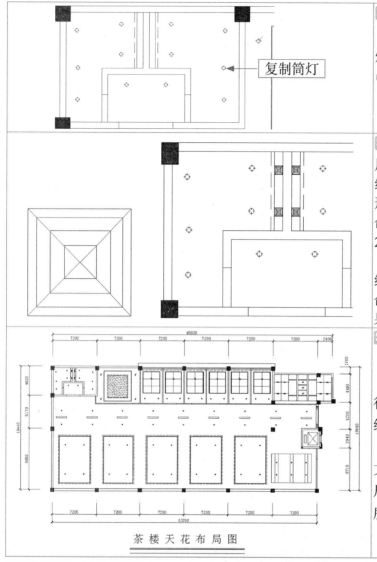

Step 02 复制筒灯图形使用"复制（CO）"命令，将筒灯图形复制到卫生间天花图中，效果如左图所示。

Step 03 创建排气扇①使用"矩形（REC）"命令，绘制一个边长为240的正方形。②使用"偏移（O）"命令，将其向内依次偏移20、30、35。③使用"直线（L）"命令，绘制两条对角线。④使用"复制（CO）"命令，将排气扇复制3次，效果如左图所示。

Step 04 标注图形①使用"线性（DLI）"和"连续（DCO）命令，对图形进行尺寸标注。②使用"直线（L）"和"多行文字（MT）"命令，对图形进行文字说明，完成茶楼天花布局图的绘制，效果如左图所示。

茶楼天花布局图

4.5 绘制茶楼包间立面图

案例效果

 源文件路径：
光盘\源文件\第4章

 素材路径：
光盘\素材\第4章\4.5

 教学视频路径：
光盘\教学视频\第4章

 制作时间：
40分钟

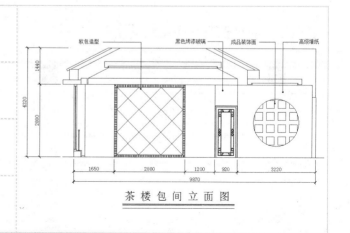

茶楼包间立面图

在创建茶楼包间立面图的过程中，首先打开茶楼包间的轮廓素材，然后绘制包间内的软包造型，再对图形进行填充，最后对图形进行标注。

4.5.1 创建包间立面造型

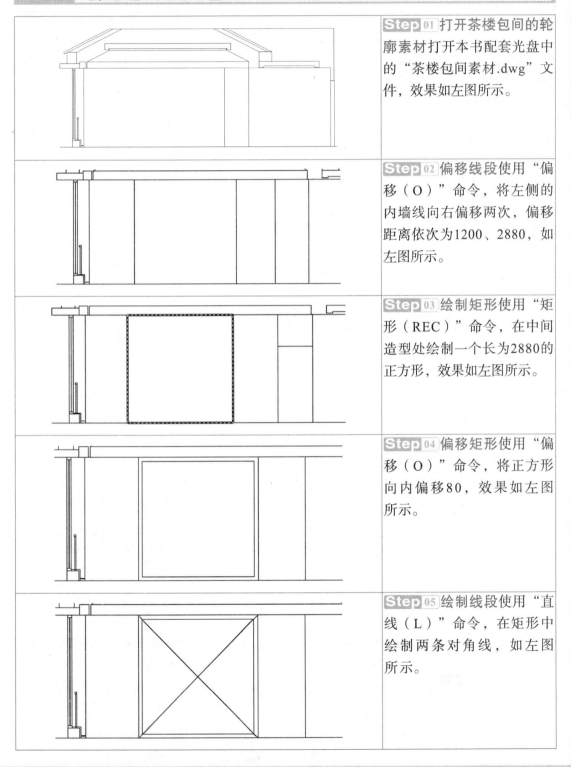

Step 01 打开茶楼包间的轮廓素材打开本书配套光盘中的"茶楼包间素材.dwg"文件，效果如左图所示。

Step 02 偏移线段使用"偏移（O）"命令，将左侧的内墙线向右偏移两次，偏移距离依次为1200、2880，如左图所示。

Step 03 绘制矩形使用"矩形（REC）"命令，在中间造型处绘制一个长为2880的正方形，效果如左图所示。

Step 04 偏移矩形使用"偏移（O）"命令，将正方形向内偏移80，效果如左图所示。

Step 05 绘制线段使用"直线（L）"命令，在矩形中绘制两条对角线，如左图所示。

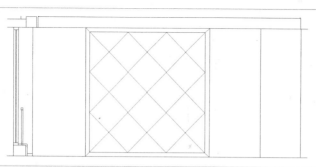

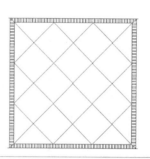

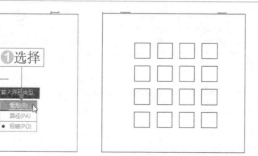

Step 06 修改线段 ① 使用"偏移（O）"命令，将对角线分别向两侧偏移两次，偏移距离均为635。② 使用"修剪（TR）"命令对线段进行修剪，创建出包间的软包造型，如左图所示。

Step 07 填充图案 ① 执行"图案填充（H）"命令，设置"图案"为ANSI32、"角度"为45、"比例"为180。② 对软包造型的上下边进行填充，效果如左图所示。

Step 08 填充图案 ① 执行"图案填充（H）"命令，设置"图案"为ANSI32、"角度"为-45、"比例"为180。② 对软包造型的左右边进行填充，效果如左图所示。

Step 09 绘制矩形 使用"矩形（REC）"命令，在立面图右侧绘制一个边长为320的正方形，效果如左图所示。

Step 10 阵列矩形 ① 执行"阵列（AR）"命令，选择矩形并确定，在弹出的列表中选择"矩形（R）"选项。② 设置阵列的层数和列数均为4、阵列之间的距离为480，效果如左图所示。

Step 11 绘制和修剪图形❶使用"圆（C）"命令，绘制一个半径为900的圆形。❷使用"修剪（TR）"命令，对圆形内的矩形进行修剪，效果如左图所示。

Step 12 插入立面素材 使用"插入（I）"命令，将"立面门.dwg"素材图形插入到当前图形中，效果如左图所示。

4.5.2 标注包间立面图

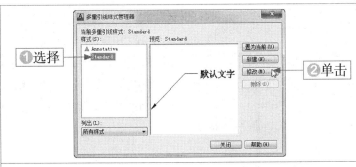

Step 01 修改引线样式❶执行"多重引线样式（MLEADERSTYLE）"命令，打开"多重引线样式管理器"对话框，选择Standard样式。❷单击"修改"按钮，如左图所示。

Step 02 设置箭头符号❶在打开的"修改多重引线样式"对话框中选择"引线格式"选项卡。❷设置箭头符号为"点"、"大小"为50，如左图所示。

Step 03 设置最大引线点数❶选择"引线结构"选项卡。❷设置"最大引线点数"为3，如左图所示。

设
计
师
实
战
应
用

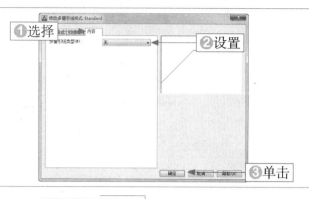

❶选择
❷设置
❸单击

Step 04 设置多重引线类型❶选择"内容"选项卡。❷设置多重引线类型为"无"。❸单击"确定"按钮进行确定，然后关闭"多重引线样式管理器"对话框，如左图所示。

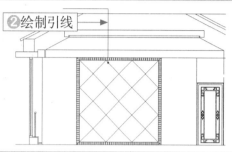

❷绘制引线

Step 05 绘制多重引线❶执行"多重引线（MLEADER）"命令。❷在立面图中绘制一条折弯引线，如左图所示。

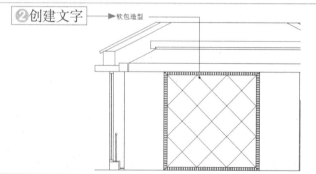

❷创建文字 ← 软包造型

Step 06 创建引线说明文字❶执行"多行文字（MT）"命令。❷输入材质说明内容"软包造型"，设置字体高度为200，效果如左图所示。

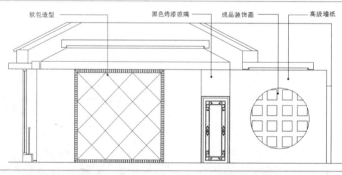

软包造型 黑色烤漆玻璃 成品装饰画 高级墙纸

Step 07 创建其他引线标注使用与上述相同的方法，使用"多重引线（MLEADER）"和"多行文字（MT）"命令，创建其他的材质标注说明，效果如左图所示。

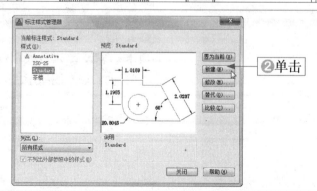

❷单击

Step 08 单击"新建"按钮❶执行"标注样式（D）"命令，打开"标注样式管理器"对话框。❷单击该对话框中的"新建"按钮，如左图所示。

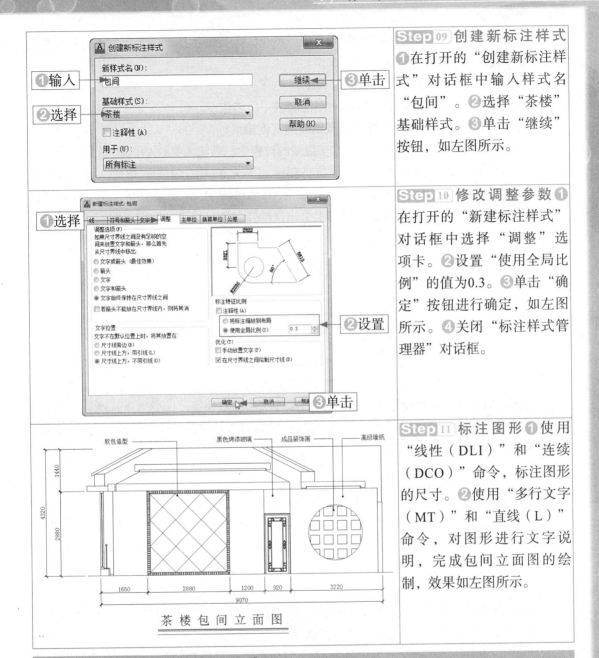

Step 09 创建新标注样式 ❶在打开的"创建新标注样式"对话框中输入样式名"包间"。❷选择"茶楼"基础样式。❸单击"继续"按钮,如左图所示。

Step 10 修改调整参数❶在打开的"新建标注样式"对话框中选择"调整"选项卡。❷设置"使用全局比例"的值为0.3。❸单击"确定"按钮进行确定,如左图所示。❹关闭"标注样式管理器"对话框。

Step 11 标注图形❶使用"线性(DLI)"和"连续(DCO)"命令,标注图形的尺寸。❷使用"多行文字(MT)"和"直线(L)"命令,对图形进行文字说明,完成包间立面图的绘制,效果如左图所示。

茶 楼 包 间 立 面 图

4.6 AutoCAD技术库

在本章案例的制作过程中,运用了许多绘图和修改命令,下面将对部分重要的绘图和修改命令进行深入学习。

4.6.1 应用"多段线"命令

执行"多段线(PLINE)"命令,可以创建相互连接的序列线段,创建的多段线可以是直线段、弧线段或两者的组合线段。

执行"PLINE(PL)"命令,在指定多段线的起点后,系统将提示"指定下一点或[圆弧(A)/半宽(H)/长度(L)/放弃(U)/宽度(W)]:",其中各选项的作用如下。

❀ 圆弧(A):输入A,以绘制圆弧的方式绘制多段线。

设计师实战应用

❀ 半宽（H）：用于指定多段线的半宽值，AutoCAD将提示用户输入多段线的起点半宽值与终点半宽值。

❀ 长度（L）：指定下一段多段线的长度。

❀ 放弃（U）：输入该命令将取消刚刚绘制的一段多段线。

❀ 宽度（W）：输入该命令将设置多段线的宽度值。

执行"PLINE（PL）"命令，在创建多段线的过程中，若输入参数A并确定，则启用"圆弧（A）"选项，如左下图所示。此时系统将提示 "指定圆弧的端点或[角度(A)/圆心(CE)//方向(D)/半宽(H)/直线(L)/半径(R)/第二点(S)/放弃(U)/宽度(W)]："，在该提示下，可以直接使用鼠标确定圆弧终点。拖动鼠标，屏幕上会出现圆弧的预显线条，如右下图所示。

输入参数A并确定

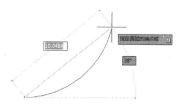

预显线条效果

操作技巧

在绘制多段线时，AutoCAD将按照上一段的线条类型绘制一段新的多段线。也就是说，若上一段是直线，将继续绘制直线；若上一段是圆弧，将继续绘制圆弧，直到输入线条类型参数修改线条的类型。

4.6.2 应用"阵列"命令

在AutoCAD中，使用"阵列（ARRAY）"命令可以对选定的图形对象进行阵列操作，对图形进行阵列操作的排列复制方式包括矩形方式、路径方式和极轴（环形）方式三种。

1. 矩形阵列对象

矩形阵列图形是指将阵列的图形按矩形进行排列，用户可以根据需要设置阵列的行数、列数和阵列之间的间距，也可以使用默认的阵列参数。

Step 01 执行"ARRAY（简化命令AR）"命令，选择阵列对象，在弹出的列表中选择"矩形"选项，如左下图所示。

Step 02 在系统提示下输入参数COU并确定，可以启用"计数"选项，如右下图所示。

选择"矩形"选项

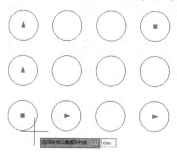

启用"计数"选项

Step 03 启用"计数"选项后，用户可以根据系统提示指定阵列的列数和行数，然后在系统提示下输入参数S并确定，启用"间距"选项，如左下图所示。

Step 04 最后设置阵列的列间距和行间距即可，右下图所示是阵列行数为4、列数为5的效果。

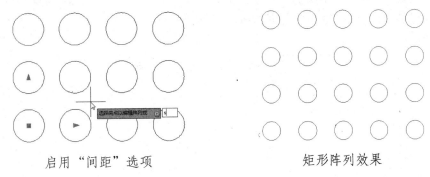

启用"间距"选项　　　　　　　　矩形阵列效果

2. 路径阵列对象

路径阵列图形是指将阵列的图形按指定的路径进行排列，用户可以根据需要设置阵列的总数和间距，也可以使用默认的阵列参数。

Step 01 绘制一个半径为50的圆形和一条斜线段作为阵列操作的对象，然后执行"阵列（AR）"命令，选择圆形作为阵列对象，在弹出的列表中选择"路径"选项，如左下图所示。

Step 02 选择斜线段作为阵列的路径，再根据系统提示输入参数I并确定，启用"项目"选项，如右下图所示。

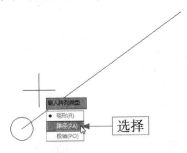
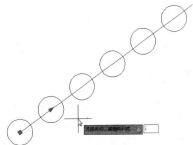

选择"路径"选项　　　　　　　　启用"项目"选项

Step 03 在系统提示下输入项目之间的距离（如60）并确定（如左下图所示），即可完成图形的路径阵列操作，效果如右下图所示。

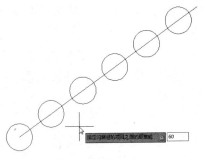
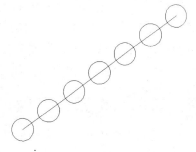

输入间距并确定　　　　　　　　路径阵列效果

3. 极轴阵列对象

极轴阵列图形是指将阵列的图形按环形进行排列，用户可以根据需要设置阵列的总数和填充的角度，也可以使用默认的阵列参数。

例如，对左下图所示的小灯图形进行极轴阵列，以大灯图形的圆心为阵列中心点，设置阵列的项目数为6，可以得到如右下图所示的阵列效果。

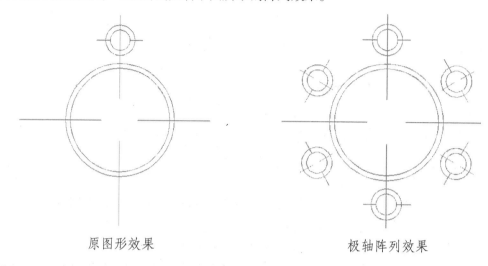

原图形效果　　　　　　　　　　　极轴阵列效果

4.7　设计理论深化

本章主要学习了茶楼装修设计图的绘制和基本知识。下面将深入了解茶楼装修的设计理念和茶楼设计的注意事项。

4.7.1　茶楼装修设计理念

茶楼作为品茗会友的休闲之地，是现代忙碌的都市人所向往的，而茶楼的装饰风格也出现了多样化。在茶楼装修设计中，可以参考以下一些设计理论。

（1）茶楼装修坚持以人为本。在设计上要多为顾客着想，每一个细节都要充分考虑客人的喜好。只有充分满足了顾客的需求，才能吸引到更多的顾客。

（2）在前期，茶楼位置的选择也是很重要的。如果位置选择好的话，对于茶楼的经营会起到很大的作用。另外，还要考虑一下茶楼装修的规模和针对的顾客类型，并且要将这些因素与设计师充分交流，从而确定一个合适的设计方案。

（3）在进行茶楼装修设计的时候也要充分考虑到茶楼的管理。因为这样可以提高茶楼管理者的效率，更方便管理者管理茶楼。在设计的时候应当充分考虑到每一个细节，包括仓库、客房、厨房等，应当使这些空间形成一个整体，方便管理者管理。

（4）在茶楼装修效果上，不要一味地追求奢华，应当以简单大方为主。因为茶楼主要针对的是休闲者，是为他们提供休闲娱乐的地方，所以应当将重点放在环境典雅上。

4.7.2　如何营造茶楼气氛

茶楼是顾客休闲娱乐、谈话放松的场所，这里需要的是舒适的环境、轻松的氛围，人们可以在此抒发感情，尽情地享受朋友间聚会的快乐和茶叶散发出来的香气。人们往往希望去一些使他们感到舒服或觉得有趣的地方，在那里可以领略到不同的风情，或庄重典雅，或乡风古韵，或西化雅致。

1. 气氛的营造

一般来说，顾客进茶楼是为了打发时光，希望得到放松，享受片刻的惬意。对他们来说，茶楼可以是朋友聚会的地方，意味着友谊的发源；可以是解开隔阂的地方，意味着敌意的化解。

在这里，每个人都喜欢买一杯茶或一杯咖啡，自由地去思考和谈论。因此，茶楼气氛的营造就显得尤为重要了。气氛营造的一个关键性因素，就是音乐，应该选择轻松的音乐（如传统音乐）为背景音乐，千万不要声音太大也不要太小，也就是要既能给人轻松的感觉，又不至于影响顾客谈话。另外，经营者应与设计者商量，尽可能把茶楼设计成为雅俗共赏的地方，不但能使消费者有宾至如归的感觉，而且能使其他工作人员也有家的感觉。

2. 灯饰

灯饰的颜色、形状与空间的搭配，可以营造出和谐氛围，吊灯选用引人注目的款式，可对整体环境产生很大的影响。同样房间的多种灯具应该保持色彩协调或款式接近，如木墙、木柜、木顶的茶楼适合装长方形木制灯。

3. 挂画

选择挂画时，要求画面色调朴实，给人沉稳、踏实的感觉，让消费者可以感受到宁静的气氛。在"旺位"除了可挂竹画外，也可挂牡丹画，因为牡丹素有富贵花之称，不但颜色艳丽，而且形状雍容华贵，故此一直被视为富贵的象征，所以在兴旺的方位挂上富贵花，可以说是锦上添花。

4.7.3　茶楼设计的注意事项

现在许多茶楼的装修一味地追求豪华的设计，其实这样的效果并不一定好。太豪华的茶楼会使顾客认为在这里消费会比较高，结果无形中流失了许多顾客。在总体的风格上不需要太华丽，但是应当具有自己的特色。

茶楼是一个文化氛围很重的空间，所以在整体的设计上，应当能够充分体现出茶的文化。不同的茶楼装修设计可以让人领略到不同的风情，或庄重典雅，或乡风古韵，或西化雅致。其中，传统风格崇尚庄重和优雅，多采用中国传统的木架构筑室内藻井、天棚、屏风、隔扇等装饰，并运用对称的空间构图方式，空间气氛宁静、雅致而简朴。

Chapter 第05章

绘制建筑平面图

课前导读

　　建筑平面图能直观地反映出建筑的内部使用功能、建筑内外空间关系、交通联系、装饰布置、空间流线组织以及建筑结构形式等。

　　本章主要讲解住宅楼平面图的绘制方法。首先学习建筑平面图的基本知识和设计要点，然后根据建筑设计流程绘制住宅楼平面图中的各个元素。

本章学习要点

❀ 建筑平面图基础
❀ 绘制住宅楼平面图
❀ AutoCAD技术库

精彩效果赏析

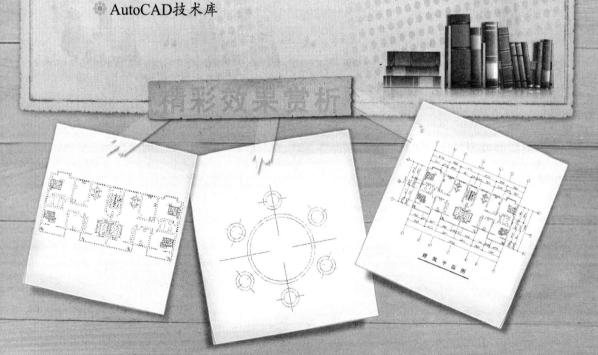

建筑平面图

5.1　建筑平面图基础

在绘制建筑平面图之前，首先需要了解建筑平面图的一些基本知识，如建筑平面图的概念、建筑平面图的识图基础和建筑平面图的绘制流程等。

5.1.1　建筑平面图的概念

建筑平面图是使用一个假想的水平剖切平面沿房屋略高于窗台的部位剖切，移去上面部分，对剩余部分进行正投影而得到的水平投影图。

建筑平面图用于表示建筑物在水平方向房屋各部分的组合关系，通常由墙体、柱、门、窗、楼梯、阳台、尺寸标注、轴线和说明文字等元素组成。绘制建筑平面图的目的在于直观地反映出建筑的内部使用功能、建筑内外空间关系、装饰布置及建筑结构形式等。

5.1.2　建筑平面图的识图基础

建筑平面图表达的内容很多，主要包括建筑物的平面形式、房间的数量、大小、用途以及房间之间的联系，门窗类型及布置情况等。建筑平面图是施工放线和编制工程预算的依据。

用户可以通过以下几个方面进行建筑平面图的识读。

（1）先看图名、比例，对照总平面图定出房屋朝向，并找出主要出入口及次要出入口的位置。

（2）查看平面形式，房间的数量及用途，建筑物的外形尺寸，即外墙面到外墙面的总尺寸，以及轴线尺寸与门窗洞口间的尺寸。轴线间尺寸横向称为开间，轴线间尺寸纵向称为进深。楼梯平面图中带长箭头的细线被称为行走线，用来指明上、下楼梯的行走方向。

（3）查看门窗的类型、数量与设置情况。门的编号用M-1、M-2等表示，窗的编号用C-1、C-2等表示，通过不同的编号查找各种类型门窗的位置和数量，通过对照平面图中的分段尺寸（靠近外墙的一段尺寸）可查找出各类门窗洞口尺寸。门窗具体构造还要参照门窗明细表中所用的标准图集。

（4）深入查看各类房间内的固定设施及细部尺寸。

（5）在掌握以上所有内容后，便可逐层识读。在识读各楼层平面图时应注意着重查看房间的布置、用途及门窗设置等，以及它们之间的不同之处，尤其应注意各种尺寸及楼地面标高等问题。

5.1.3　建筑平面图的绘制流程

在一般情况下，用户可以参照以下几个环节进行建筑平面图的绘制。

（1）设置绘图环境。

（2）绘制定位轴线。

（3）绘制墙体。

（4）绘制门窗。

（5）绘制楼梯。

（6）绘制建筑物的其他细节部分。

（7）创建尺寸标注及文字标注。

5.2 绘制住宅楼平面图

案例效果

 源文件路径：
光盘\源文件\第5章

 素材路径：
光盘\素材\第5章

 教学视频路径：
光盘\教学视频\第5章

 制作时间：
60分钟

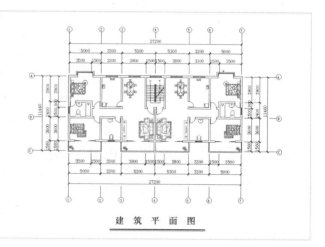

建 筑 平 面 图

设计与制作思路

在创建住宅楼建筑平面图的过程中，首先创建绘制建筑平面图所需要的绘图环境、图层以及轴线，并根据轴线绘制墙体和柱体图形，然后创建门窗图形，再对创建好的图形进行镜像复制，接下来创建楼梯图形，最后对图形进行尺寸标注并创建建筑轴号。

5.2.1 绘制建筑墙体

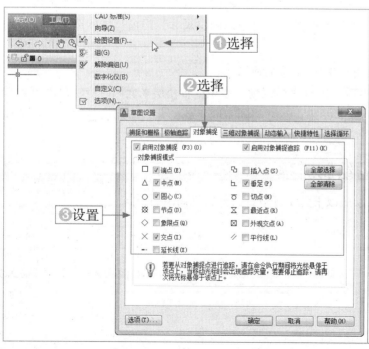

Step 01 设置对象捕捉❶选择"工具"|"绘图设置"命令，打开"草图设置"对话框。❷选择"对象捕捉"选项卡。❸根据左图所示进行对象捕捉选项设置。

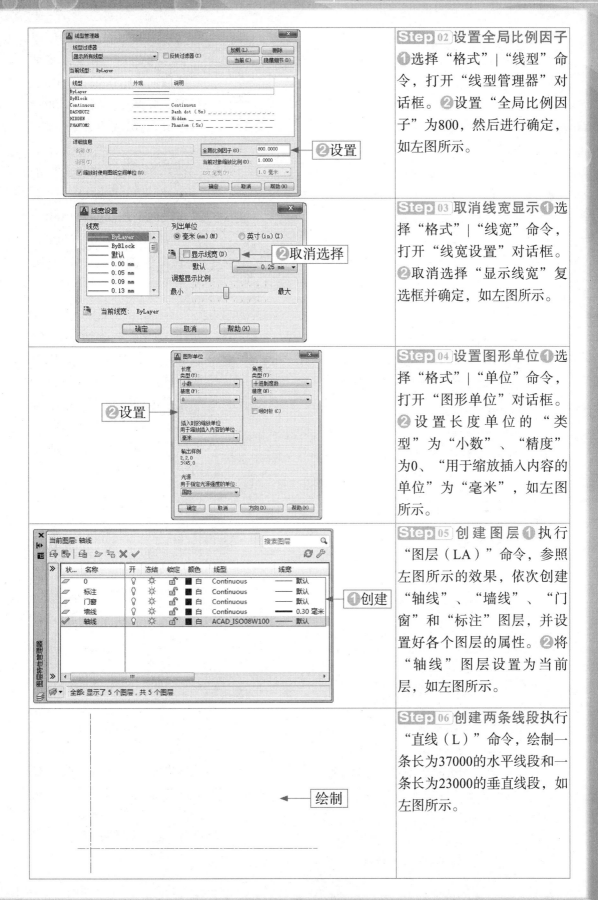

Step 02 设置全局比例因子 ❶选择"格式"|"线型"命令，打开"线型管理器"对话框。❷设置"全局比例因子"为800，然后进行确定，如左图所示。

❷设置

Step 03 取消线宽显示 ❶选择"格式"|"线宽"命令，打开"线宽设置"对话框。❷取消选择"显示线宽"复选框并确定，如左图所示。

❷取消选择

Step 04 设置图形单位 ❶选择"格式"|"单位"命令，打开"图形单位"对话框。❷设置长度单位的"类型"为"小数"、"精度"为0、"用于缩放插入内容的单位"为"毫米"，如左图所示。

❷设置

Step 05 创建图层 ❶执行"图层（LA）"命令，参照左图所示的效果，依次创建"轴线"、"墙线"、"门窗"和"标注"图层，并设置好各个图层的属性。❷将"轴线"图层设置为当前层，如左图所示。

❶创建

Step 06 创建两条线段 执行"直线（L）"命令，绘制一条长为37000的水平线段和一条长为23000的垂直线段，如左图所示。

绘制

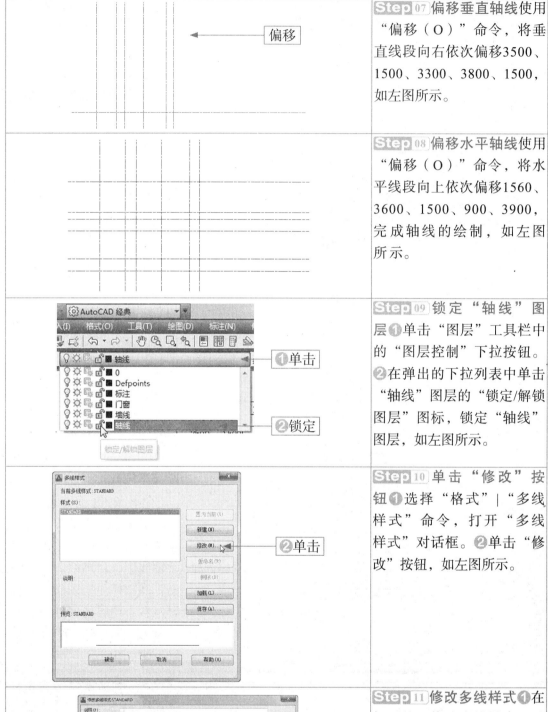

Step 07 偏移垂直轴线使用"偏移（O）"命令，将垂直线段向右依次偏移3500、1500、3300、3800、1500，如左图所示。

Step 08 偏移水平轴线使用"偏移（O）"命令，将水平线段向上依次偏移1560、3600、1500、900、3900，完成轴线的绘制，如左图所示。

Step 09 锁定"轴线"图层❶单击"图层"工具栏中的"图层控制"下拉按钮。❷在弹出的下拉列表中单击"轴线"图层的"锁定/解锁图层"图标，锁定"轴线"图层，如左图所示。

Step 10 单击"修改"按钮❶选择"格式"|"多线样式"命令，打开"多线样式"对话框。❷单击"修改"按钮，如左图所示。

Step 11 修改多线样式❶在打开的"修改多线样式"对话框中选中"直线"选项右侧的"起点"和"端点"复选框。❷单击"确定"按钮进行确定，如左图所示。

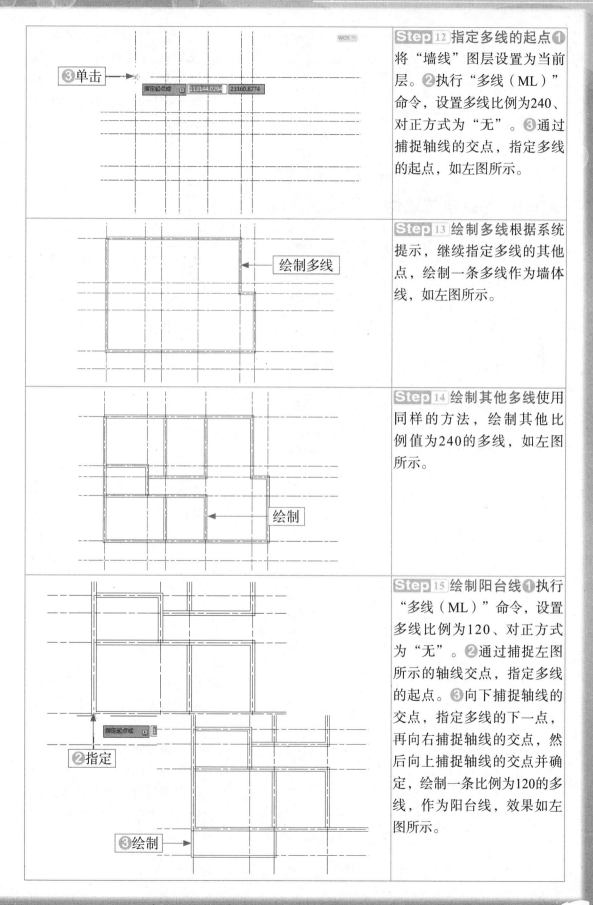

Step 12 指定多线的起点❶将"墙线"图层设置为当前层。❷执行"多线（ML）"命令，设置多线比例为240、对正方式为"无"。❸通过捕捉轴线的交点，指定多线的起点，如左图所示。

Step 13 绘制多线根据系统提示，继续指定多线的其他点，绘制一条多线作为墙体线，如左图所示。

Step 14 绘制其他多线使用同样的方法，绘制其他比例值为240的多线，如左图所示。

Step 15 绘制阳台线❶执行"多线（ML）"命令，设置多线比例为120、对正方式为"无"。❷通过捕捉左图所示的轴线交点，指定多线的起点。❸向下捕捉轴线的交点，指定多线的下一点，再向右捕捉轴线的交点，然后向上捕捉轴线的交点并确定，绘制一条比例为120的多线，作为阳台线，效果如左图所示。

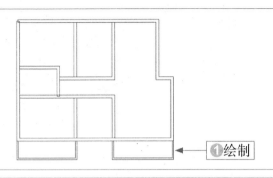

Step 16 绘制另一条阳台线①使用同样的方法，绘制右侧的阳台线。②将"轴线"图层隐藏，效果如左图所示。

①绘制

5.2.2 修改建筑墙体

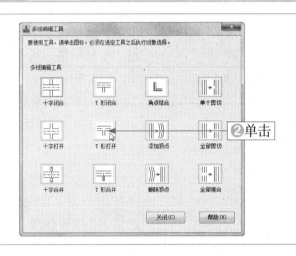

Step 01 单击"T形打开"选项①选择"修改"|"对象"|"多线"命令，打开"多线编辑工具"对话框。②单击该对话框中的"T形打开"选项，如左图所示。

②单击

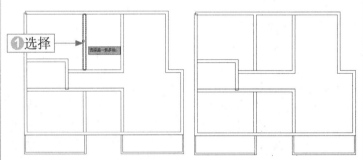

Step 02 选择修改的多线①选择左图所示的多线作为编辑的第一条多线。②选择上方的多线作为第二条要编辑的多线，修改后的效果如左图所示。

①选择

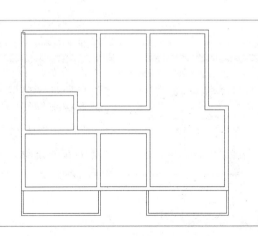

Step 03 修改其他多线接头①重复选择"修改"|"对象"|"多线"命令，在打开的"多线编辑工具"对话框中单击"T形打开"选项。②依次对其他的多线接头进行修改，效果如左图所示。

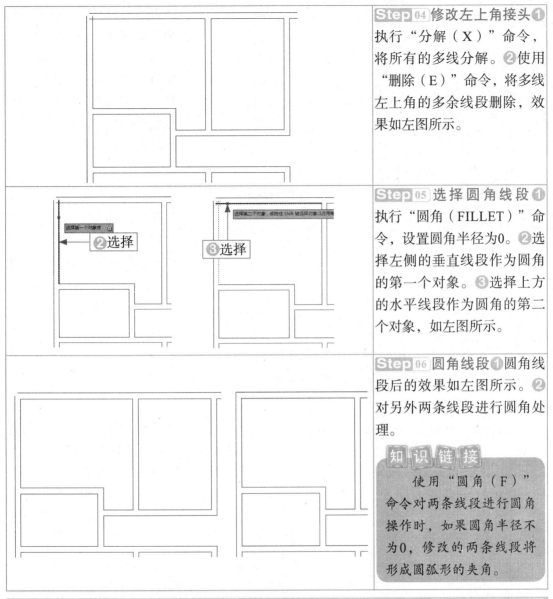

Step 04 修改左上角接头❶执行"分解（X）"命令，将所有的多线分解。❷使用"删除（E）"命令，将多线左上角的多余线段删除，效果如左图所示。

Step 05 选择圆角线段❶执行"圆角（FILLET）"命令，设置圆角半径为0。❷选择左侧的垂直线段作为圆角的第一个对象。❸选择上方的水平线段作为圆角的第二个对象，如左图所示。

Step 06 圆角线段❶圆角线段后的效果如左图所示。❷对另外两条线段进行圆角处理。

知识链接

使用"圆角（F）"命令对两条线段进行圆角操作时，如果圆角半径不为0，修改的两条线段将形成圆弧形的夹角。

5.2.3 绘制建筑门洞

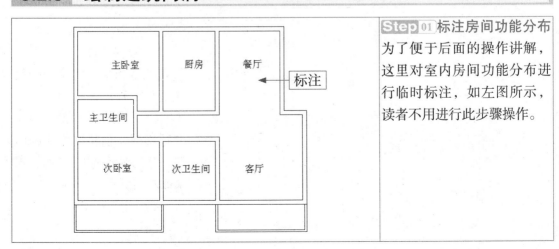

Step 01 标注房间功能分布为了便于后面的操作讲解，这里对室内房间功能分布进行临时标注，如左图所示，读者不用进行此步骤操作。

设
计
师
实
战
应
用

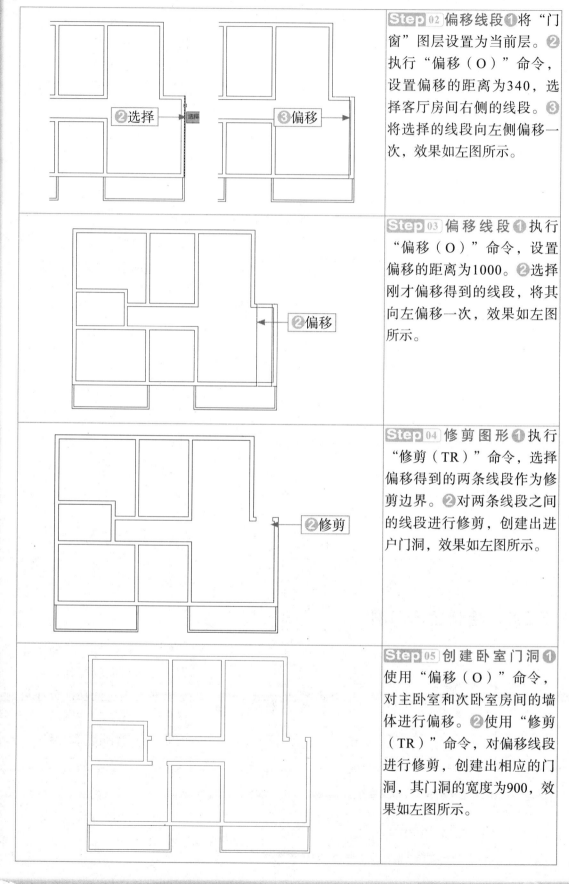

Step 02 偏移线段❶将"门窗"图层设置为当前层。❷执行"偏移（O）"命令，设置偏移的距离为340，选择客厅房间右侧的线段。❸将选择的线段向左侧偏移一次，效果如左图所示。

Step 03 偏移线段❶执行"偏移（O）"命令，设置偏移的距离为1000。❷选择刚才偏移得到的线段，将其向左偏移一次，效果如左图所示。

Step 04 修剪图形❶执行"修剪（TR）"命令，选择偏移得到的两条线段作为修剪边界。❷对两条线段之间的线段进行修剪，创建出进户门洞，效果如左图所示。

Step 05 创建卧室门洞❶使用"偏移（O）"命令，对主卧室和次卧室房间的墙体进行偏移。❷使用"修剪（TR）"命令，对偏移线段进行修剪，创建出相应的门洞，其门洞的宽度为900，效果如左图所示。

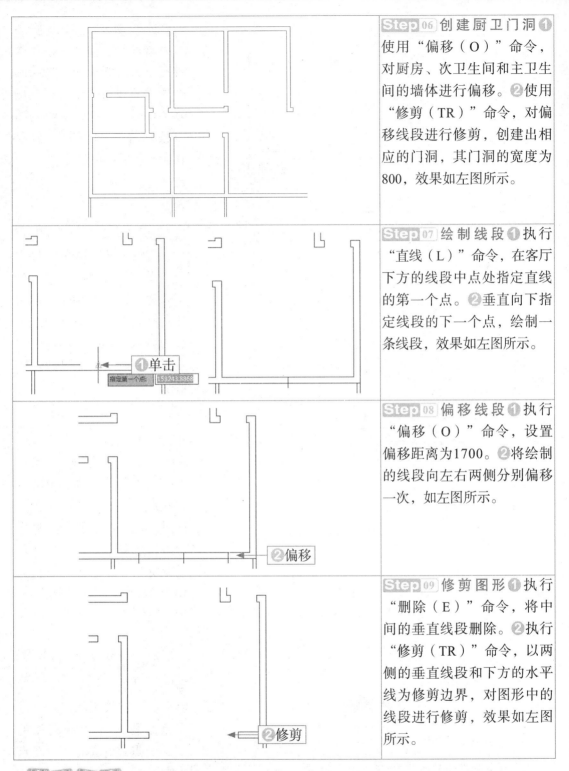

Step 06 创建厨卫门洞① 使用"偏移（O）"命令，对厨房、次卫生间和主卫生间的墙体进行偏移。②使用"修剪（TR）"命令，对偏移线段进行修剪，创建出相应的门洞，其门洞的宽度为800，效果如左图所示。

Step 07 绘制线段① 执行"直线（L）"命令，在客厅下方的线段中点处指定直线的第一个点。②垂直向下指定线段的下一个点，绘制一条线段，效果如左图所示。

Step 08 偏移线段① 执行"偏移（O）"命令，设置偏移距离为1700。②将绘制的线段向左右两侧分别偏移一次，如左图所示。

Step 09 修剪图形① 执行"删除（E）"命令，将中间的垂直线段删除。②执行"修剪（TR）"命令，以两侧的垂直线段和下方的水平线为修剪边界，对图形中的线段进行修剪，效果如左图所示。

操作技巧

在修剪图形时，正确地选择修剪边界，可以准确地修剪掉不需要的线段部分。在复杂的图形中，如果用户不能正确地选择修剪边界，也可以通过反复执行修剪图形操作，达到最终的效果。

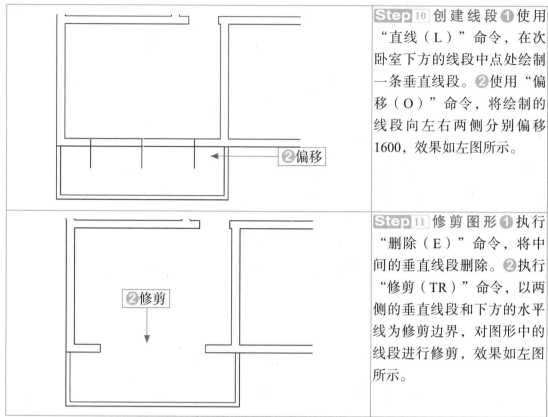

Step 10 创建线段❶使用"直线（L）"命令，在次卧室下方的线段中点处绘制一条垂直线段。❷使用"偏移（O）"命令，将绘制的线段向左右两侧分别偏移1600，效果如左图所示。

Step 11 修剪图形❶执行"删除（E）"命令，将中间的垂直线段删除。❷执行"修剪（TR）"命令，以两侧的垂直线段和下方的水平线为修剪边界，对图形中的线段进行修剪，效果如左图所示。

5.2.4 创建建筑平面门

Step 01 绘制线段❶执行"直线（L）"命令，在客厅进门的墙洞线段中点处指定线段的第一点。❷向下移动鼠标指针，绘制一条长为1000的线段，如左图所示。

Step 02 指定圆弧起点和圆心❶执行"圆弧（A）"命令，指定圆弧的起点。❷当系统提示"指定圆弧的第二个点或 [圆心(C)/端点(E)]："时，输入C并确定，启用"圆心(C)"选项，然后指定圆弧的圆心，如左图所示。

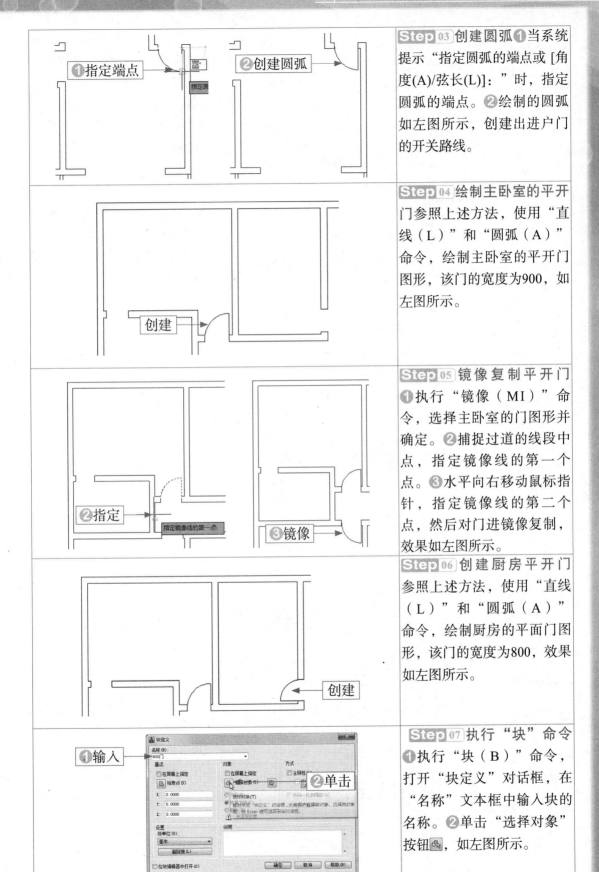

Step 03 创建圆弧❶当系统提示"指定圆弧的端点或 [角度(A)/弦长(L)]："时，指定圆弧的端点。❷绘制的圆弧如左图所示，创建出进户门的开关路线。

Step 04 绘制主卧室的平开门参照上述方法，使用"直线（L）"和"圆弧（A）"命令，绘制主卧室的平开门图形，该门的宽度为900，如左图所示。

Step 05 镜像复制平开门❶执行"镜像（MI）"命令，选择主卧室的门图形并确定。❷捕捉过道的线段中点，指定镜像线的第一个点。❸水平向右移动鼠标指针，指定镜像线的第二个点，然后对门进镜像复制，效果如左图所示。

Step 06 创建厨房平开门参照上述方法，使用"直线（L）"和"圆弧（A）"命令，绘制厨房的平面门图形，该门的宽度为800，效果如左图所示。

Step 07 执行"块"命令❶执行"块（B）"命令，打开"块定义"对话框，在"名称"文本框中输入块的名称。❷单击"选择对象"按钮，如左图所示。

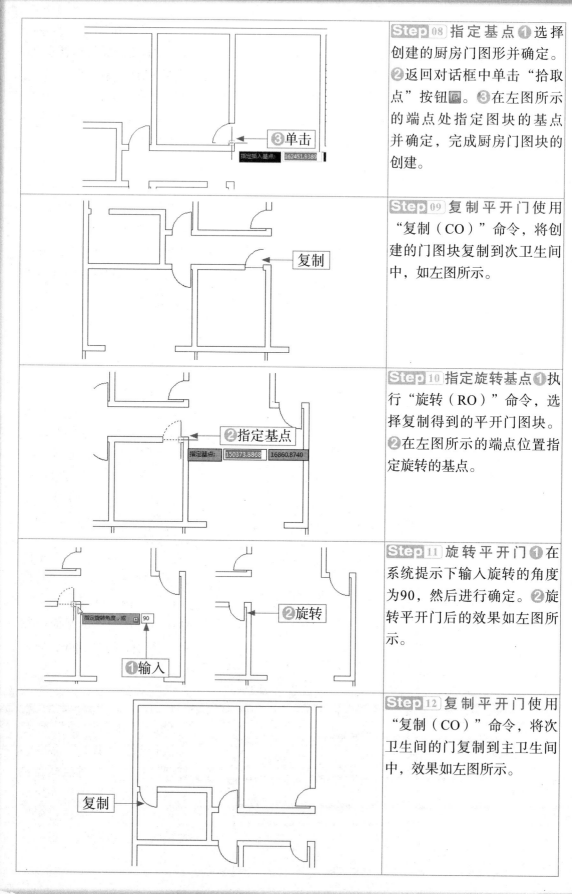

Step 08 指定基点 ❶选择创建的厨房门图形并确定。❷返回对话框中单击"拾取点"按钮 。❸在左图所示的端点处指定图块的基点并确定，完成厨房门图块的创建。

❸单击

指定插入基点：162451.9388

Step 09 复制平开门使用"复制（CO）"命令，将创建的门图块复制到次卫生间中，如左图所示。

复制

Step 10 指定旋转基点 ❶执行"旋转（RO）"命令，选择复制得到的平开门图块。❷在左图所示的端点位置指定旋转的基点。

❷指定基点

指定基点：150373.8868 16860.8740

Step 11 旋转平开门 ❶在系统提示下输入旋转的角度为90，然后进行确定。❷旋转平开门后的效果如左图所示。

指定旋转角度，或 90

❷旋转

❶输入

Step 12 复制平开门使用"复制（CO）"命令，将次卫生间的门复制到主卫生间中，效果如左图所示。

复制

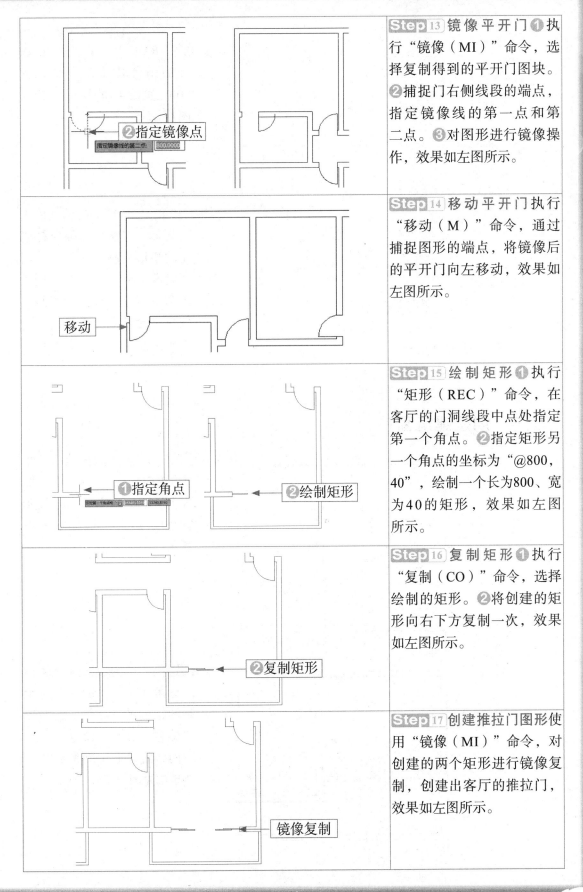

Step 13 镜像平开门 ❶执行"镜像（MI）"命令，选择复制得到的平开门图块。❷捕捉门右侧线段的端点，指定镜像线的第一点和第二点。❸对图形进行镜像操作，效果如左图所示。

Step 14 移动平开门 执行"移动（M）"命令，通过捕捉图形的端点，将镜像后的平开门向左移动，效果如左图所示。

Step 15 绘制矩形 ❶执行"矩形（REC）"命令，在客厅的门洞线段中点处指定第一个角点。❷指定矩形另一个角点的坐标为"@800，40"，绘制一个长为800、宽为40的矩形，效果如左图所示。

Step 16 复制矩形 ❶执行"复制（CO）"命令，选择绘制的矩形。❷将创建的矩形向右下方复制一次，效果如左图所示。

Step 17 创建推拉门图形 使用"镜像（MI）"命令，对创建的两个矩形进行镜像复制，创建出客厅的推拉门，效果如左图所示。

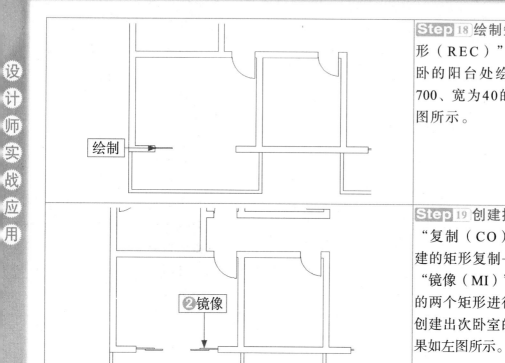

Step 18 绘制矩形使用"矩形（REC）"命令，在次卧的阳台处绘制一个长为700、宽为40的矩形，如左图所示。

Step 19 创建推拉门❶使用"复制（CO）"命令将创建的矩形复制一次。❷使用"镜像（MI）"命令对创建的两个矩形进行镜像复制，创建出次卧室的推拉门，效果如左图所示。

5.2.5 创建建筑窗户

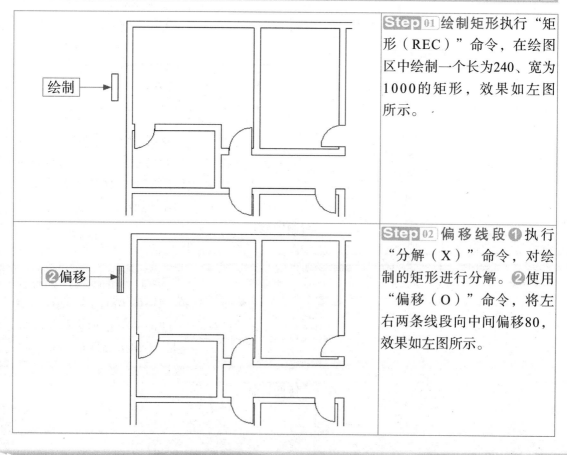

Step 01 绘制矩形执行"矩形（REC）"命令，在绘图区中绘制一个长为240、宽为1000的矩形，效果如左图所示。

Step 02 偏移线段❶执行"分解（X）"命令，对绘制的矩形进行分解。❷使用"偏移（O）"命令，将左右两条线段向中间偏移80，效果如左图所示。

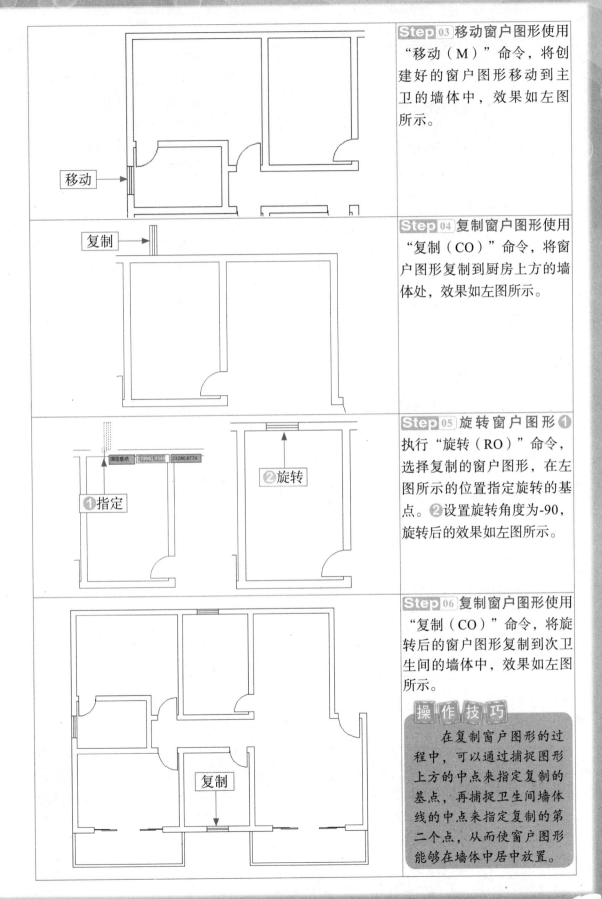

Step 03 移动窗户图形使用"移动（M）"命令，将创建好的窗户图形移动到主卫的墙体中，效果如左图所示。

Step 04 复制窗户图形使用"复制（CO）"命令，将窗户图形复制到厨房上方的墙体处，效果如左图所示。

Step 05 旋转窗户图形❶执行"旋转（RO）"命令，选择复制的窗户图形，在左图所示的位置指定旋转的基点。❷设置旋转角度为-90，旋转后的效果如左图所示。

Step 06 复制窗户图形使用"复制（CO）"命令，将旋转后的窗户图形复制到次卫生间的墙体中，效果如左图所示。

操作技巧

在复制窗户图形的过程中，可以通过捕捉图形上方的中点来指定复制的基点，再捕捉卫生间墙体线的中点来指定复制的第二个点，从而使窗户图形能够在墙体中居中放置。

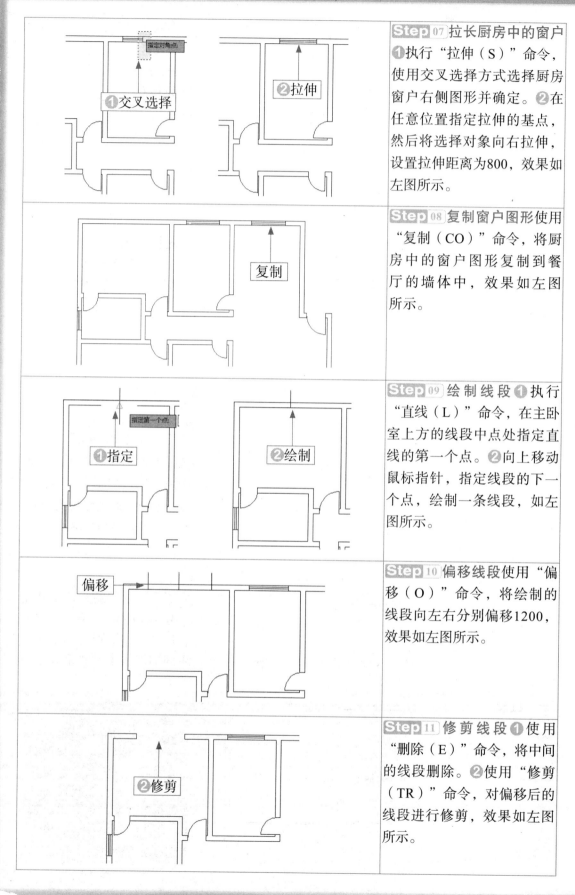

Step 07 拉长厨房中的窗户 ❶执行"拉伸（S）"命令，使用交叉选择方式选择厨房窗户右侧图形并确定。❷在任意位置指定拉伸的基点，然后将选择对象向右拉伸，设置拉伸距离为800，效果如左图所示。

Step 08 复制窗户图形使用"复制（CO）"命令，将厨房中的窗户图形复制到餐厅的墙体中，效果如左图所示。

Step 09 绘制线段 ❶执行"直线（L）"命令，在主卧室上方的线段中点处指定直线的第一个点。❷向上移动鼠标指针，指定线段的下一个点，绘制一条线段，如左图所示。

Step 10 偏移线段使用"偏移（O）"命令，将绘制的线段向左右分别偏移1200，效果如左图所示。

Step 11 修剪线段 ❶使用"删除（E）"命令，将中间的线段删除。❷使用"修剪（TR）"命令，对偏移后的线段进行修剪，效果如左图所示。

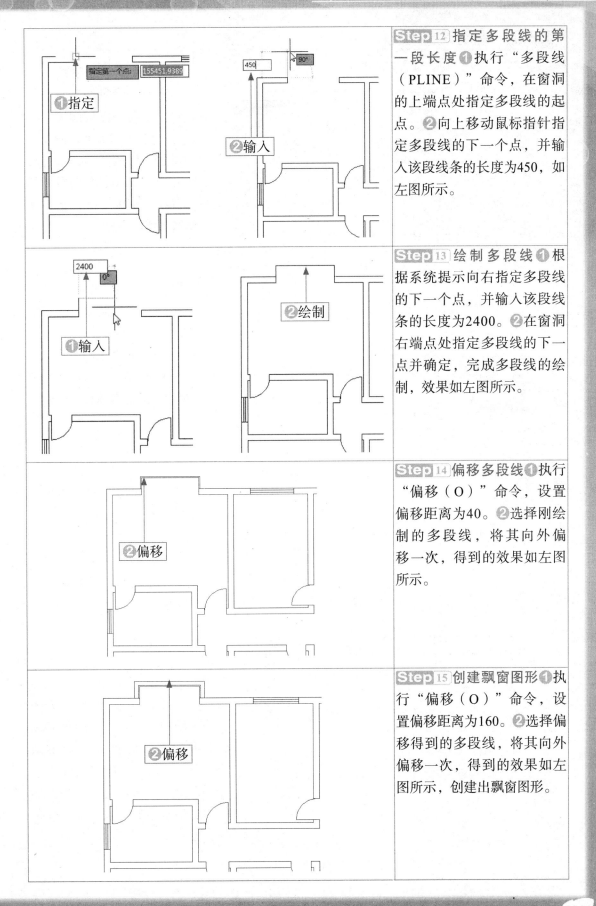

Step 12 指定多段线的第一段长度①执行"多段线（PLINE）"命令，在窗洞的上端点处指定多段线的起点。②向上移动鼠标指针指定多段线的下一个点，并输入该段线条的长度为450，如左图所示。

Step 13 绘制多段线①根据系统提示向右指定多段线的下一个点，并输入该段线条的长度为2400。②在窗洞右端点处指定多段线的下一点并确定，完成多段线的绘制，效果如左图所示。

Step 14 偏移多段线①执行"偏移（O）"命令，设置偏移距离为40。②选择刚绘制的多段线，将其向外偏移一次，得到的效果如左图所示。

Step 15 创建飘窗图形①执行"偏移（O）"命令，设置偏移距离为160。②选择偏移得到的多段线，将其向外偏移一次，得到的效果如左图所示，创建出飘窗图形。

5.2.6 绘制建筑楼梯

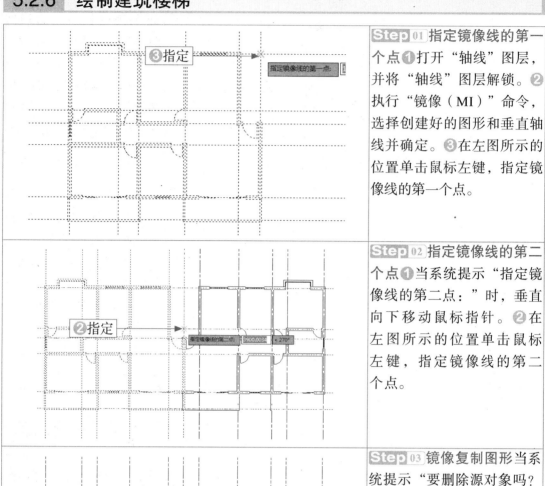

Step 01 指定镜像线的第一个点❶打开"轴线"图层，并将"轴线"图层解锁。❷执行"镜像（MI）"命令，选择创建好的图形和垂直轴线并确定。❸在左图所示的位置单击鼠标左键，指定镜像线的第一个点。

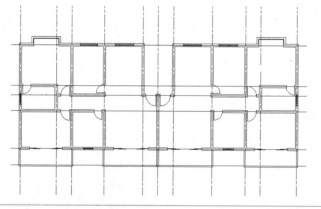

Step 02 指定镜像线的第二个点❶当系统提示"指定镜像线的第二点："时，垂直向下移动鼠标指针。❷在左图所示的位置单击鼠标左键，指定镜像线的第二个点。

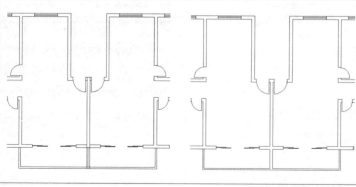

Step 03 镜像复制图形当系统提示"要删除源对象吗？[是(Y)/否(N)] <N>："时，按下空格键直接进行确定，镜像复制图形后的效果如左图所示。

Step 04 修改图形❶关闭"轴线"图层，可以看到图形的中间位置有多余的线条。❷使用"修剪（TR）"命令，对图形进行修剪，然后将多余的线段删除，效果如左图所示。

设计师实战应用

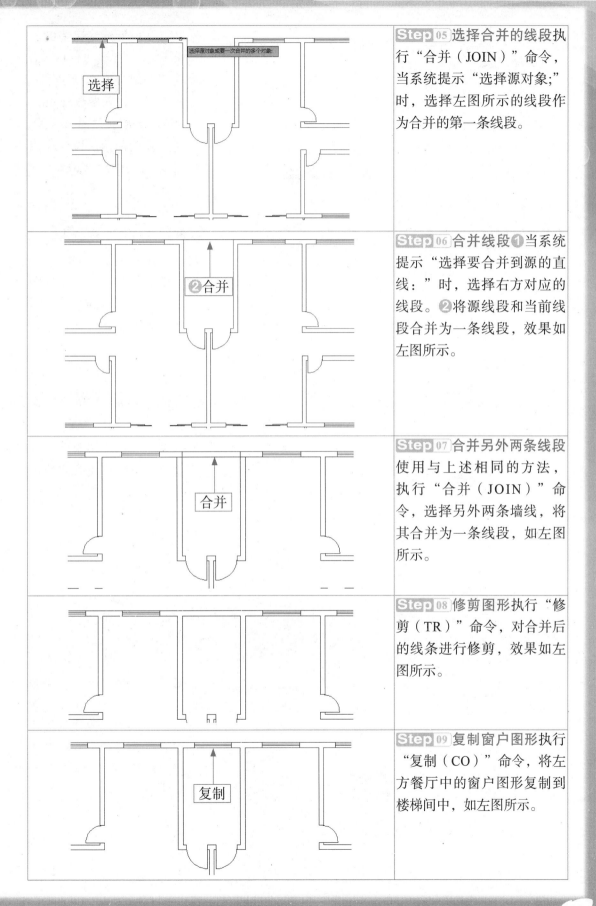

	Step 05 选择合并的线段执行"合并（JOIN）"命令，当系统提示"选择源对象;"时，选择左图所示的线段作为合并的第一条线段。
	Step 06 合并线段❶当系统提示"选择要合并到源的直线:"时，选择右方对应的线段。❷将源线段和当前线段合并为一条线段，效果如左图所示。
	Step 07 合并另外两条线段使用与上述相同的方法，执行"合并（JOIN）"命令，选择另外两条墙线，将其合并为一条线段，如左图所示。
	Step 08 修剪图形执行"修剪（TR）"命令，对合并后的线条进行修剪，效果如左图所示。
	Step 09 复制窗户图形执行"复制（CO）"命令，将左方餐厅中的窗户图形复制到楼梯间中，如左图所示。

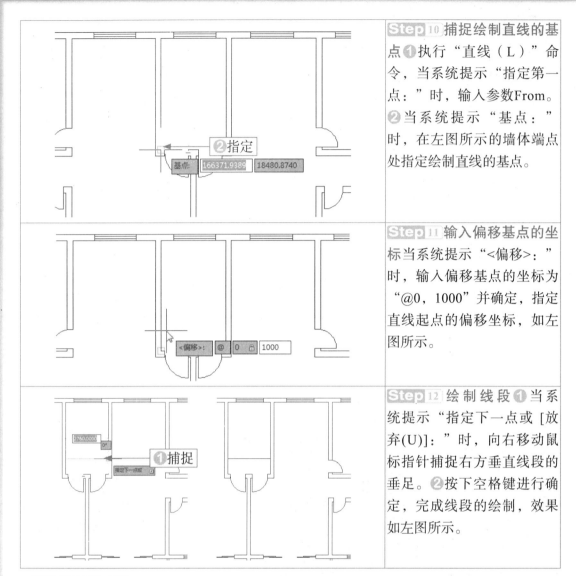

Step 10 捕捉绘制直线的基点 ① 执行"直线（L）"命令，当系统提示"指定第一点："时，输入参数From。② 当系统提示"基点："时，在左图所示的墙体端点处指定绘制直线的基点。

Step 11 输入偏移基点的坐标 当系统提示"<偏移>："时，输入偏移基点的坐标为"@0，1000"并确定，指定直线起点的偏移坐标，如左图所示。

Step 12 绘制线段 ① 当系统提示"指定下一点或 [放弃(U)]："时，向右移动鼠标指针捕捉右方垂直线段的垂足。② 按下空格键进行确定，完成线段的绘制，效果如左图所示。

经验分享

在AutoCAD中，From的作用是选择一个参考点，再通过相对坐标找到想要的点。该参数适用于大多数绘图命令，例如直线、多段线、矩形、圆等。

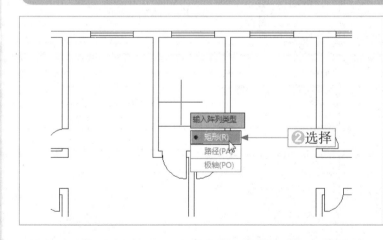

Step 13 选择阵列方式 ① 执行"阵列（AR）"命令，选择刚才绘制的线段作为阵列的对象。② 在弹出的列表中选择"矩形（R）"选项，如左图所示。

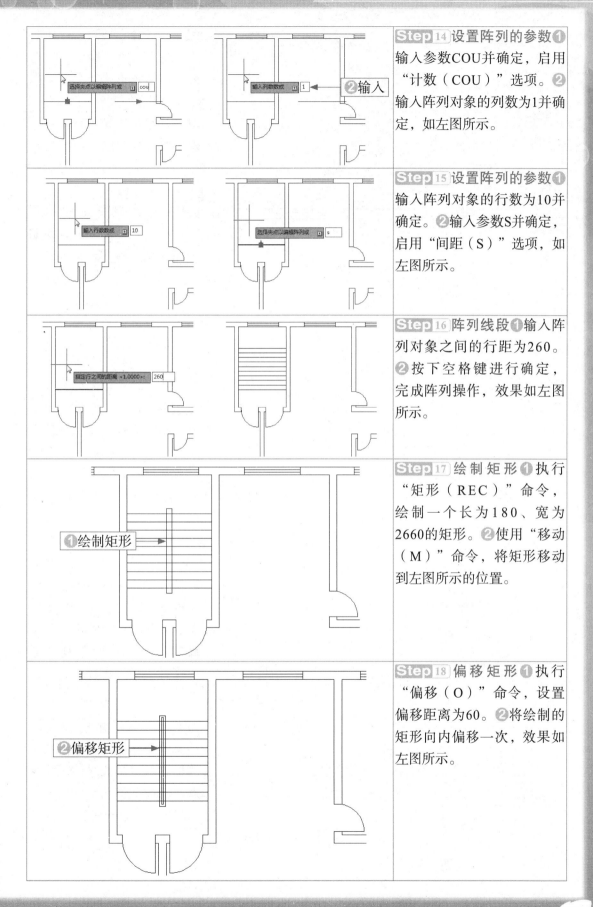

Step 14 设置阵列的参数❶输入参数COU并确定，启用"计数（COU）"选项。❷输入阵列对象的列数为1并确定，如左图所示。

Step 15 设置阵列的参数❶输入阵列对象的行数为10并确定。❷输入参数S并确定，启用"间距（S）"选项，如左图所示。

Step 16 阵列线段❶输入阵列对象之间的行距为260。❷按下空格键进行确定，完成阵列操作，效果如左图所示。

Step 17 绘制矩形❶执行"矩形（REC）"命令，绘制一个长为180、宽为2660的矩形。❷使用"移动（M）"命令，将矩形移动到左图所示的位置。

Step 18 偏移矩形❶执行"偏移（O）"命令，设置偏移距离为60。❷将绘制的矩形向内偏移一次，效果如左图所示。

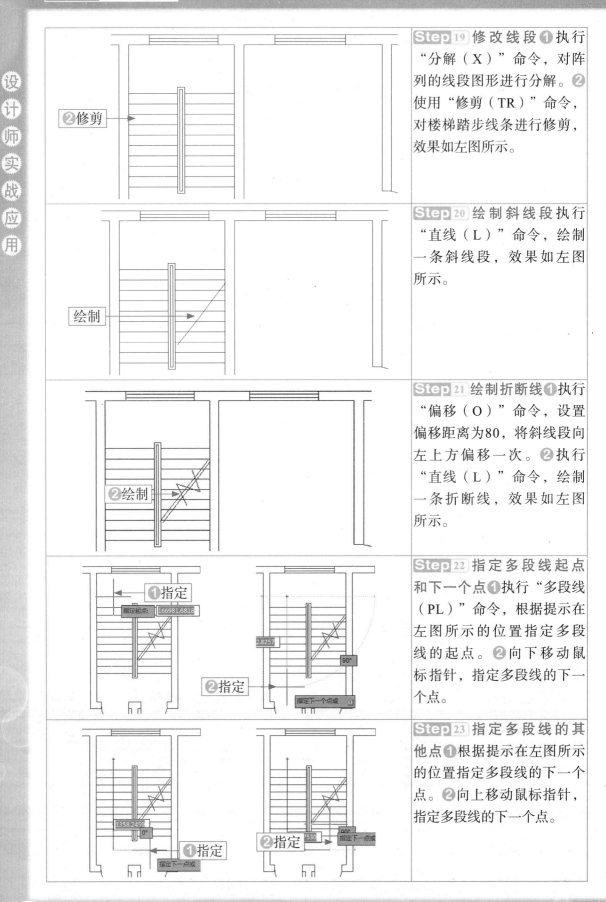

Step 19 修改线段① 执行"分解（X）"命令，对阵列的线段图形进行分解。② 使用"修剪（TR）"命令，对楼梯踏步线条进行修剪，效果如左图所示。

Step 20 绘制斜线段 执行"直线（L）"命令，绘制一条斜线段，效果如左图所示。

Step 21 绘制折断线① 执行"偏移（O）"命令，设置偏移距离为80，将斜线段向左上方偏移一次。② 执行"直线（L）"命令，绘制一条折断线，效果如左图所示。

Step 22 指定多段线起点和下一个点① 执行"多段线（PL）"命令，根据提示在左图所示的位置指定多段线的起点。② 向下移动鼠标指针，指定多段线的下一个点。

Step 23 指定多段线的其他点① 根据提示在左图所示的位置指定多段线的下一个点。② 向上移动鼠标指针，指定多段线的下一个点。

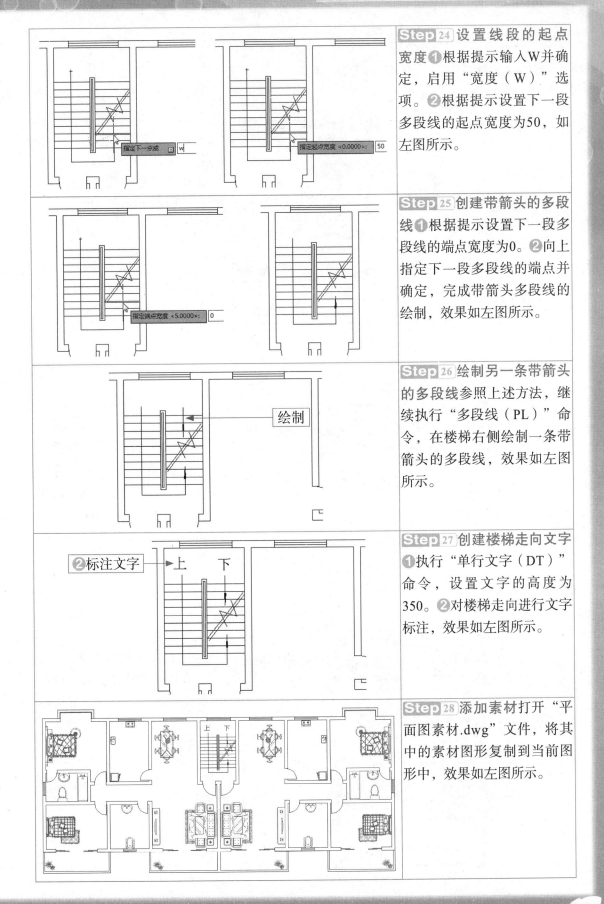

Step 24 设置线段的起点宽度❶根据提示输入W并确定，启用"宽度（W）"选项。❷根据提示设置下一段多段线的起点宽度为50，如左图所示。

Step 25 创建带箭头的多段线❶根据提示设置下一段多段线的端点宽度为0。❷向上指定下一段多段线的端点并确定，完成带箭头多段线的绘制，效果如左图所示。

Step 26 绘制另一条带箭头的多段线参照上述方法，继续执行"多段线（PL）"命令，在楼梯右侧绘制一条带箭头的多段线，效果如左图所示。

Step 27 创建楼梯走向文字❶执行"单行文字（DT）"命令，设置文字的高度为350。❷对楼梯走向进行文字标注，效果如左图所示。

Step 28 添加素材打开"平面图素材.dwg"文件，将其中的素材图形复制到当前图形中，效果如左图所示。

5.2.7 标注建筑平面图

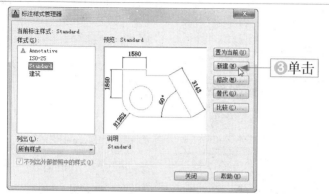

Step 01 单击"新建"按钮①将"标注"图层设置为当前层。②执行"标注样式（D）"命令，打开"标注样式管理器"对话框。③单击该对话框中的"新建"按钮，如左图所示。

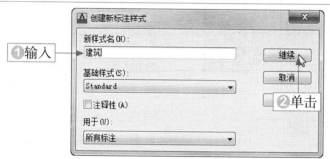

Step 02 创建新标注样式①在打开的"创建新标注样式"对话框中输入样式名"建筑"。②单击"继续"按钮，如左图所示。

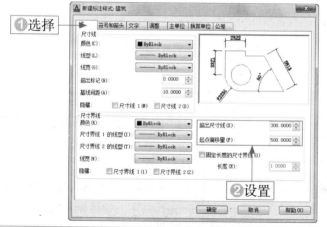

Step 03 设置尺寸线参数①在打开的"新建标注样式"对话框中选择"线"选项卡。②设置尺寸界线"超出尺寸线"的值为300、"起点偏移量"的值为500，如左图所示。

Step 04 设置符号和箭头①选择"符号和箭头"选项卡。②设置箭头为"建筑标记"、"箭头大小"为300，如左图所示。

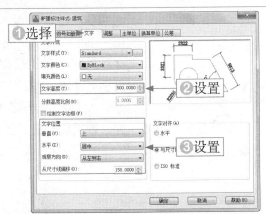

Step 05 设置文字参数❶选择"文字"选项卡。❷设置"文字高度"为500。❸设置文字的垂直对齐方式为"上"、"从尺寸线偏移"的值为150，如左图所示。

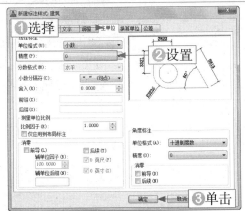

Step 06 设置标注的精度❶选择"主单位"选项卡。❷设置"精度"值为0。❸单击"确定"按钮进行确定，如左图所示。❹关闭"标注样式管理器"对话框。

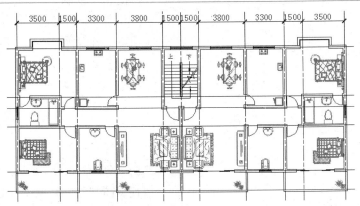

Step 07 标注图形尺寸❶打开"轴线"图层。使用"线性（DLI）"命令，对图形左上方的尺寸进行标注。❷使用"连续（DCO）"命令，对图形进行连续标注，如左图所示。

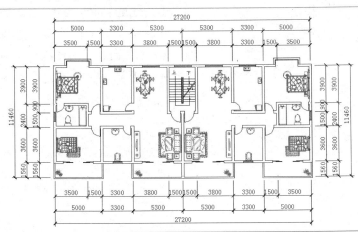

Step 08 标注图形❶继续使用"线性（DLI）"和"连续（DCO）"命令，标注图形的其他尺寸。❷关闭"轴线"图层，效果如左图所示。

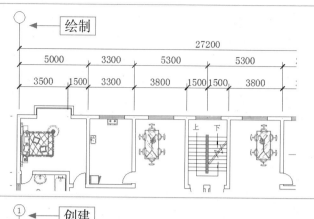

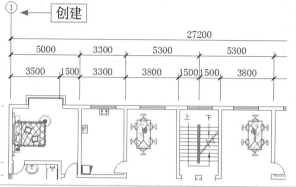

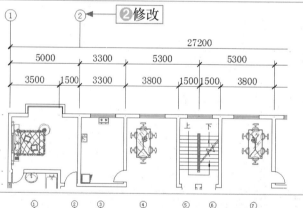

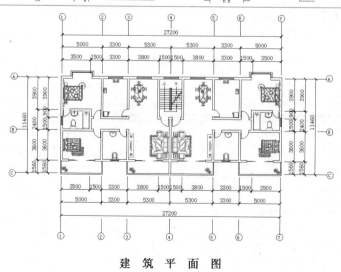

建 筑 平 面 图

Step 09 绘制线段和圆❶使用"直线（L）"命令，在标注的尺寸线上绘制一条线段。❷使用"圆（C）"命令，绘制一个半径为400的圆，效果如左图所示。

Step 10 创建轴号数字执行"单行文字（DT）"命令，在圆内创建轴号的文字说明"1"，设置文字的高度为500，效果如左图所示。

Step 11 复制和修改轴线与轴号❶使用"复制（CO）"命令，将创建的轴线和轴号复制到下一个主轴线上。❷将复制得到的轴号数值修改为2，效果如左图所示。

Step 12 创建图形说明文字❶使用同样的方法，创建其他的轴号。❷使用"多行文字（MT）"和"直线（L）"命令，对建筑平面图进行文字说明，完成平面图的绘制，效果如左图所示。

5.3 AutoCAD技术库

在本章案例的制作过程中，运用了许多绘图和修改命令，下面将对部分重要的绘图和修改命令进行深入学习。

5.3.1 应用"圆弧"命令

绘制圆弧的方法很多，可以通过起点、方向、中点、包角、终点、弦长等参数进行确定。下面将详细介绍绘制指定角度的圆弧和通过三点绘制圆弧的方法。启动"圆弧"命令的常用方法有如下3种。

❀ 选择"绘图"|"圆弧"命令，再选择其中的子命令，如左下图所示。

❀ 单击"绘图"面板中的"圆弧"下拉按钮 ，在其中选择需要绘制圆弧的方式，如右下图所示。

❀ 输入ARC（简化命令A）命令并确定。

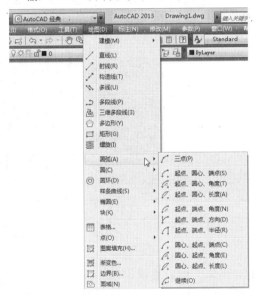

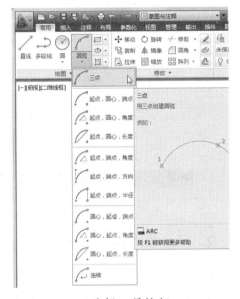

选择命令　　　　　　　　　　　　　选择工具按钮

执行"ARC（A）"命令后，系统将提示"指定圆弧的起点或 [圆心(C)]："，指定起点或圆心后，接着提示"指定圆弧的第二点或[圆心(C)/端点(E)]："，其中各选项的含义如下。

❀ 圆心（C）：用于确定圆弧的中心点。

❀ 端点（E）：用于确定圆弧的终点。

1. 通过指定的点绘制圆弧

执行"ARC（A）"命令，系统将提示"指定圆弧的起点或 [圆心(C)]："，用户可以通过依次指定圆弧的起点、圆心和端点的方式绘制圆弧。例如，通过三角形的三个顶点绘制圆弧的具体操作如下。

Step 01 使用"直线（L）"命令绘制一个三角形，如左下图所示。

Step 02 执行"设置（SE）"命令，打开"草图设置"对话框，选中"启用对象捕捉"和"端点"复选框，如右下图所示。

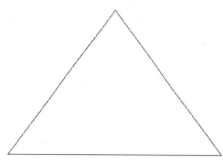

绘制一个三角形

设置对象捕捉

Step 03 执行"ARC（A）"命令，在三角形左下角的端点处单击鼠标左键指定圆弧的起点，如左下图所示。

Step 04 依次在三角形其他的端点处指定圆弧的第二个点和端点，即可绘制一个圆弧，效果如右下图所示。

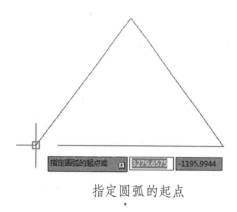

指定圆弧的起点

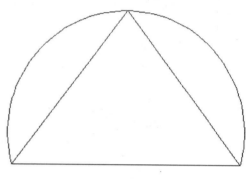

绘制圆弧

2. 通过圆心绘制圆弧

在绘制圆弧的过程中，用户可以输入参数C并确定，然后根据提示先确定圆弧的圆心，再确定圆弧的端点，从而绘制一个圆心通过指定点的圆弧。例如，绘制一条以线段交点为圆心的圆弧，具体的操作步骤如下。

Step 01 使用"直线（L）"命令绘制两条相互垂直的线段，如左下图所示。

Step 02 执行"ARC（A）"命令，然后输入C并确定，启用"圆心(C)"选项，如右下图所示。

绘制相互垂直的线段

输入C并确定

Step 03 在线段的交点处指定圆弧的圆心，如左下图所示。

Step 04 依次在水平线段的左端点处指定圆弧的起点，在水平线段的右端点处指定圆弧的端点，即可绘制一段通过指定圆心的圆弧，如右下图所示。

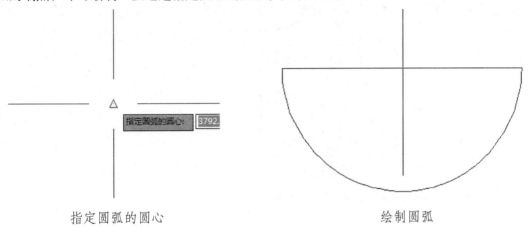

指定圆弧的圆心　　　　　　　　　　　　　绘制圆弧

3. 绘制指定角度的圆弧

执行"ARC（A）"命令，当系统提示"指定圆弧的起点或 [圆心(C)]："时，输入C并确定，系统将以指定圆心的方式绘制圆弧线。在指定圆心的位置后，系统将继续提示"指定圆弧的端点或 [角度(A)/弦长(L)]："，这时用户可以通过输入圆弧的角度或弦长来绘制圆弧线。例如，绘制一条弧度为135的圆弧的具体操作如下。

Step 01 绘制一条直线段，然后执行"ARC（A）"命令，输入C并确定，在线段的中点处指定圆弧的圆心，如左下图所示。

Step 02 在线段的右端点处指定圆弧的起点，如右下图所示。

指定圆弧的圆心　　　　　　　　　　　　　指定圆弧的起点

Step 03 输入A并确定，启用"角度(A)"选项，然后输入圆弧所包含的角度为135，如左下图所示。

Step 04 按下空格键进行确定，即可创建一个包含角度为135的圆弧，效果如右下图所示。

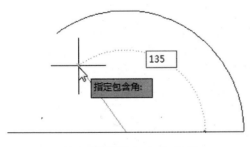
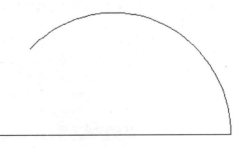

输入圆弧所包含的角度　　　　　　　　　　创建圆弧

5.3.2 应用"镜像"命令

使用"镜像（MIRROR）"命令可以将选定的图形对象以某一对称轴镜像到该对称轴的另一边，还可以使用镜像复制功能将图形以某一对称轴进行镜像复制，如下图所示。

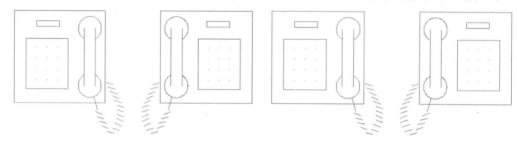

原图　　　　　　　镜像效果　　　　　　　镜像复制效果

执行"镜像"命令的常用方法有如下3种。

❀ 选择"修改"|"镜像"命令。

❀ 单击"修改"面板中的"镜像"按钮▲。

❀ 输入MIRROR（简化命令MI）命令，然后按下空格键进行确定。

1. 镜像图形

镜像对象是以某一对称轴将源对象镜像到该对称轴的另一边，此时源对象将消失，目标对象就像是源对象照镜子所得到的结果。例如，镜像圆弧的具体操作如下。

Step 01 绘制一条半圆弧和一条线段，选择"修改"|"镜像"命令，然后选择图形中的圆弧并确定，如左下图所示。

Step 02 在线段的左端点处指定镜像的第一个点（如右下图所示），然后在线段的右端点处指定镜像的第二个点。

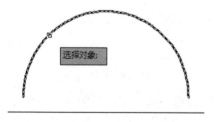

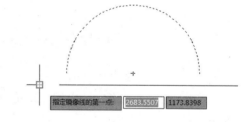

选择图形　　　　　　　　　　　指定镜像线第一点

Step 03 当系统提示"要删除源对象吗？[是(Y)/否(N)] <N>："时，输入Y并确定（如左图所示），镜像圆弧后的效果如右下图所示。

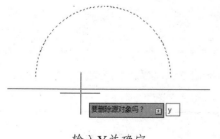

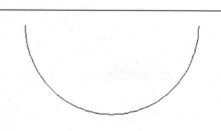

输入Y并确定　　　　　　　　　　镜像圆弧的效果

2. 镜像复制图形

镜像复制对象是以某一对称轴将源对象镜像复制到该对称轴的另一边，两个图形就像照镜子一样。例如，镜像复制圆形的具体操作如下。

Step 01 绘制一个圆和一条线段，执行"镜像（MI）"命令，然后选择圆形并确定，如左下图所示。

Step 02 在线段的左端点处指定镜像的第一个点（如右下图所示），然后在线段的右端点处指定镜像的第二个点。

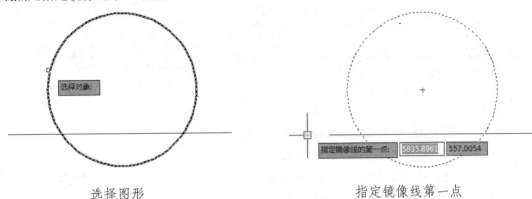

选择图形 指定镜像线第一点

Step 03 当系统提示"要删除源对象吗？[是(Y)/否(N)] <N>："时（如左下图所示），保持默认参数选项并按下空格键进行确定，镜像复制效果如右下图所示。

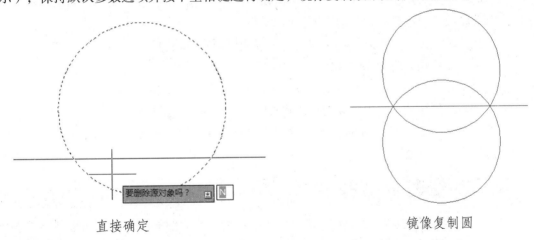

直接确定 镜像复制圆

5.3.3 创建块

在AutoCAD中，块由多个不同颜色、线型和线宽特性的对象组合而成，任意对象和对象集合都可以创建成块。

使用BLOCK命令可将这些单独的对象组合在一起，储存在当前图形文件内部，用户可以对其进行移动、复制、缩放或旋转等操作。在绘制出需要创建的图形后，可以通过如下3种方法启动定义内部图块命令。

⚛ 选择"绘图"|"块"|"创建"命令。

⚛ 单击"块"面板中的"创建"按钮🗋，如左下图所示。

⚛ 输入BLOCK（简化命令B）命令并确定。

执行"BLOCK（B）"命令后，将打开"块定义"对话框，在该对话框中可进行定义内部块操作，如右下图所示。

单击"创建"按钮　　　　　　　　　　　　　"块定义"对话框

在"块定义"对话框中，常用选项的作用如下。

❀ 名称：在该文本框中输入将要定义的图块名。

❀ 拾取点：在绘图区中拾取一点作为图块的插入基点。

❀ X、Y、Z：通过输入坐标值的方式确定图块的插入基点。在X、Y、Z文本框中输入坐标值，可实现精确定位图块的插入基点。

❀ 选择对象：选取组成块的实体。

❀ 保留：创建块以后，将选定对象保留在图形中。用户选择此方式可以对各实体进行单独编辑、修改，而不会影响其他实体。

❀ 转换为块：创建块以后，将选定对象转换成图形中的块引用。

❀ 删除：生成块后将删除源实体。

❀ 块单位：从AutoCAD设计中心拖动块时，指定用以缩放块的单位。

❀ 按统一比例缩放：选中该复选框，将按统一的比例对块进行缩放。

❀ 允许分解：选中该复选框，可以对创建的块进行分解；如果取消选择该复选框，将不能对创建的块进行分解。

5.4　设计理论深化

本章主要学习了建筑平面图的绘制，下面将对建筑平面图的设计内容和绘制要求进行介绍，从而让大家深入了解建筑平面图的绘制方法。

5.4.1　建筑平面图的设计内容

建筑平面图一般由墙体、柱、门、窗、楼梯、阳台、室内布置、尺寸标注、轴线和说明文字等辅助元素组成，建筑平面图的基本内容如下。

（1）表明建筑物形状、内部以及朝向等，包括建筑物的平面形状，各种房间的布置及相互关系、入口、走道、楼梯的位置等。由外围看可以知道建筑的外形、总长、总宽以及面积，往内看可以看到内墙布置、楼梯间、卫生间、房间名称等。

（2）从平面图上还可以了解到开间尺寸、门窗位置、室内地面标高、门窗型号尺寸以及标明所用详图的符号等。

（3）标明建筑物的结构形式、主要建筑材料，并综合反映其他各工种对建筑材料的要求。

（4）底层平面图中还应标注出室外台阶、散水等尺寸，建筑剖面图的剖切位置及剖面图的编号。在平面图中如果某个部位需要另见详图，需要用详图索引符号注明要画详图的位置、详图的编号及详图所在图纸的编号。平面图中各房间的用途也应用文字标出。

5.4.2 建筑平面图的绘制要求

在绘制建筑平面图的过程中，为避免出现常识性的错误，用户应该了解建筑平面图的绘制要求。建筑平面图的绘制要求如下。

（1）设置绘制比例

根据建筑物的大小及图纸表达的要求，可以选用不同的比例。平面图常用1:50、1:100、1:200的比例绘制，由于比例较小，所以门窗及细部构件均按规定的图例绘制。

（2）确定轴线

凡是承重墙、柱子、梁等主要承重构件都应画出轴线来确定其位置。一般将承重墙、柱子及外墙设为主轴线，而将非承重墙等设为附加轴线。横向的称为开间，纵向的定为进深。两根轴线之间的附加轴线，应该以分母表示前一轴线的编号，分子表示附加轴线的编号。横向编号应该用阿拉伯数字，从左至右顺次编写；竖向编号使用大写的拉丁字母，自下而上依次编写。另外需要注意的是，字母I、O、Z不能作为轴线编号，以免它们与数字1、0、2混淆。

（3）设定线型

平面图中的线型应粗细分明，凡被剖切到的墙、柱断面轮廓线用粗实线画出，没有剖切到的可见轮廓线（如门、窗台、楼梯、卫生设施、家具等）用中实线或细实线画出。尺寸线、尺寸界线、索引符号、标高符号等用细实线画出，轴线用细点划线画出。

（4）图例

一般来说，平面图所有的构件都应该根据国家《建筑制图标准》规定的图例来绘制。

（5）尺寸标注

建筑平面图上所注尺寸以毫米为单位，标高以米为单位。平面图上标注的尺寸有外部尺寸和内部尺寸两种。外部应该标注三道尺寸，最外面一道尺寸是标注房屋的总尺寸，中间一道是标注开间和进深的轴线尺寸，最里面一道是标注外墙门窗洞口等的尺寸；内部尺寸应标注房屋内墙门窗洞、墙厚以及与轴线的关系、门垛等细部尺寸。

（6）详图索引符号

在平面图中如果某个部位需要附加详图，则要用详图索引符号注明要画详图的位置、详图的编号及详图所在图纸的编号。

Chapter 第06章

绘制建筑立面图

课前导读

建筑立面图主要用来表达建筑物的外形艺术效果,在施工图中,它主要反映房屋的外貌和立面装修的做法。

本章主要讲解住宅楼立面图的绘制方法。首先学习建筑立面图的基本知识和设计要点,然后根据建筑设计流程绘制立面图中的各个元素。

本章学习要点

❀ 建筑立面图基础
❀ 绘制住宅楼立面图
❀ AutoCAD技术库

精彩效果赏析

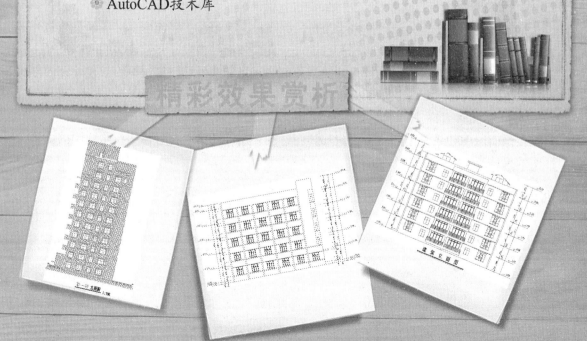

6.1 建筑立面图基础

在绘制建筑立面图之前，首先需要了解建筑立面图的一些基本知识，如建筑立面图的概念、建筑立面图的识图基础和建筑立面图的绘制流程等。

6.1.1 建筑立面图的概念

建筑立面图是按正投影法在与房屋立面平行的投影面上所作的投影图，即房屋某个方向外形的正投影图（视图）。建筑立面图应包括投影方向可见的建筑外轮廓线和墙面线脚、结构配件、外墙面及必要的尺寸与标高等，下图所示是宿舍楼立面图的效果。

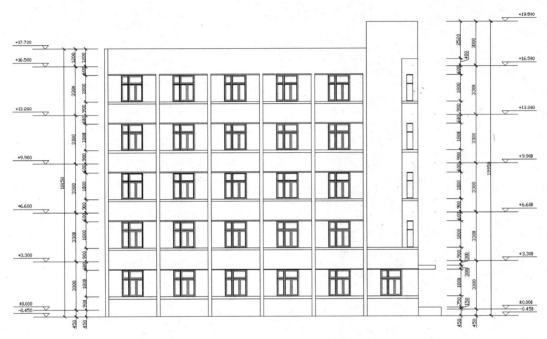

宿舍楼立面图

6.1.2 建筑立面图的识图基础

建筑立面图是房屋的外形图，主要用来表现建筑物立面处理方式、各类门窗的位置、形式及外墙面各种粉刷的做法等。

用户可以通过以下几个方面进行建筑立面图的识读。

（1）看图名、比例，并对照平面图弄清立面图是房屋的哪一个方向的立面。

（2）看立面的分割方式。

（3）查看门窗设置及形式。

（4）查看粉刷类型及做法。立面中粉刷做法可从文字注解中看出，凡突出的套房、屋间腰线均用白色瓷片贴面，窗间墙则采用浅绿色水刷石粉面等。

（5）查看立面尺寸。立面中尺寸主要用来说明粉刷面积和少量其他尺寸，而屋顶、檐口、雨篷及窗台等重要表面则用标高表示。

（6）识读立面图时要对照平面图、剖面图及详图。

6.1.3 建筑立面图的分类

对建筑立面图进行不同的分类，可以得到不同的命名方式，用户可以通过以下几种方式对建筑立面图进行分类。

（1）按照建筑的朝向来命名，如南立面图、北立面图、东立面图、西立面图。

（2）按照立面图中的轴线编号来命名，如①～⑩立面图、Ⓐ～Ⓕ立面图，如左下图所示。

（3）按照建筑立面的主次（建筑主要出入口所在的墙面为正面）来命名，如正立面图、北立面图、左侧立面图、右侧立面图，如右下图所示。

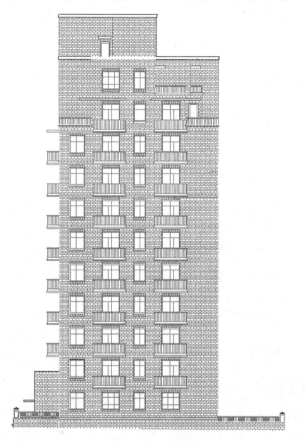

①—⑭ 立面图 1:100

按轴线编号命名

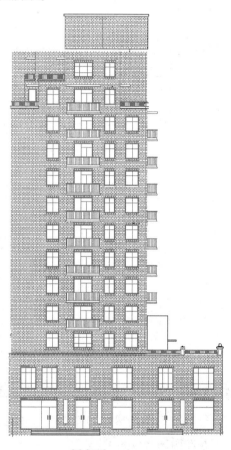

侧立面 1:100

按照建筑立面的主次命名

6.1.4 建筑立面图的绘制流程

在一般情况下，用户可以参照以下几个流程进行建筑立面图的绘制。

（1）设置绘图环境。

（2）绘制墙体。

（3）绘制门窗。

（4）绘制建筑物的其他构件立面。

（5）创建标高、尺寸标注及文字标注。

6.2 绘制住宅楼立面图

案例效果

源文件路径：
光盘\源文件\第6章

素材路径：
光盘\素材\第6章

教学视频路径：
光盘\教学视频\第6章

制作时间：
55分钟

建筑立面图

设计与制作思路

　　在创建住宅楼立面图的过程中，首先参照建筑平面图确定立面图的墙线，然后绘制门窗立面，并对其进行复制和阵列，接下来绘制阳台立面和屋顶立面，最后对图形进行标注即可。

6.2.1 绘制建筑墙体

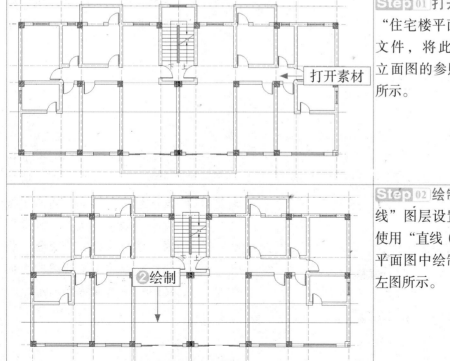

Step 01 打开素材图形打开"住宅楼平面图.dwg"素材文件，将此作为绘制建筑立面图的参照对象，如左图所示。

Step 02 绘制线段❶将"墙线"图层设置为当前层。❷使用"直线（L）"命令，在平面图中绘制一条直线，如左图所示。

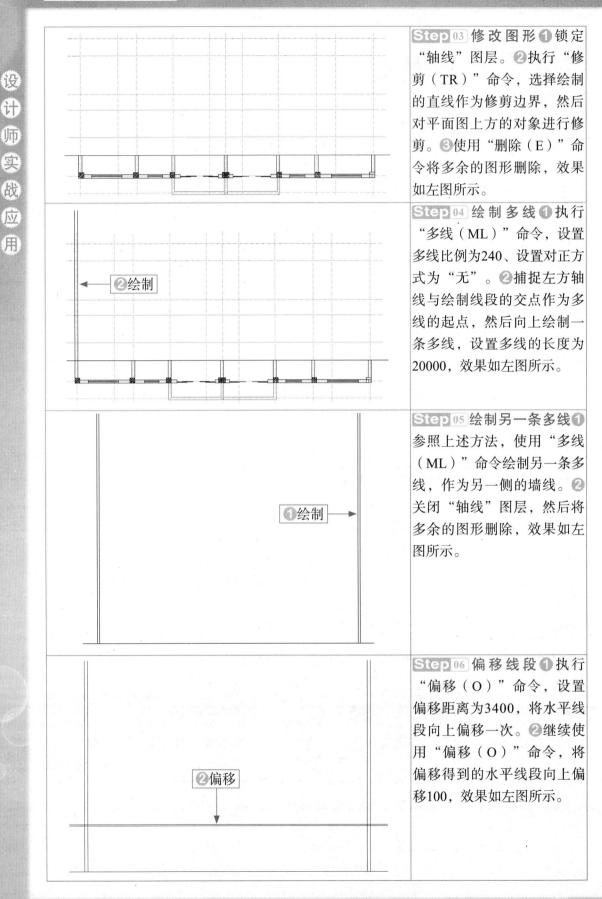

Step 03 修改图形❶锁定"轴线"图层。❷执行"修剪（TR）"命令，选择绘制的直线作为修剪边界，然后对平面图上方的对象进行修剪。❸使用"删除（E）"命令将多余的图形删除，效果如左图所示。

Step 04 绘制多线❶执行"多线（ML）"命令，设置多线比例为240、设置对正方式为"无"。❷捕捉左方轴线与绘制线段的交点作为多线的起点，然后向上绘制一条多线，设置多线的长度为20000，效果如左图所示。

Step 05 绘制另一条多线❶参照上述方法，使用"多线（ML）"命令绘制另一条多线，作为另一侧的墙线。❷关闭"轴线"图层，然后将多余的图形删除，效果如左图所示。

Step 06 偏移线段❶执行"偏移（O）"命令，设置偏移距离为3400，将水平线段向上偏移一次。❷继续使用"偏移（O）"命令，将偏移得到的水平线段向上偏移100，效果如左图所示。

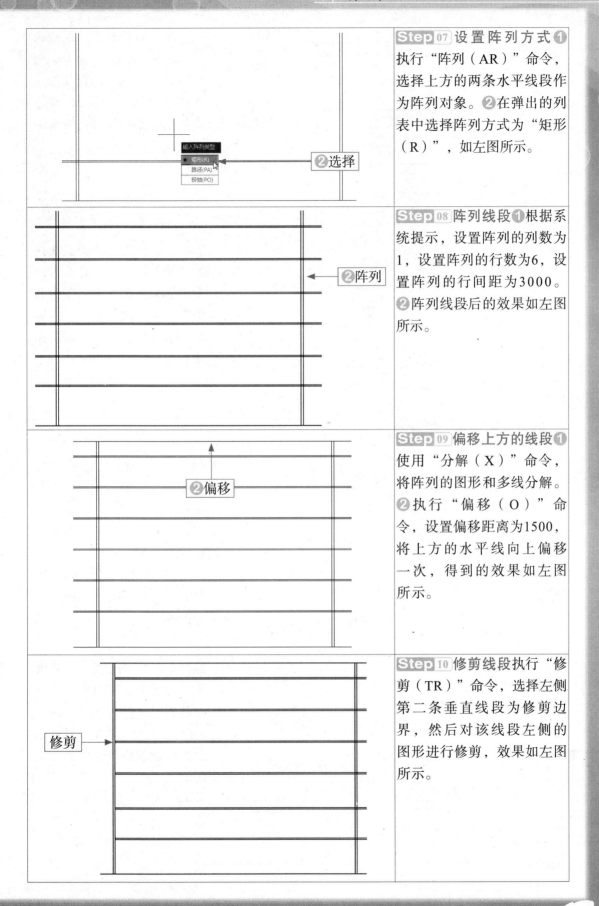

Step 07 设置阵列方式❶执行"阵列（AR）"命令，选择上方的两条水平线段作为阵列对象。❷在弹出的列表中选择阵列方式为"矩形（R）"，如左图所示。

Step 08 阵列线段❶根据系统提示，设置阵列的列数为1，设置阵列的行数为6，设置阵列的行间距为3000。❷阵列线段后的效果如左图所示。

Step 09 偏移上方的线段❶使用"分解（X）"命令，将阵列的图形和多线分解。❷执行"偏移（O）"命令，设置偏移距离为1500，将上方的水平线向上偏移一次，得到的效果如左图所示。

Step 10 修剪线段执行"修剪（TR）"命令，选择左侧第二条垂直线段为修剪边界，然后对该线段左侧的图形进行修剪，效果如左图所示。

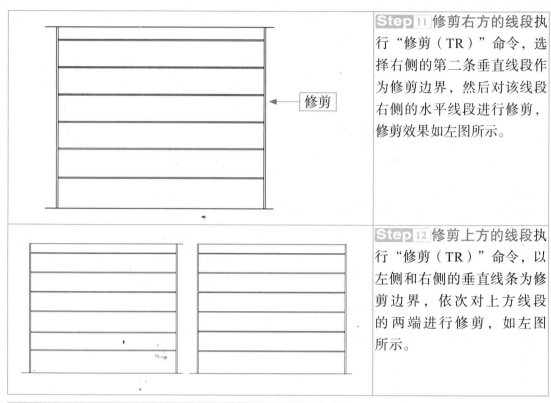

Step 11 修剪右方的线段执行"修剪（TR）"命令，选择右侧的第二条垂直线段作为修剪边界，然后对该线段右侧的水平线段进行修剪，修剪效果如左图所示。

Step 12 修剪上方的线段执行"修剪（TR）"命令，以左侧和右侧的垂直线条为修剪边界，依次对上方线段的两端进行修剪，如左图所示。

6.2.2 绘制门窗立面

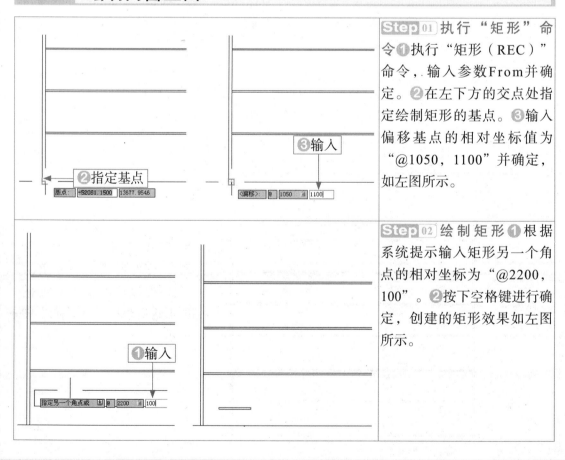

Step 01 执行"矩形"命令①执行"矩形（REC）"命令，输入参数From并确定。②在左下方的交点处指定绘制矩形的基点。③输入偏移基点的相对坐标值为"@1050，1100"并确定，如左图所示。

Step 02 绘制矩形①根据系统提示输入矩形另一个角点的相对坐标为"@2200，100"。②按下空格键进行确定，创建的矩形效果如左图所示。

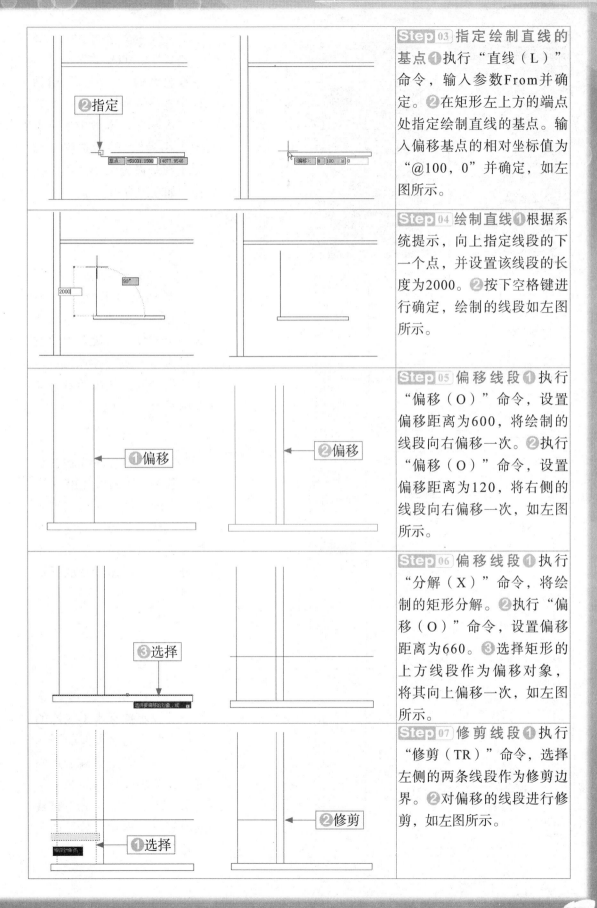

Step 03 指定绘制直线的基点❶执行"直线（L）"命令，输入参数From并确定。❷在矩形左上方的端点处指定绘制直线的基点。输入偏移基点的相对坐标值为"@100，0"并确定，如左图所示。

Step 04 绘制直线❶根据系统提示，向上指定线段的下一个点，并设置该线段的长度为2000。❷按下空格键进行确定，绘制的线段如左图所示。

Step 05 偏移线段❶执行"偏移（O）"命令，设置偏移距离为600，将绘制的线段向右偏移一次。❷执行"偏移（O）"命令，设置偏移距离为120，将右侧的线段向右偏移一次，如左图所示。

Step 06 偏移线段❶执行"分解（X）"命令，将绘制的矩形分解。❷执行"偏移（O）"命令，设置偏移距离为660。❸选择矩形的上方线段作为偏移对象，将其向上偏移一次，如左图所示。

Step 07 修剪线段❶执行"修剪（TR）"命令，选择左侧的两条线段作为修剪边界。❷对偏移的线段进行修剪，如左图所示。

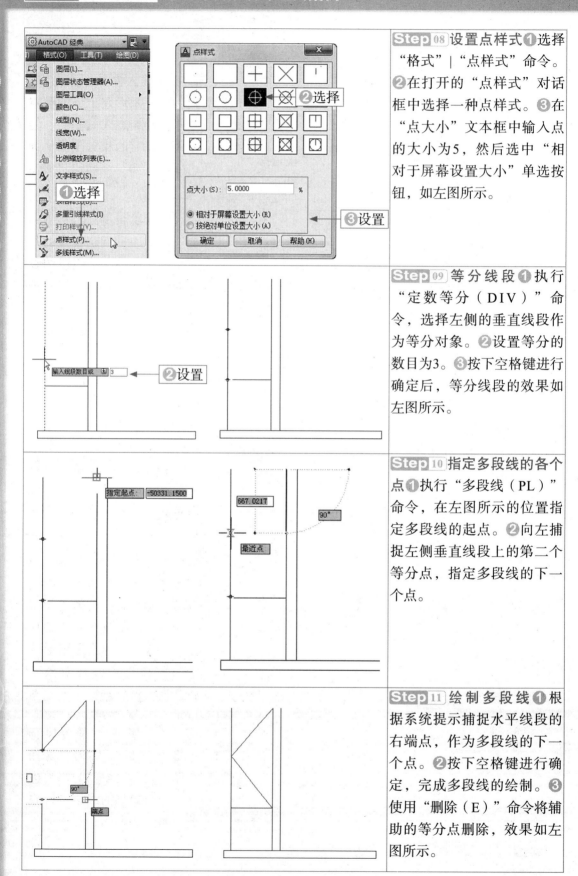

Step 08 设置点样式 ❶选择"格式"|"点样式"命令。❷在打开的"点样式"对话框中选择一种点样式。❸在"点大小"文本框中输入点的大小为5，然后选中"相对于屏幕设置大小"单选按钮，如左图所示。

Step 09 等分线段 ❶执行"定数等分（DIV）"命令，选择左侧的垂直线段作为等分对象。❷设置等分的数目为3。❸按下空格键进行确定后，等分线段的效果如左图所示。

Step 10 指定多段线的各个点 ❶执行"多段线（PL）"命令，在左图所示的位置指定多段线的起点。❷向左捕捉左侧垂直线段上的第二个等分点，指定多段线的下一个点。

Step 11 绘制多段线 ❶根据系统提示捕捉水平线段的右端点，作为多段线的下一个点。❷按下空格键进行确定，完成多段线的绘制。❸使用"删除（E）"命令将辅助的等分点删除，效果如左图所示。

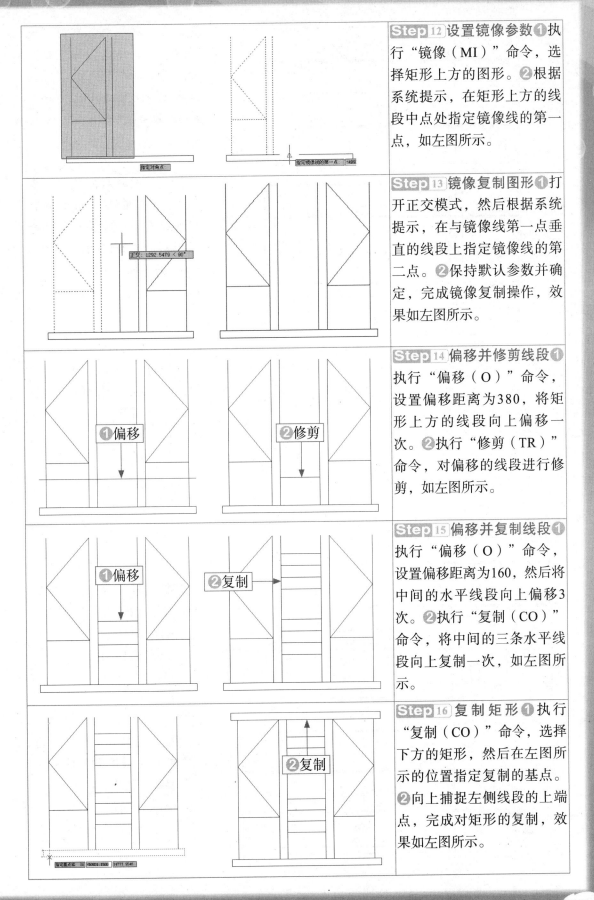

Step 12 设置镜像参数❶执行"镜像（MI）"命令，选择矩形上方的图形。❷根据系统提示，在矩形上方的线段中点处指定镜像线的第一点，如左图所示。

Step 13 镜像复制图形❶打开正交模式，然后根据系统提示，在与镜像线第一点垂直的线段上指定镜像线的第二点。❷保持默认参数并确定，完成镜像复制操作，效果如左图所示。

Step 14 偏移并修剪线段❶执行"偏移（O）"命令，设置偏移距离为380，将矩形上方的线段向上偏移一次。❷执行"修剪（TR）"命令，对偏移的线段进行修剪，如左图所示。

Step 15 偏移并复制线段❶执行"偏移（O）"命令，设置偏移距离为160，然后将中间的水平线段向上偏移3次。❷执行"复制（CO）"命令，将中间的三条水平线段向上复制一次，如左图所示。

Step 16 复制矩形❶执行"复制（CO）"命令，选择下方的矩形，然后在左图所示的位置指定复制的基点。❷向上捕捉左侧线段的上端点，完成对矩形的复制，效果如左图所示。

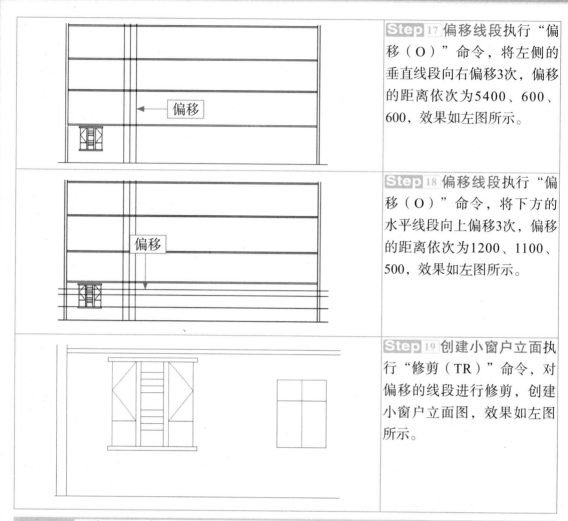

Step 17 偏移线段执行"偏移（O）"命令，将左侧的垂直线段向右偏移3次，偏移的距离依次为5400、600、600，效果如左图所示。

Step 18 偏移线段执行"偏移（O）"命令，将下方的水平线段向上偏移3次，偏移的距离依次为1200、1100、500，效果如左图所示。

Step 19 创建小窗户立面执行"修剪（TR）"命令，对偏移的线段进行修剪，创建小窗户立面图，效果如左图所示。

6.2.3 绘制阳台立面

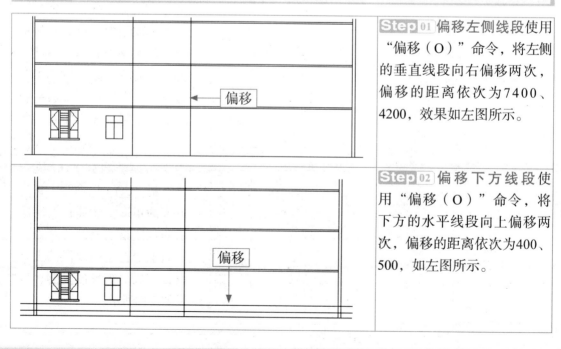

Step 01 偏移左侧线段使用"偏移（O）"命令，将左侧的垂直线段向右偏移两次，偏移的距离依次为7400、4200，效果如左图所示。

Step 02 偏移下方线段使用"偏移（O）"命令，将下方的水平线段向上偏移两次，偏移的距离依次为400、500，如左图所示。

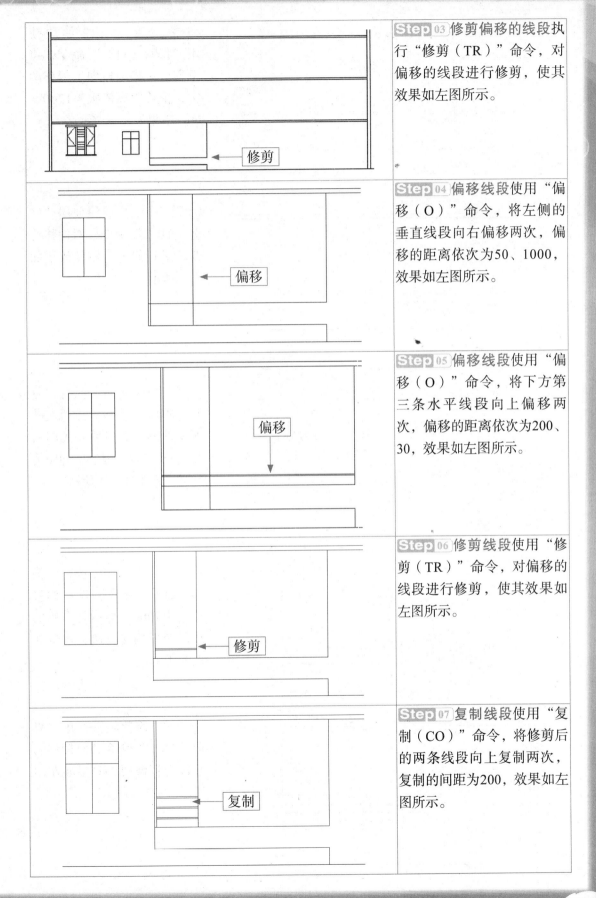

Step 03 修剪偏移的线段执行"修剪（TR）"命令，对偏移的线段进行修剪，使其效果如左图所示。

Step 04 偏移线段使用"偏移（O）"命令，将左侧的垂直线段向右偏移两次，偏移的距离依次为50、1000，效果如左图所示。

Step 05 偏移线段使用"偏移（O）"命令，将下方第三条水平线段向上偏移两次，偏移的距离依次为200、30，效果如左图所示。

Step 06 修剪线段使用"修剪（TR）"命令，对偏移的线段进行修剪，使其效果如左图所示。

Step 07 复制线段使用"复制（CO）"命令，将修剪后的两条线段向上复制两次，复制的间距为200，效果如左图所示。

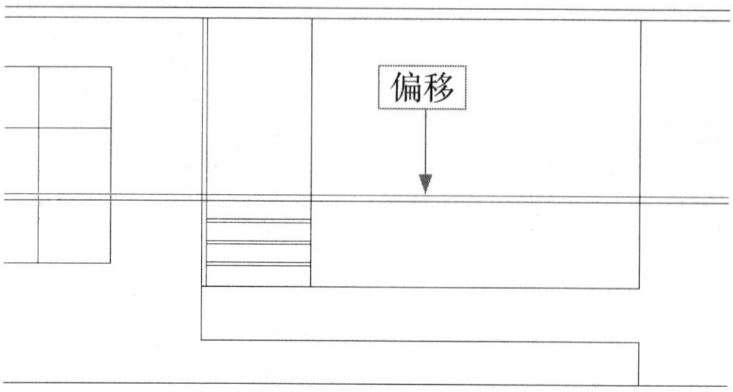

偏移

Step 08 偏移下方线段使用"偏移（O）"命令，将下方的水平线段向上偏移两次，偏移距离依次为1700、60，效果如左图所示。

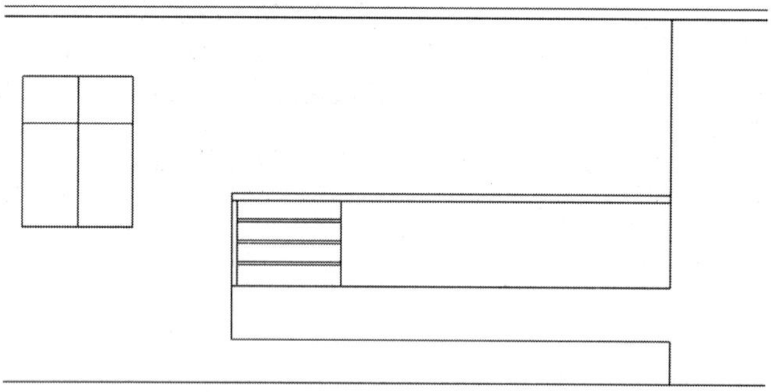

Step 09 修剪线段使用"修剪（TR）"命令，对偏移的线段进行修剪，使其效果如左图所示。

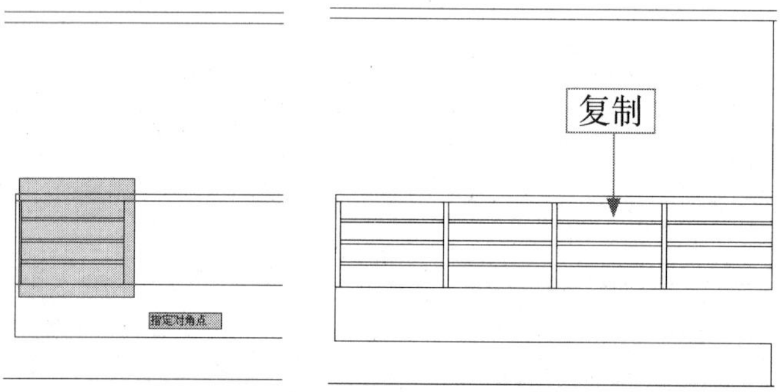

复制

指定对角点

Step 10 复制图形执行"复制（CO）"命令，选择左图所示的图形，然后将其向右复制3次，设置复制的间距为1050，效果如左图所示。

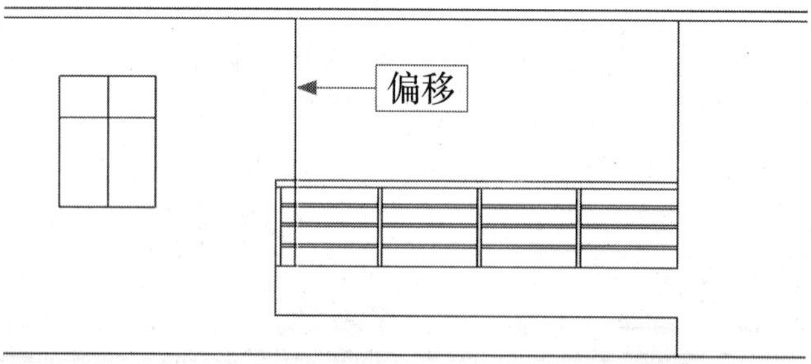

偏移

Step 11 偏移线段执行"偏移（O）"命令，设置偏移距离为4000，然后将右侧的线段向左偏移一次，效果如左图所示。

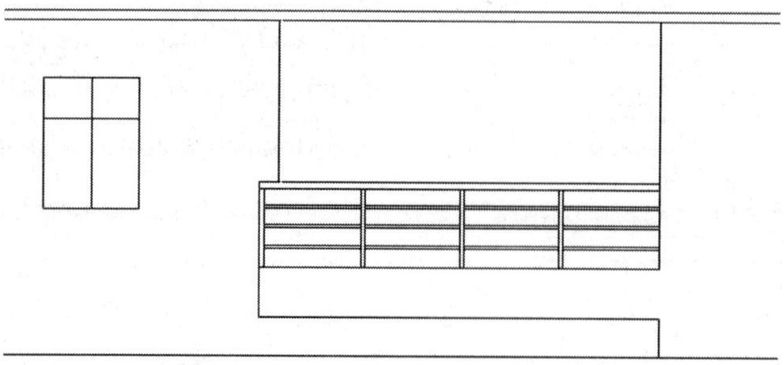

Step 12 修剪线段使用"修剪（TR）"命令，对偏移的线段进行修剪，效果如左图所示。

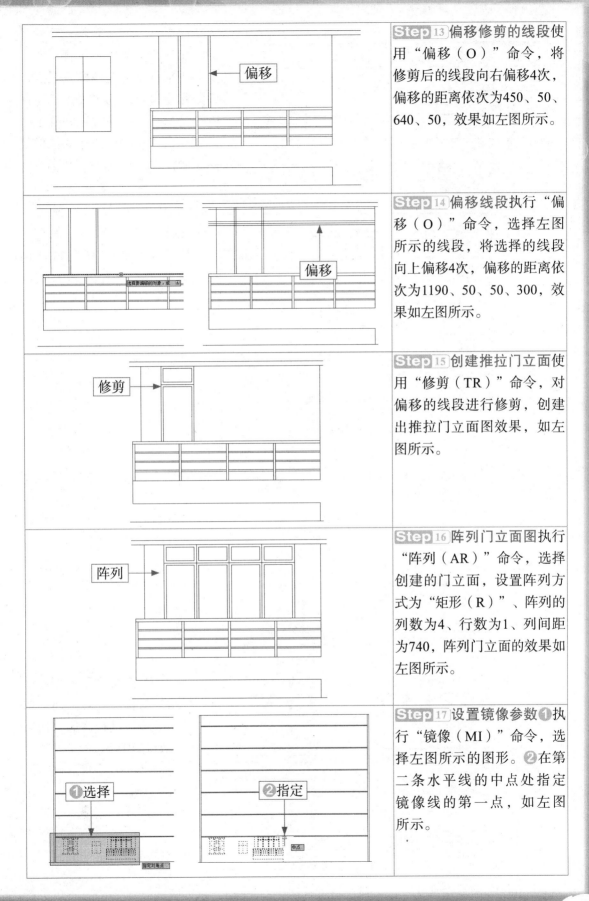

Step 13 偏移修剪的线段使用"偏移（O）"命令，将修剪后的线段向右偏移4次，偏移的距离依次为450、50、640、50，效果如左图所示。

Step 14 偏移线段执行"偏移（O）"命令，选择左图所示的线段，将选择的线段向上偏移4次，偏移的距离依次为1190、50、50、300，效果如左图所示。

Step 15 创建推拉门立面使用"修剪（TR）"命令，对偏移的线段进行修剪，创建出推拉门立面图效果，如左图所示。

Step 16 阵列门立面图执行"阵列（AR）"命令，选择创建的门立面，设置阵列方式为"矩形（R）"、阵列的列数为4、行数为1、列间距为740，阵列门立面的效果如左图所示。

Step 17 设置镜像参数❶执行"镜像（MI）"命令，选择左图所示的图形。❷在第二条水平线的中点处指定镜像线的第一点，如左图所示。

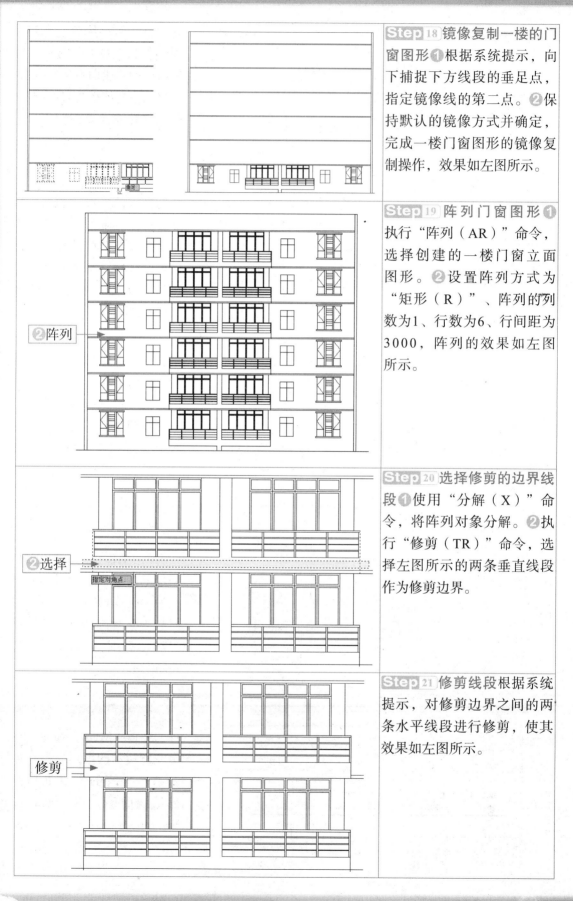

②阵列

②选择

指定对角点

修剪

Step 18 镜像复制一楼的门窗图形①根据系统提示，向下捕捉下方线段的垂足点，指定镜像线的第二点。②保持默认的镜像方式并确定，完成一楼门窗图形的镜像复制操作，效果如左图所示。

Step 19 阵列门窗图形①执行"阵列（AR）"命令，选择创建的一楼门窗立面图形。②设置阵列方式为"矩形（R）"、阵列的列数为1、行数为6、行间距为3000，阵列的效果如左图所示。

Step 20 选择修剪的边界线段①使用"分解（X）"命令，将阵列对象分解。②执行"修剪（TR）"命令，选择左图所示的两条垂直线段作为修剪边界。

Step 21 修剪线段根据系统提示，对修剪边界之间的两条水平线段进行修剪，使其效果如左图所示。

修剪图形

Step22 修剪图形参照上述的方法，使用"修剪（TR）"命令对其他对应的线段进行修剪，效果如左图所示。

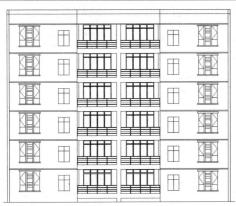

Step23 偏移线段①使用"偏移（O）"命令，将左侧的垂直线段向右偏移两次，偏移距离依次为7400、8800。②使用"偏移（O）"命令，将上方的水平线段向下偏移400，得到的效果如左图所示。

修剪图形

Step24 修剪图形执行"修剪（TR）"命令，选择偏移的线段作为修剪边界，然后对其进行修剪，完成立面阳台的绘制，效果如左图所示。

6.2.4 绘制屋顶立面

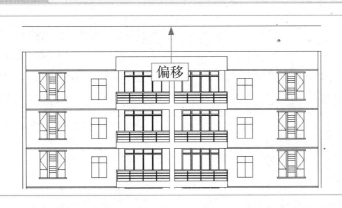

偏移

Step01 偏移线段执行"偏移（O）"命令，设置偏移距离为1950，然后将上方的水平线段向上偏移一次，效果如左图所示。

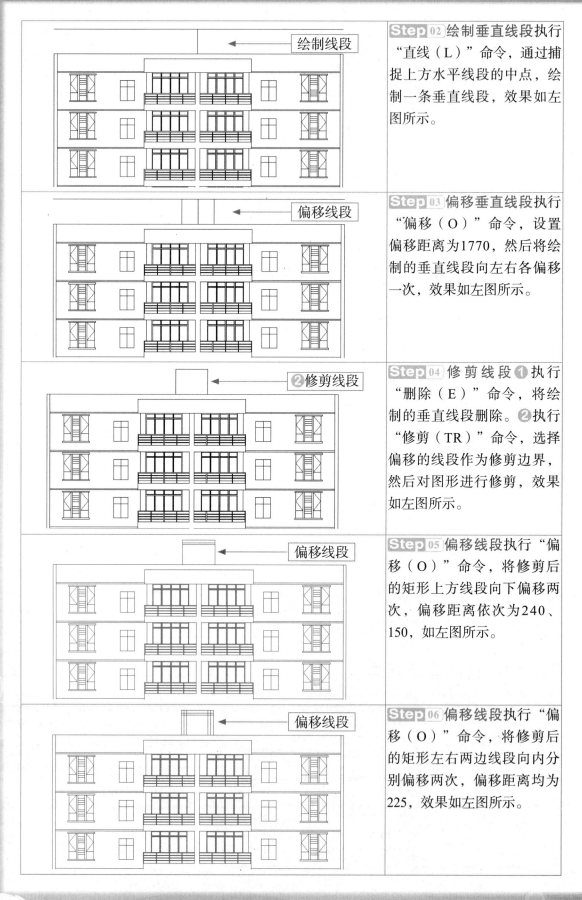

绘制线段 ←

偏移线段 ←

❷修剪线段 ←

偏移线段 ←

偏移线段 ←

Step 02 绘制垂直线段执行"直线（L）"命令，通过捕捉上方水平线段的中点，绘制一条垂直线段，效果如左图所示。

Step 03 偏移垂直线段执行"偏移（O）"命令，设置偏移距离为1770，然后将绘制的垂直线段向左右各偏移一次，效果如左图所示。

Step 04 修剪线段❶执行"删除（E）"命令，将绘制的垂直线段删除。❷执行"修剪（TR）"命令，选择偏移的线段作为修剪边界，然后对图形进行修剪，效果如左图所示。

Step 05 偏移线段执行"偏移（O）"命令，将修剪后的矩形上方线段向下偏移两次，偏移距离依次为240、150，如左图所示。

Step 06 偏移线段执行"偏移（O）"命令，将修剪后的矩形左右两边线段向内分别偏移两次，偏移距离均为225，效果如左图所示。

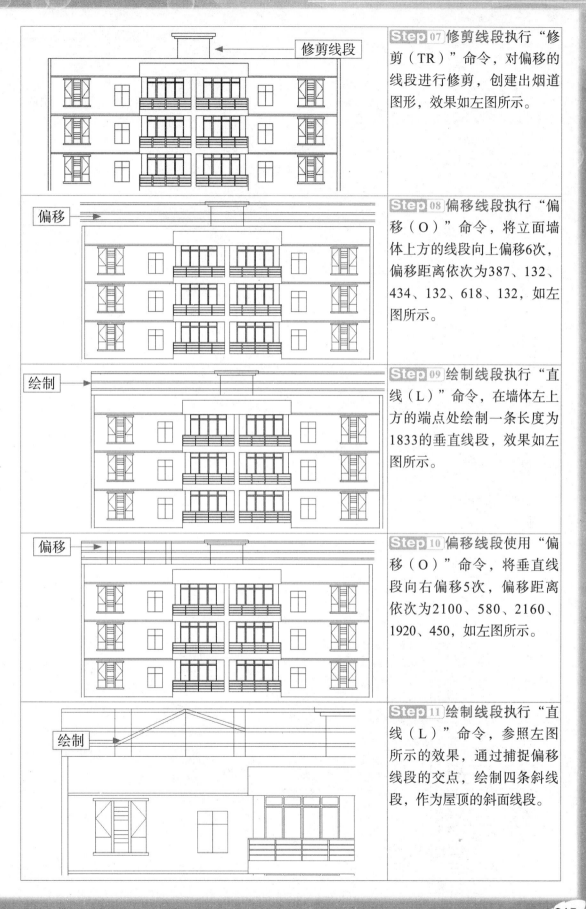

Step 07 修剪线段执行"修剪（TR）"命令，对偏移的线段进行修剪，创建出烟道图形，效果如左图所示。

Step 08 偏移线段执行"偏移（O）"命令，将立面墙体上方的线段向上偏移6次，偏移距离依次为387、132、434、132、618、132，如左图所示。

Step 09 绘制线段执行"直线（L）"命令，在墙体左上方的端点处绘制一条长度为1833的垂直线段，效果如左图所示。

Step 10 偏移线段使用"偏移（O）"命令，将垂直线段向右偏移5次，偏移距离依次为2100、580、2160、1920、450，如左图所示。

Step 11 绘制线段执行"直线（L）"命令，参照左图所示的效果，通过捕捉偏移线段的交点，绘制四条斜线段，作为屋顶的斜面线段。

Step 12 修剪和删除线段❶ 执行"修剪（TR）"命令，参照左图所示的效果，对图形进行修剪。❷使用"删除（E）"命令，将多余的图形删除。

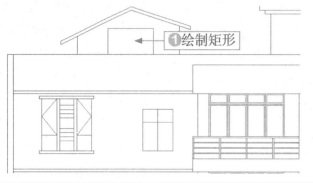

❶绘制矩形

Step 13 绘制矩形❶执行"矩形（REC）"命令，绘制一个长为1800、宽为1000的矩形。❷参照左图所示的效果，适当调整矩形的位置。

绘制线段

Step 14 绘制线段执行"直线（L）"命令，通过捕捉矩形水平线段的中点，绘制一条垂直线段，效果如左图所示。

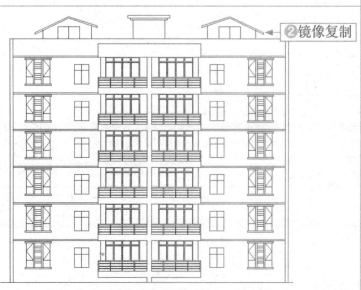

❷镜像复制

Step 15 镜像复制图形❶执行"镜像（MI）"命令，选择左侧的屋顶立面图形。❷在立面墙水平线段的中点处指定镜像线的第一个镜像点和第二个镜像点，对图形进行镜像复制，完成屋顶立面图的绘制，效果如左图所示。

6.2.5 标注建筑立面图

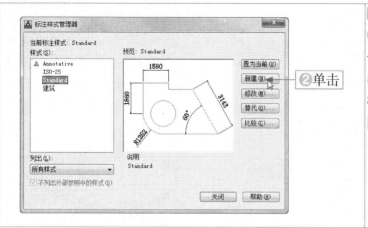

Step 01 单击"新建"按钮 ❶执行"标注样式（D）"命令，打开"标注样式管理器"对话框。❷单击该对话框中的"新建"按钮，如左图所示。

Step 02 创建新标注样式 ❶在打开的"创建新标注样式"对话框中输入样式名"建筑"。❷单击"继续"按钮，如左图所示。

Step 03 设置尺寸线参数❶在打开的"新建标注样式"对话框中选择"线"选项卡。❷设置尺寸界线"超出尺寸线"的值为100、"起点偏移量"的值为100，如左图所示。

Step 04 设置符号和箭头 ❶选择"符号和箭头"选项卡。❷设置箭头为"建筑标记"，设置"箭头大小"为100，如左图所示。

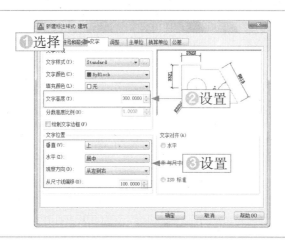

Step 05 设置文字参数❶选择"文字"选项卡。❷设置"文字高度"为300。❸设置文字的垂直对齐方式为"上",设置"从尺寸线偏移"的值为100,如左图所示。

Step 06 设置标注的精度❶选择"主单位"选项卡。❷设置"精度"值为0。❸单击"确定"按钮进行确定,如左图所示。❹关闭"标注样式管理器"对话框。

Step 07 标注图形尺寸❶将"标注"图层设置为当前层。❷使用"线性(DLI)"命令对图形左侧的尺寸进行标注。❸使用"连续(DCO)"命令对图形进行连续标注,效果如左图所示。

操作技巧

在对立面图进行尺寸标注时,尺寸界线的起点位置可能不会处在同一条直线上,为了使标注效果更好看,用户可以绘制一条辅助线,然后参照辅助线对尺寸界线的起点进行调整。

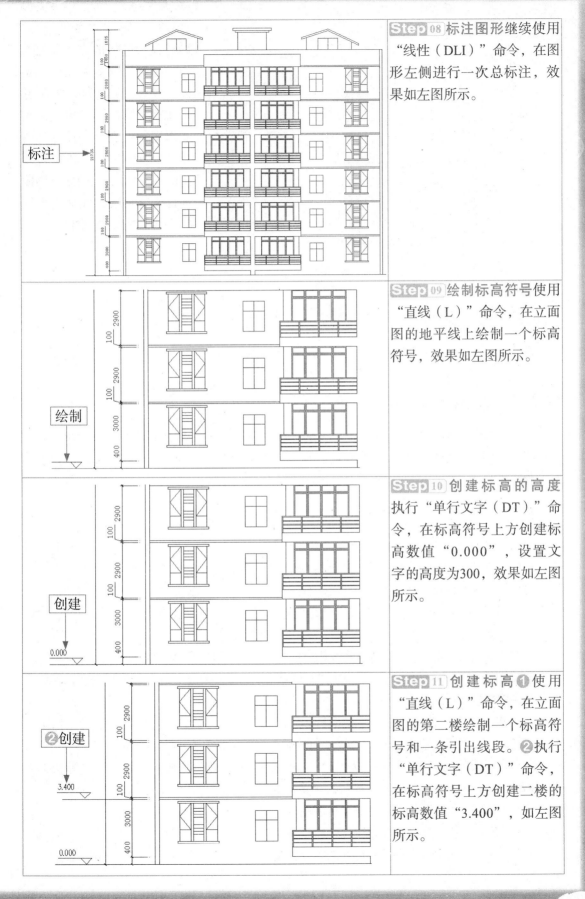

Step 08 标注图形继续使用"线性（DLI）"命令，在图形左侧进行一次总标注，效果如左图所示。

Step 09 绘制标高符号使用"直线（L）"命令，在立面图的地平线上绘制一个标高符号，效果如左图所示。

Step 10 创建标高的高度执行"单行文字（DT）"命令，在标高符号上方创建标高数值"0.000"，设置文字的高度为300，效果如左图所示。

Step 11 创建标高❶使用"直线（L）"命令，在立面图的第二楼绘制一个标高符号和一条引出线段。❷执行"单行文字（DT）"命令，在标高符号上方创建二楼的标高数值"3.400"，如左图所示。

建 筑 正 立 面 图

Step 12 完成立面图的绘制①使用同样的方法创建其他的标高图形。②使用"镜像（MI）"命令，将尺寸标注和标高图形镜像复制到立面图的右侧。③使用"多行文字（MT）"和"直线（L）"命令，对建筑立面图进行文字标注，完成立面图的绘制，效果如左图所示。

6.3 AutoCAD技术库

在本章案例的制作过程中，运用了许多绘图和修改命令，下面将对部分重要的绘图和修改命令进行深入学习。

6.3.1 应用"多线"命令

执行"多线（MLINE）"命令，可以绘制多条相互平行的线。在绘制多线的过程中，可以将每条线的颜色和线型设置为相同，也可以将其设置为不同；其线宽、偏移、比例、样式和端头交接方式，可以使用MLINE和MLSTYLE命令控制。

1. 绘制多线

使用MLINE（简化命令ML）命令可以绘制由直线段组成的平行多线，但不能绘制弧形的平行线。使用MLINE（ML）命令绘制的平行线，可以用"分解（EXPLODE）"命令将其分解成单个独立的线段。

执行"多线"命令后，系统将提示"指定起点或 [对正(J)/比例(S)/样式(ST)]："，其中选项的含义如下。

❀ 对正（J）：该选项用于控制多线相对于用户输入端点的偏移位置。

❀ 比例（S）：该选项用于控制多线的比例。用不同的比例绘制，多线的宽度不一样，负比例将偏移顺序反转。

❀ 样式（ST）：该选项用于定义平行多线的线型。在"输入多线样式名或[?]"提示后输入已定义的线型名。输入"？"，则可列表显示当前图中已有的平行多线样式。

在绘制多线的过程中，选择"对正(J)"选项后，系统将继续提示"输入对正类型 [上(T)/无(Z)/下(B)] < >："，其中各选项的含义如下。

❀ 上（T）：多线顶端的线将随着光标进行移动。

❀ 无（Z）：多线的中心线将随着光标点移动。

❀ 下（B）：多线底端的线将随着光标点移动。

例如，绘制比例为240的折弯多线的具体操作如下。

Step 01 执行"多线（ML）"命令，输入S并确定，启用"比例(S)"选项，如左下图所示。

Step 02 输入多线的比例值（如240）并确定，如右下图所示。

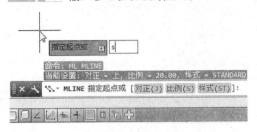

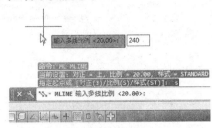

输入S并确定　　　　　　　　　　　　　输入多线的比例

Step 03 输入J并确定，启用"对正(J)"选项，如左下图所示。

Step 04 在弹出的列表中选择"无(Z)"选项，如右下图所示。

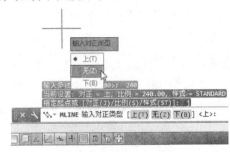

输入J并确定　　　　　　　　　　　　　选择"无(Z)"选项

Step 05 根据系统提示指定多线的起点。

Step 06 指定多线的下一点，并输入多线的长度，如左下图所示。

Step 07 继续向下指定多线的下一个点，最后按下空格键进行确定，完成多线的创建，效果如右下图所示。

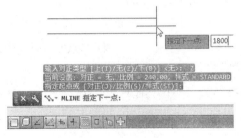

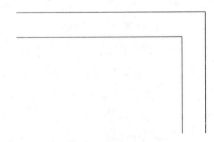

指定多线的下一个点　　　　　　　　　　创建的多线

2. 设置多线样式

执行"多线样式（MLSTYLE）"命令，在打开的"多线样式"对话框中可以控制多线的线型、颜色、线宽、偏移等特性。例如，设置不同颜色的多线样式的方法如下。

Step 01 选择"格式"|"多线样式"命令（如左下图所示），或者输入MLSTYLE命令并确定。

Step 02 在打开的"多线样式"对话框的"样式"区域中列出了目前存在的样式，在预览区域中显示了所选样式的多线效果，单击"新建"按钮可以新建一个多线样式，如右下图所示。

选择"多线样式"命令

"多线样式"对话框

Step 03 单击"新建"按钮，打开"创建新的多线样式"对话框，在"新样式"名文本框中输入新的样式名称，如左下图所示。

Step 04 单击"继续"按钮，打开"新建多线样式"对话框，在"图元"区域中选择多线中的一个对象，在"颜色"列表中设置该对象的颜色为红色，如右下图所示。

创建新的多线样式

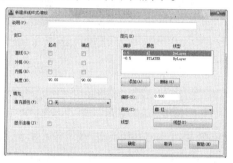

设置多线一条线的颜色

Step 05 在"图元"区域中选择多线中的另一个对象，然后在"颜色"列表中设置该对象的颜色为蓝色（如左下图所示），并进行确定。

Step 06 执行"多线（ML）"命令，输入参数ST并确定，启用"样式（ST）"选项，如右下图所示。

设置多线另一条线的颜色

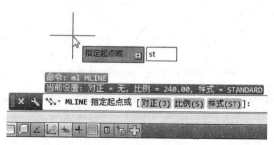

输入ST并确定

Step 07 输入刚才创建的多线样式名，作为当前使用的多线样式，如左下图所示。

Step 08 绘制一条多线，该多线两条线的颜色即可分别显示为红色和蓝色，效果如右下图所示。

输入多线样式名　　　　　　　　　　　绘制的多线效果

3. 编辑多线

在AutoCAD中，可以通过MLEDIT命令修改多线的形状。选择"修改"｜"对象"｜"多线"命令（如左下图所示），或者输入MLEDIT命令并确定，打开"多线编辑工具"对话框，在该对话框中提供了12种多线编辑工具，如右下图所示。

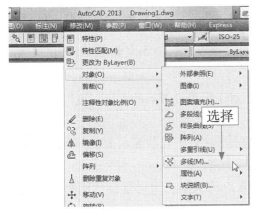

选择"多线"命令　　　　　　　　　　"多线编辑工具"对话框

例如，使用"多线编辑工具"对话框中的"T形打开"选项，对左下图所示的多线图形进行修改，可以得到右下图所示的效果。

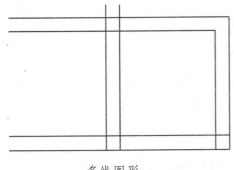

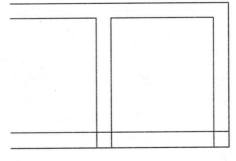

多线图形　　　　　　　　　　　　　　修改多线的效果

6.3.2　应用"点"命令

在AutoCAD中绘制点的命令，包括"点（POINT）"、"定数等分（DIVIDE）"和

"定距等分（MEASURE）"。在学习绘制点的操作之前，首先需要认识点对象。

1. 认识点对象

选择"格式"|"点样式"命令，或者输入并执行DDPTYPE命令，打开"点样式"对话框，如左下图所示。在该对话框中可以设置多种不同的点样式，包括点的大小和形状，以满足用户绘图时的不同需要，如右下图所示。对点样式进行更改后，在绘图区中的点对象也将发生相应的变化。

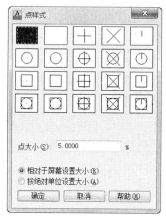

"点样式"对话框

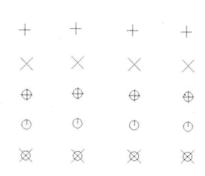

点的效果

"点样式"对话框中各选项的含义如下。

❀ 点大小：用于设置点的显示大小，可以相对于屏幕设置点的大小，也可以设置点的绝对大小。

❀ 相对于屏幕设置大小：用于按屏幕尺寸的百分比设置点的显示大小。当进行显示比例的缩放时，点的显示大小并不改变。

❀ 按绝对单位设置大小：使用实际单位设置点的大小。当进行显示比例的缩放时，AutoCAD显示的点的大小随之改变。

2. 绘制单点

在AutoCAD中，绘制点对象的操作包括绘制单点和绘制多点的操作。在AutoCAD 2013中，执行绘制单点的命令通常有如下两种方法。

❀ 选择"绘图"|"点"|"单点"命令。

❀ 输入POINT（PO）命令并确定。

执行绘制单点的命令后，系统将出现"指定点："的提示，如左下图所示。用户在绘图区中单击鼠标左键指定点的位置，当在绘图区内单击鼠标左键时，即可创建一个点。

3. 绘制多点

在AutoCAD 2013中，执行绘制多点的命令通常有如下两种方法。

❀ 选择"绘图"|"点"|"多点"命令。

❀ 在"草图与注释"工作空间中，单击"绘图"面板中的"多点"按钮▪，如右下图所示。

执行绘制多点的命令后，系统将出现"指定点："的提示，用户在绘图区中单击鼠标左键即可创建点对象。执行绘制多点的命令后，则可以在绘图区连续绘制多个点，直到按下【Esc】键才能终止操作。

单击鼠标左键指定点

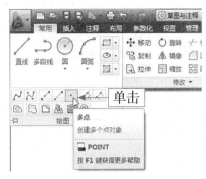

单击"多点"按钮

4. 定数等分点

使用"定数等分点（DIVIDE）"命令能够在某一图形上以等分数目创建点或插入图块，被等分的对象可以是直线、圆、圆弧、多段线等。在定数等分点的过程中，用户可以指定等分数目。

启用"定数等分"命令，通常有如下两种方法。

❀ 选择"绘图"|"点"|"定数等分"命令。

❀ 输入DIVIDE（简化命令DIV）命令并确定。

执行DIVIDE命令创建定数等分点，当系统提示"选择要定数等分的对象："时，用户需要选择要等分的对象，选择后，系统将继续提示"输入线段数目或[块(B)]："，此时输入等分的数目，然后按空格键结束操作。

例如，将圆形五等分的操作如下。

Step 01 选择"格式"|"点样式"命令，打开"点样式"对话框，在该对话框中设置点样式，如左下图所示。

Step 02 执行"定数等分（DIV）"命令，然后选择要定数等分的圆形，如右下图所示。

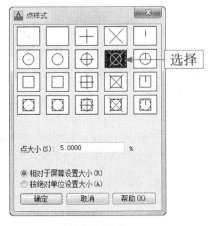

设置点样式

选择对象

Step 03 当系统提示"输入线段数目或 [块(B)]："时，输入等分对象的数量为5，如左下图所示，然后按空格键进行确定，即可将圆五等分，如右下图所示。

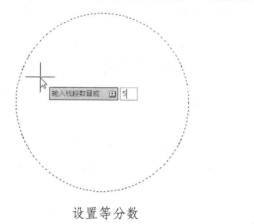

设置等分数　　　　　　　　　　　　　　　五等分圆形

5. 定距等分点

在AutoCAD中，除了可以将图形定数等分外，还可以将图形定距等分，即对一个对象以一定的距离进行划分。使用MEASURE命令，便可以在选择对象上创建指定距离的点或图块，将图形以指定的长度分段。

执行"定距等分"命令有如下两种方法。

❀ 选择"绘图"|"点"|"定距等分"命令。

❀ 输入MEASURE（简化命令ME）命令并确定。

例如，将线段按指定距离进行等分的操作如下。

Step 01 使用"直线（L）"命令绘制两条长度为150的线段，如左下图所示。

Step 02 选择"绘图"|"点"|"定距等分"命令，当系统提示"选择要定距等分的对象："时，单击选择上方线段作为要定距等分的对象，如右下图所示。

选择要定距等分的对象：

绘制线段　　　　　　　　　　　　　　　　选择上方线段

Step 03 当系统提示"指定线段长度或 [块(B)]："时，输入指定长度为50，如左下图所示。

Step 04 按空格键结束操作，等分线段的效果如右下图所示。

指定线段长度或　50

设置等分的距离　　　　　　　　　　　　　定距等分线段

6.3.3　应用"偏移"命令

使用"偏移（OFFSET）"命令可以将选定的图形对象以一定的距离增量值单方向复制一次，偏移图形的操作主要包括通过指定距离、通过指定点和通过指定图层3种方式。

执行"偏移"命令的常用方法有如下3种。

❀ 选择"修改"|"偏移"命令。

❀ 单击"修改"面板中的"偏移"按钮⬜。

❀ 输入OFFSET（简化命令O）命令并确定。

1. 按指定距离偏移对象

通过指定偏移距离偏移图形可以准确、快速地将图形偏移到需要的位置，具体的操作步骤如下。

Step 01 绘制一个半径长度为150的圆形，然后选择"修改"|"偏移"命令，输入偏移对象的距离值（如50），如左下图所示。

Step 02 选择绘制的圆形作为偏移的对象，然后在圆形内单击鼠标左键，指定偏移的方向，即可将选择的圆形向内偏移50个单位，效果如右下图所示。

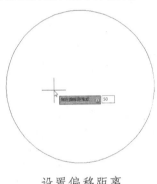

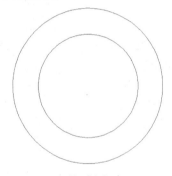

设置偏移距离　　　　　　　　　　　　　　　　　偏移圆形

2. 按指定点偏移对象

使用"通过"方式偏移图形可以将图形以通过某个点的形式进行偏移，该方式需要指定偏移对象所要通过的点，具体的操作步骤如下。

Step 01 绘制一条水平线段和一个矩形，如左下图所示。

Step 02 执行"偏移（O）"命令，当系统提示"指定偏移距离或 [通过(T)/删除(E)/图层(L)] <当前>："时，输入T并确定，启用"通过(T)"选项，如右下图所示。

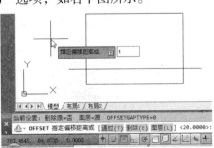

绘制图形　　　　　　　　　　　　　　　　　设置偏移方式

Step 03 选择水平线段作为偏移对象，当系统提示"指定通过点或 [退出(E)/多个(M)/放弃(U)] <退出>："时，指定偏移对象需要通过的点（如矩形的中点，如左下图所示），系统将根据指定的点偏移选择的对象，偏移效果如右下图所示。

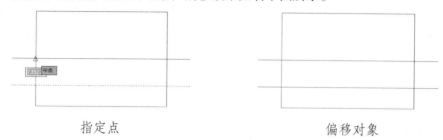

指定点   偏移对象

3. 按指定图层偏移对象

使用"图层"方式偏移图形可以将图形以指定的距离或通过指定的点进行偏移，并且偏移后的图形将存放于指定的图层中。

执行"偏移（O）"命令，当系统提示"指定偏移距离或 [通过(T)/删除(E)/图层(L)] <当前>："时，输入L并确定，即可选择"图层(L)"选项，此时系统将继续提示"输入偏移对象的图层选项 [当前(C)/源(S)] <源>："，其中各选项的含义如下。

❀ 当前：用于将偏移对象创建在当前图层上。

❀ 源：用于将偏移对象创建在源对象所在的图层上。

按指定图层偏移对象的具体操作步骤如下。

Step 01 打开本书配套光盘中的"灯具图形.dwg"素材文件，效果如左下图所示。

Step 02 执行"偏移（O）"命令，当系统提示"指定偏移距离或 [通过(T)/删除(E)/图层(L)] <当前>："时，输入L并确定，选择"图层(L)"选项，如右下图所示。

打开素材   设置偏移方式

Step 03 在弹出的列表中选择要偏移到的图层选项（如"当前(C)"选项），如左下图所示。

Step 04 设置偏移的距离（如20），再选择圆形作为偏移对象，将其向外偏移一次，偏移得到的图形将转换到当前图层中，偏移效果如右下图所示。

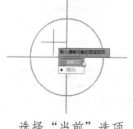

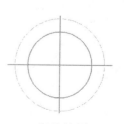

选择"当前"选项   偏移效果

6.4 设计理论深化

本章主要学习了建筑立面图的绘制和基本知识，下面将深入了解建筑立面图的基本内容和绘制要求。

6.4.1 建筑立面图的基本内容

建筑立面图一般由墙体、门、窗、阳台、尺寸标注、标高和说明文字等辅助元素组成，建筑立面图的基本内容如下。

（1）女儿墙顶、檐口、柱、变形缝、室外楼梯和消防梯、阳台、栏杆、台阶、坡道、花台、雨篷、线条、烟囱、勒脚、门窗、洞口、门斗及雨水管，其他装饰构件和粉刷分格线示意等。

（2）外墙的留洞应注尺寸与标高（宽、高、深及关系尺寸）。

（3）在平面图上表示不出的窗编号，应在立面图上标注。平/剖面图未能表示出来的屋顶、檐口、女儿墙、窗台等标高或高度，应在立面图上分别注明。

（4）各部分构造、装饰节点详图索引、用料名称或符号。

（5）建筑物两端轴线编号。

6.4.2 建筑立面图的绘制要求

在绘制建筑立面图的过程中，为避免出现常识性的错误，用户应该了解建筑立面图的绘制要求。建筑立面图的绘制要求如下。

（1）比例

立面图的绘制建立在建筑平面图的基础上，它的尺寸在宽度方向受建筑平面的约束，比例应和建筑平面图的比例一致。可以选择以1:50、1:100或1:200的比例绘制。

（2）线型

为了使立面图外形清晰、层次感强，立面图应用多种线型画出。一般立面图的外轮廓用粗实线表示；门窗洞、檐口、阳台、雨篷、台阶、花池等突出部分的轮廓用中实线表示；门窗扇及其分隔线、花格、雨水管、有关文字说明的引出线及标高等均用细实线表示；室外地坪线用加粗实线表示。

（3）尺寸标注

建筑立面图上所注尺寸以毫米为单位，标高以米为单位。

（4）详图索引

在建筑立面图中如果某个部位需要另见详图，则要用详图索引符号注明要画详图的位置、详图的编号以及详图所在图纸的编号。

课前导读

　　建筑剖面图主要用来表示房屋内部的分层、结构形式、构造方式、材料、做法、各部位间的联系及其高度等情况。

　　本章主要讲解住宅楼剖面图的绘制方法。首先学习建筑剖面图的基本知识和设计要点，然后根据建筑设计流程绘制剖面图中的各个元素。

本章学习要点

◉ 建筑剖面图基础
◉ 绘制住宅楼剖面图
◉ AutoCAD技术库

精彩效果赏析

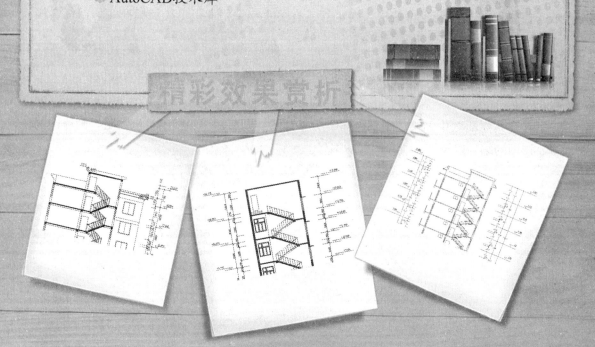

7.1　建筑剖面图基础

在绘制建筑剖面图之前，首先需要了解建筑剖面图的一些基本知识，如建筑剖面图的概念、建筑剖面图的识图基础和建筑剖面图的绘制流程等。

7.1.1　建筑剖面图的概念

建筑剖面图是房屋的垂直剖视图，也就是用一个假想的平行于正立投影面或侧立投影面的竖直剖切面剖开房屋，移去剖切平面与观察者之间的房屋，将留下的部分按剖视方向将投影面作正投影所得到的图样，如下图所示。

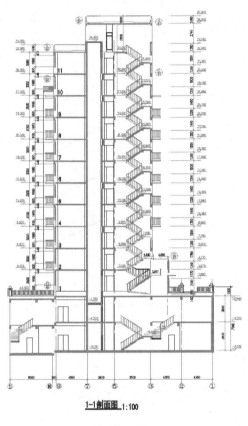

1-1剖面图 1:100

建筑剖面图

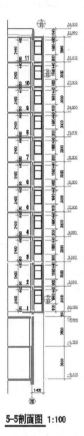

5-5剖面图 1:100

局部剖面图

在施工过程中，建筑剖面图是进行分层、砌筑内墙、铺设楼板、屋面板和楼梯、内部装修等工作的依据，与建筑平面图、立面图互相配合，表示房屋的全局，它们是房屋施工图中最基本的图样。

剖面图的数量是根据房屋的具体情况和施工实际需要而决定的。剖切面一般横向，即平行于侧面，必要时也可纵向，即平行于正面。其位置应选择在能反映出房屋内部构造比较复杂与典型的部位，并应通过门窗洞的位置。若为多层房屋，应选择在楼梯间或层高不同、层数不同的部位。

7.1.2　建筑剖面图的识图基础

建筑剖面图通常设置在房屋构造比较复杂的部位，或具有代表性的房间进行剖切。建筑剖面图的识读可分以下几个步骤进行。

（1）根据剖面图的名称，对照底层平面图，查找剖切位置线和投影方向，明确剖面图所剖切的房间或空间，如左下图所示。

（2）看清剖面图中各处所涂颜色表示的材料或构造。

（3）查看详图索引。

（4）识读竖向尺寸，剖面中层高、室内外地坪以及窗台等重要表面都应标出标高，如右下图所示。

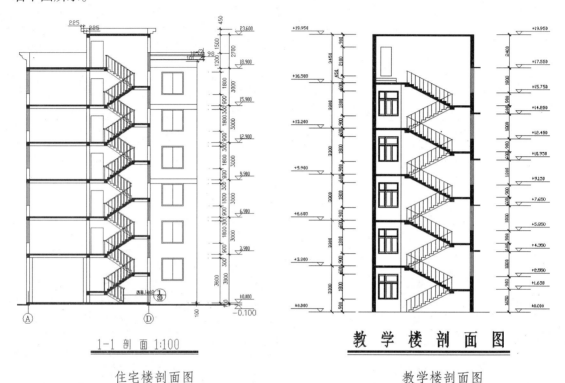

住宅楼剖面图   教学楼剖面图

7.1.3 建筑剖面图的绘制流程

在一般情况下，用户可以参照以下几个流程进行建筑剖面图的绘制。

（1）设置绘图环境。

（2）绘制各个定位轴线、建筑物的室内外地坪线以及各层的楼面、屋面，并根据轴线绘制出所有墙体断面轮廓及尚未被剖切到的可见的墙体轮廓。

（3）绘制出剖面门窗洞口位置、楼梯休息平台、女儿墙、檐口及其他可见轮廓线。

（4）绘制各种梁（如门窗洞口上方的横向过梁、被剖切的承重梁、可见的但未剖切的主次梁）的轮廓和具体的断面图形。

（5）绘制楼梯。

（6）标注标高。

7.1.4 建筑剖面图的绘制要求

剖切面一般横向，即平行于侧面，必要时也可纵向，即平行于正面。其位置应选择在能反映出房屋内部构造比较复杂与典型的部位。剖面图的名称应与平面图上所标注的一致。建筑剖面图常用的比例为1:50、1:100、1:200。剖面图中的室内外地坪用特粗实线表示；剖切到的部位如墙、楼板、楼梯等用粗实线画出；没有剖切到的可见部分用中实线表示；其他如引出线用细实线表示。

7.2 绘制住宅楼剖面图

案例效果

 源文件路径：
光盘\源文件\第7章

 素材路径：
光盘\素材\第7章

 教学视频路径：
光盘\教学视频\第7章

 制作时间：
55分钟

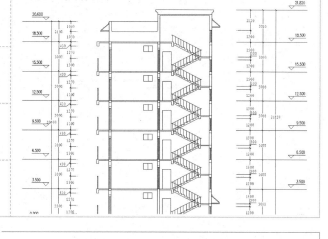

设计与制作思路

　　在创建住宅楼剖面图的过程中，首先参照建筑平面图确定剖面图的墙线，然后绘制门窗剖面，并对其进行复制和阵列，接下来绘制楼剖面、屋顶面和雨篷图形，最后对图形进行标注即可。

7.2.1 绘制建筑墙体

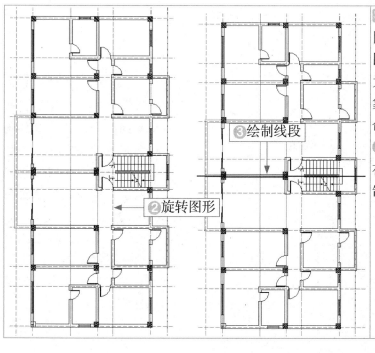

③绘制线段

②旋转图形

Step 01 打开并修改素材图形❶打开"住宅楼平面图.dwg"素材文件，将此作为绘制建筑剖面图的参照对象。❷使用"旋转（RO）"命令，将平面图旋转-90°。❸使用"直线（L）"命令，在建筑平面图的中间位置绘制一条直线，如左图所示。

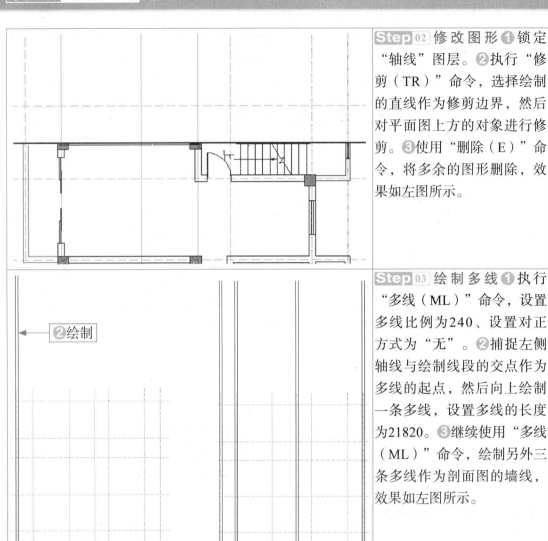

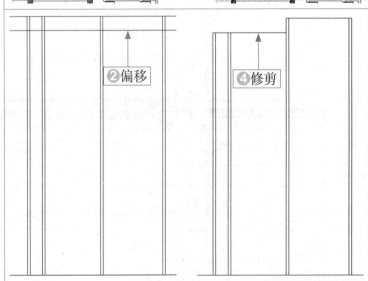

Step 02 修改图形①锁定"轴线"图层。②执行"修剪（TR）"命令，选择绘制的直线作为修剪边界，然后对平面图上方的对象进行修剪。③使用"删除（E）"命令，将多余的图形删除，效果如左图所示。

Step 03 绘制多线①执行"多线（ML）"命令，设置多线比例为240、设置对正方式为"无"。②捕捉左侧轴线与绘制线段的交点作为多线的起点，然后向上绘制一条多线，设置多线的长度为21820。③继续使用"多线（ML）"命令，绘制另外三条多线作为剖面图的墙线，效果如左图所示。

Step 04 偏移并修剪水平线段①隐藏"轴线"图层，然后将平面图中的线段全部删除。②使用"偏移（O）"命令，将下方水平线段向上偏移两次，偏移距离依次为20600、21820。③使用"分解（X）"命令，将多线分解。④使用"修剪（TR）"命令对图形进行修剪，效果如左图所示。

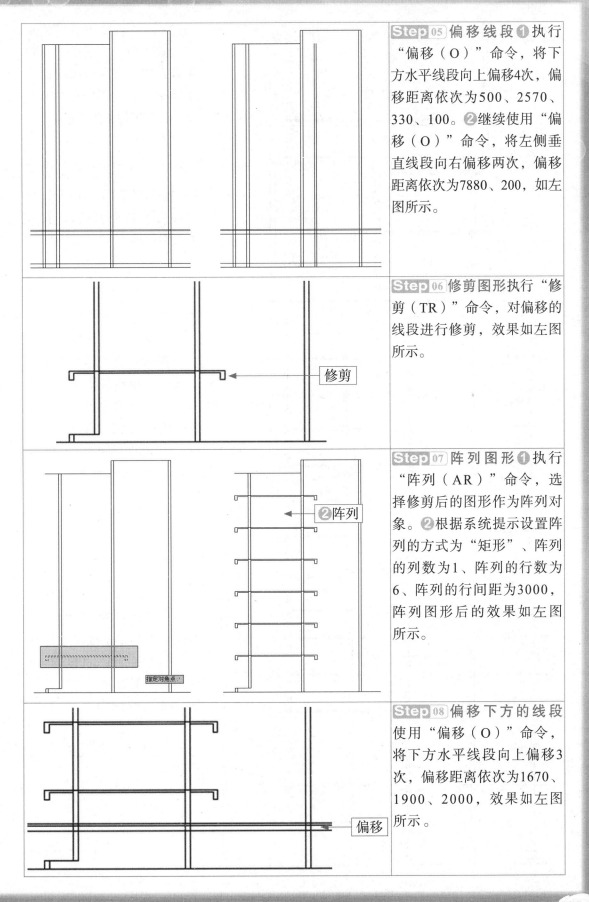

Step 05 偏移线段❶执行"偏移（O）"命令，将下方水平线段向上偏移4次，偏移距离依次为500、2570、330、100。❷继续使用"偏移（O）"命令，将左侧垂直线段向右偏移两次，偏移距离依次为7880、200，如左图所示。

Step 06 修剪图形执行"修剪（TR）"命令，对偏移的线段进行修剪，效果如左图所示。

修剪

Step 07 阵列图形❶执行"阵列（AR）"命令，选择修剪后的图形作为阵列对象。❷根据系统提示设置阵列的方式为"矩形"、阵列的列数为1、阵列的行数为6、阵列的行间距为3000，阵列图形后的效果如左图所示。

❷阵列

指定对角点

Step 08 偏移下方的线段使用"偏移（O）"命令，将下方水平线段向上偏移3次，偏移距离依次为1670、1900、2000，效果如左图所示。

偏移

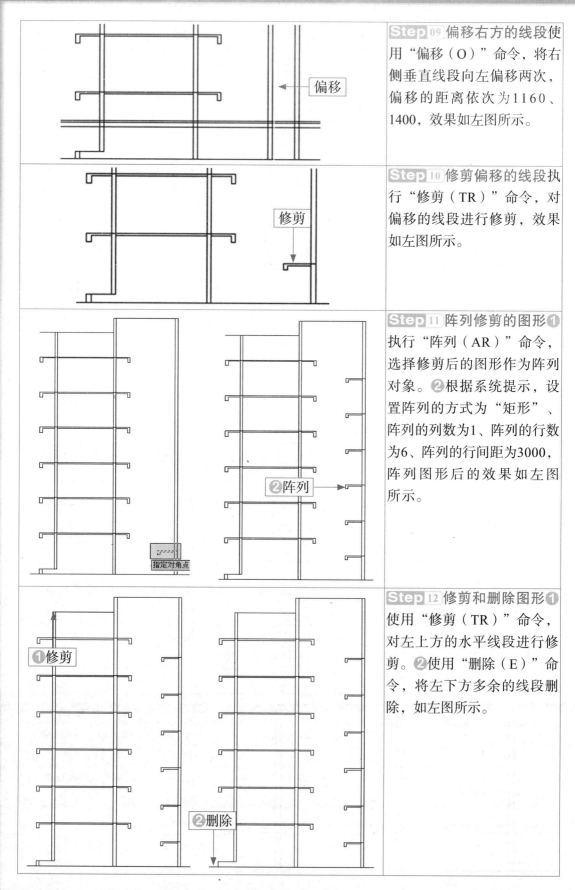

Step 09 偏移右方的线段使用"偏移（O）"命令，将右侧垂直线段向左偏移两次，偏移的距离依次为1160、1400，效果如左图所示。

偏移

Step 10 修剪偏移的线段执行"修剪（TR）"命令，对偏移的线段进行修剪，效果如左图所示。

修剪

Step 11 阵列修剪的图形❶执行"阵列（AR）"命令，选择修剪后的图形作为阵列对象。❷根据系统提示，设置阵列的方式为"矩形"、阵列的列数为1、阵列的行数为6、阵列的行间距为3000，阵列图形后的效果如左图所示。

❷阵列

指定对角点

Step 12 修剪和删除图形❶使用"修剪（TR）"命令，对左上方的水平线段进行修剪。❷使用"删除（E）"命令，将左下方多余的线段删除，如左图所示。

❶修剪

❷删除

7.2.2 绘制门窗剖面

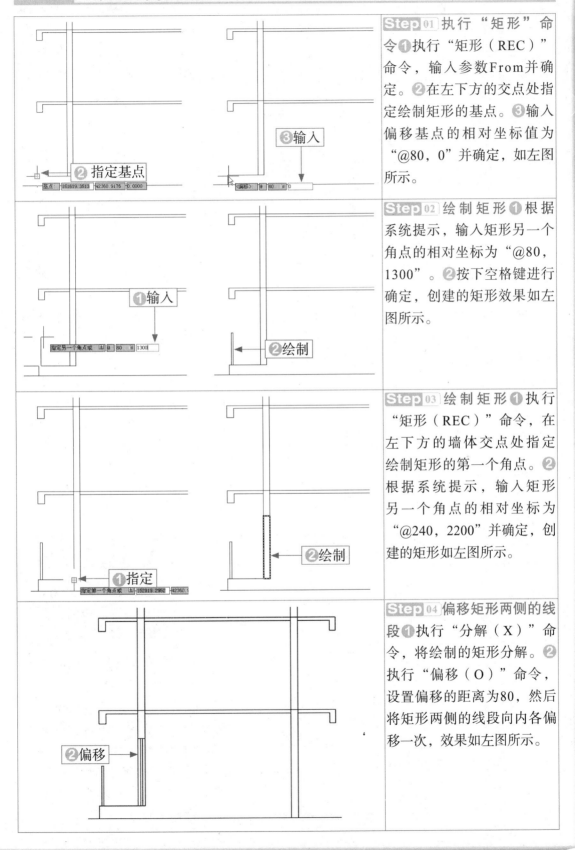

Step 01 执行"矩形"命令①执行"矩形（REC）"命令，输入参数From并确定。②在左下方的交点处指定绘制矩形的基点。③输入偏移基点的相对坐标值为"@80，0"并确定，如左图所示。

Step 02 绘制矩形①根据系统提示，输入矩形另一个角点的相对坐标为"@80，1300"。②按下空格键进行确定，创建的矩形效果如左图所示。

Step 03 绘制矩形①执行"矩形（REC）"命令，在左下方的墙体交点处指定绘制矩形的第一个角点。②根据系统提示，输入矩形另一个角点的相对坐标为"@240，2200"并确定，创建的矩形如左图所示。

Step 04 偏移矩形两侧的线段①执行"分解（X）"命令，将绘制的矩形分解。②执行"偏移（O）"命令，设置偏移的距离为80，然后将矩形两侧的线段向内各偏移一次，效果如左图所示。

设计师实战应用

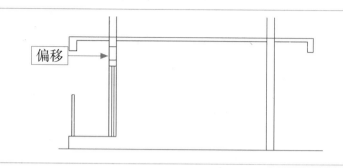

Step 05 偏移线段执行"偏移（O）"命令，将矩形上方的水平线段向上偏移两次，偏移距离依次为180、420，如左图所示。

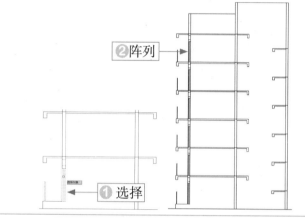

Step 06 阵列图形①执行"阵列（AR）"命令，选择创建好的剖面栏杆和窗户图形。②根据系统提示，设置阵列的方式为"矩形"、阵列的列数为1、阵列的行数为6、阵列的行间距为3000，阵列图形后的效果如左图所示。

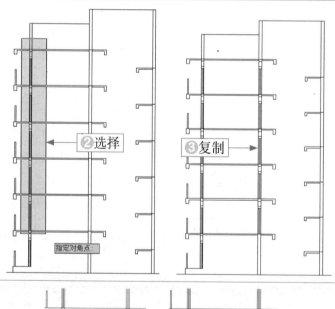

Step 07 复制图形①使用"分解（X）"命令，将阵列图形分解。②执行"复制（CO）"命令，选择阵列的窗户剖面图形。③将选择的对象复制到图形中间的墙体中，效果如左图所示。

知识链接

在复制图形的操作中，可以通过捕捉复制的第一个点和对应的第二个点，将图形复制到指定的位置。

Step 08 执行"矩形"命令①执行"矩形（REC）"命令，输入参数From并确定。②在左下方的交点处指定绘制矩形的基点。③输入偏移基点的相对坐标值为"@-500，2500"并确定，如左图所示。

Step 09 绘制矩形❶根据系统提示，输入矩形另一个角点的相对坐标为"@-900，600"。❷按下空格键进行确定，创建的矩形效果如左图所示。

Step 10 绘制线段❶执行"直线（L）"命令，在矩形下方水平线段的中点处指定直线的起点。❷向上移动鼠标指针，捕捉矩形上方线段的中点，绘制一条垂直线段，效果如左图所示。

Step 11 阵列窗户图形❶执行"阵列（AR）"命令，选择创建好的窗户图形。❷根据系统提示设置阵列的方式为"矩形"、阵列的列数为1、阵列的行数为6、阵列的行间距为3000，阵列图形后的效果如左图所示。

Step 12 偏移线段❶执行"偏移（O）"命令，选择左图所示的墙线作为偏移的线段。❷将选择的线段向右偏移两次，偏移距离依次为1240、240，效果如左图所示。

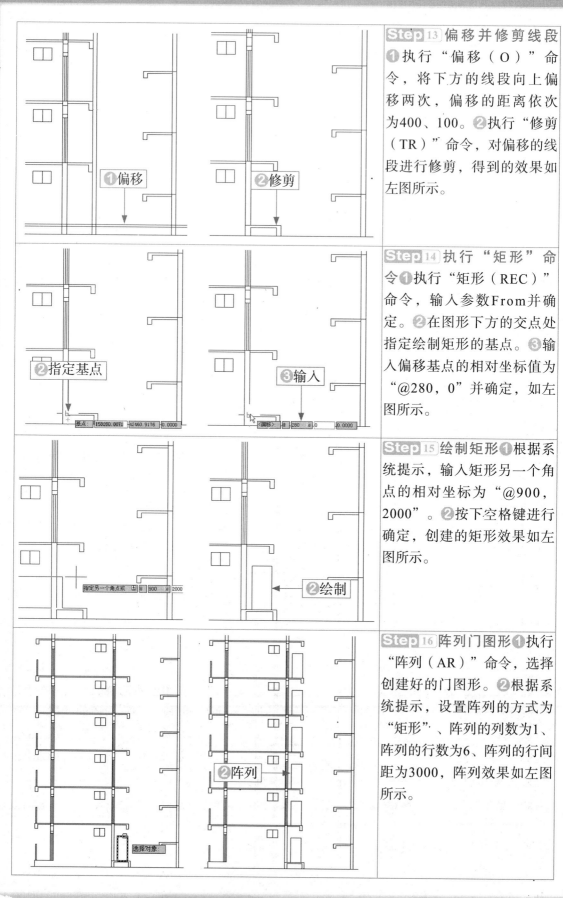

Step 13 偏移并修剪线段
❶执行"偏移（O）"命令，将下方的线段向上偏移两次，偏移的距离依次为400、100。❷执行"修剪（TR）"命令，对偏移的线段进行修剪，得到的效果如左图所示。

Step 14 执行"矩形"命令❶执行"矩形（REC）"命令，输入参数From并确定。❷在图形下方的交点处指定绘制矩形的基点。❸输入偏移基点的相对坐标值为"@280，0"并确定，如左图所示。

Step 15 绘制矩形❶根据系统提示，输入矩形另一个角点的相对坐标为"@900，2000"。❷按下空格键进行确定，创建的矩形效果如左图所示。

Step 16 阵列门图形❶执行"阵列（AR）"命令，选择创建好的门图形。❷根据系统提示，设置阵列的方式为"矩形"、阵列的列数为1、阵列的行数为6、阵列的行间距为3000，阵列效果如左图所示。

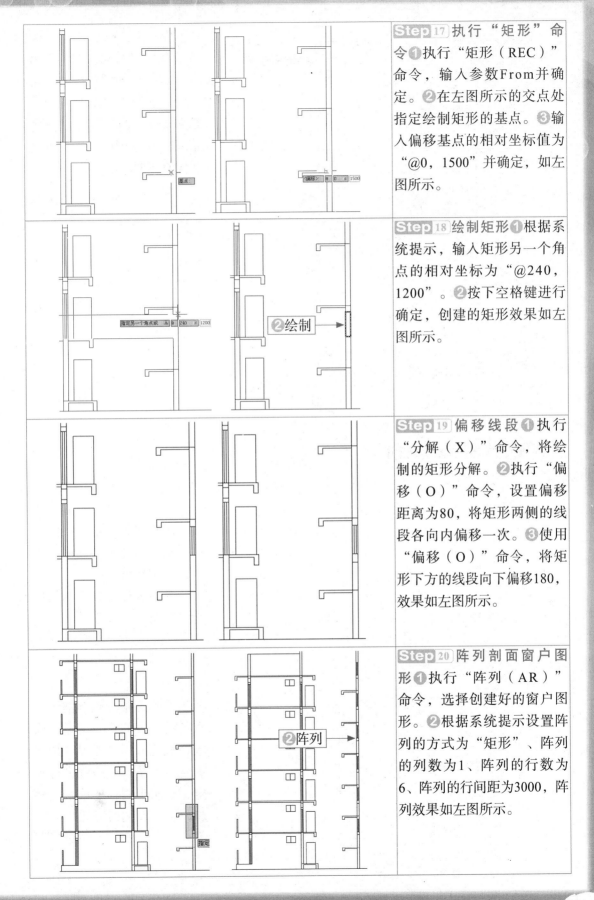

Step 17 执行"矩形"命令❶执行"矩形（REC）"命令，输入参数From并确定。❷在左图所示的交点处指定绘制矩形的基点。❸输入偏移基点的相对坐标值为"@0，1500"并确定，如左图所示。

Step 18 绘制矩形❶根据系统提示，输入矩形另一个角点的相对坐标为"@240，1200"。❷按下空格键进行确定，创建的矩形效果如左图所示。

Step 19 偏移线段❶执行"分解（X）"命令，将绘制的矩形分解。❷执行"偏移（O）"命令，设置偏移距离为80，将矩形两侧的线段各向内偏移一次。❸使用"偏移（O）"命令，将矩形下方的线段向下偏移180，效果如左图所示。

Step 20 阵列剖面窗户图形❶执行"阵列（AR）"命令，选择创建好的窗户图形。❷根据系统提示设置阵列的方式为"矩形"、阵列的列数为1、阵列的行数为6、阵列的行间距为3000，阵列效果如左图所示。

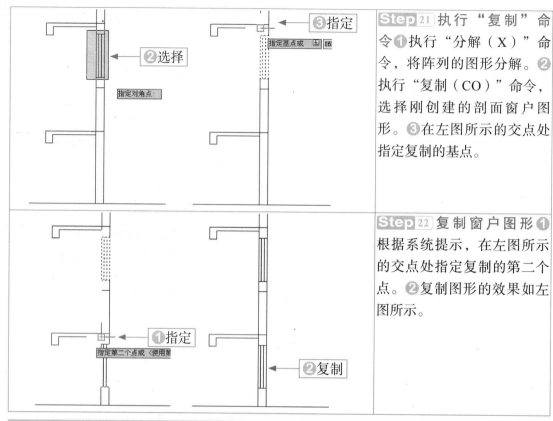

Step 21 执行"复制"命令 ① 执行"分解（X）"命令，将阵列的图形分解。② 执行"复制（CO）"命令，选择刚创建的剖面窗户图形。③ 在左图所示的交点处指定复制的基点。

Step 22 复制窗户图形 ① 根据系统提示，在左图所示的交点处指定复制的第二个点。② 复制图形的效果如左图所示。

7.2.3 绘制楼梯剖面

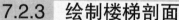

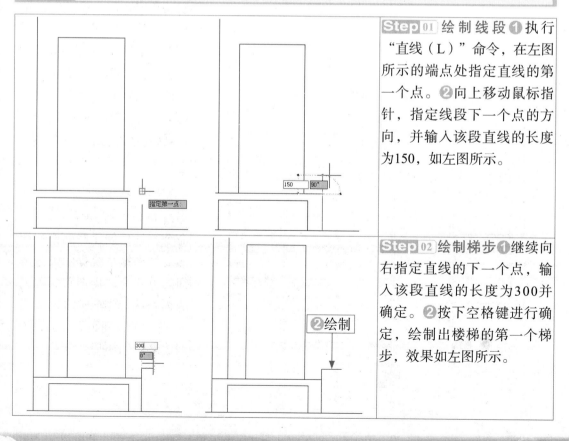

Step 01 绘制线段 ① 执行"直线（L）"命令，在左图所示的端点处指定直线的第一个点。② 向上移动鼠标指针，指定线段下一个点的方向，并输入该段直线的长度为150，如左图所示。

Step 02 绘制梯步 ① 继续向右指定直线的下一个点，输入该段直线的长度为300并确定。② 按下空格键进行确定，绘制出楼梯的第一个梯步，效果如左图所示。

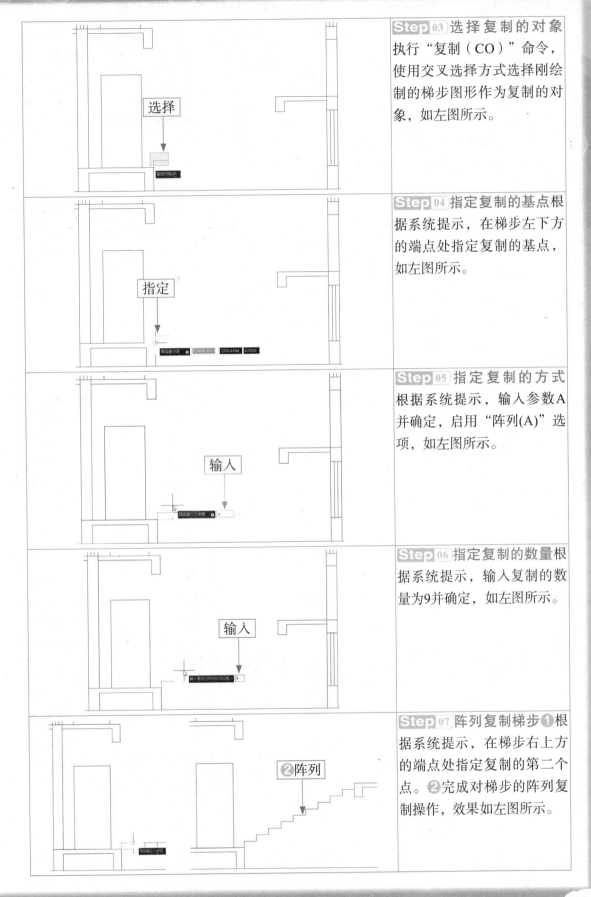

Step 03 选择复制的对象
执行"复制（CO）"命令，使用交叉选择方式选择刚绘制的梯步图形作为复制的对象，如左图所示。

Step 04 指定复制的基点根据系统提示，在梯步左下方的端点处指定复制的基点，如左图所示。

Step 05 指定复制的方式根据系统提示，输入参数A并确定，启用"阵列(A)"选项，如左图所示。

Step 06 指定复制的数量根据系统提示，输入复制的数量为9并确定，如左图所示。

Step 07 阵列复制梯步❶根据系统提示，在梯步右上方的端点处指定复制的第二个点。❷完成对梯步的阵列复制操作，效果如左图所示。

243

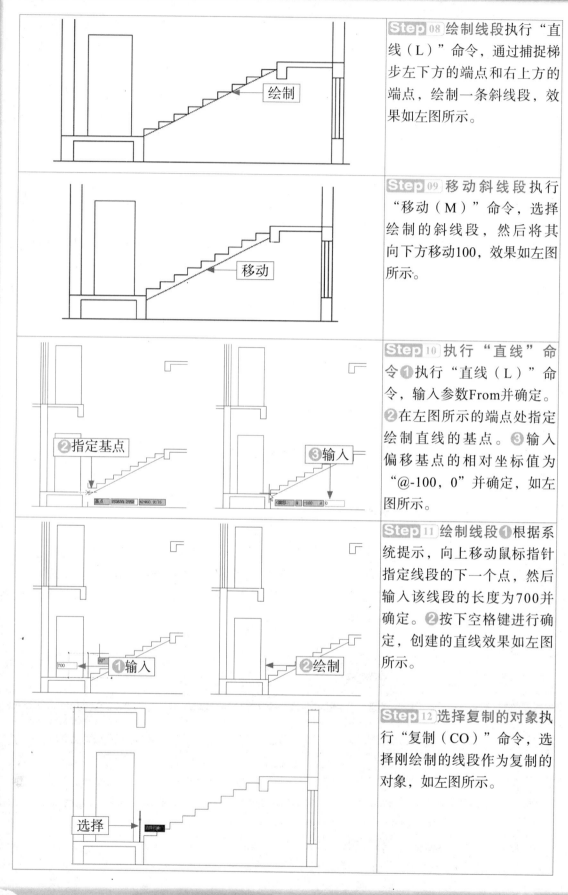

Step 08 绘制线段执行"直线（L）"命令，通过捕捉梯步左下方的端点和右上方的端点，绘制一条斜线段，效果如左图所示。

Step 09 移动斜线段执行"移动（M）"命令，选择绘制的斜线段，然后将其向下方移动100，效果如左图所示。

Step 10 执行"直线"命令❶执行"直线（L）"命令，输入参数From并确定。❷在左图所示的端点处指定绘制直线的基点。❸输入偏移基点的相对坐标值为"@-100，0"并确定，如左图所示。

Step 11 绘制线段❶根据系统提示，向上移动鼠标指针指定线段的下一个点，然后输入该线段的长度为700并确定。❷按下空格键进行确定，创建的直线效果如左图所示。

Step 12 选择复制的对象执行"复制（CO）"命令，选择刚绘制的线段作为复制的对象，如左图所示。

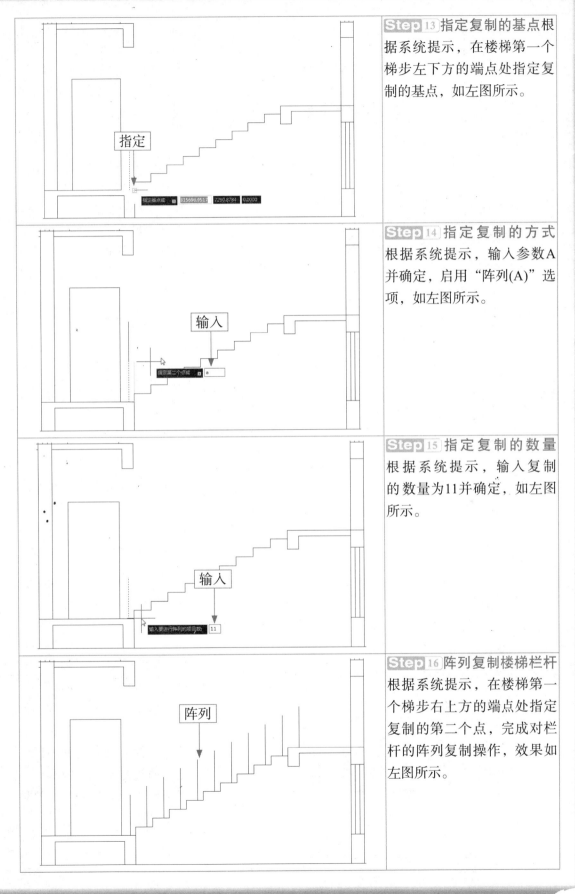

Step 13 指定复制的基点根据系统提示，在楼梯第一个梯步左下方的端点处指定复制的基点，如左图所示。

Step 14 指定复制的方式根据系统提示，输入参数A并确定，启用"阵列(A)"选项，如左图所示。

Step 15 指定复制的数量根据系统提示，输入复制的数量为11并确定，如左图所示。

Step 16 阵列复制楼梯栏杆根据系统提示，在楼梯第一个梯步右上方的端点处指定复制的第二个点，完成对栏杆的阵列复制操作，效果如左图所示。

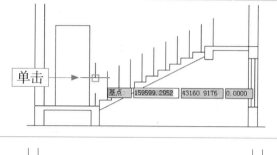

Step 17 指定多段线的基点执行"多段线（PL）"命令，输入参数From并确定，在左图所示的端点处指定多段线的基点。

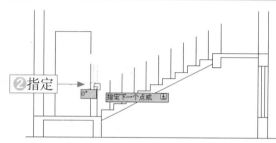

Step 18 指定多段线的下一个点❶根据系统提示，输入偏移基点的坐标值为"@-100，0"并确定。❷向右移动鼠标指针，捕捉左图所示的端点作为多段线的下一个点。

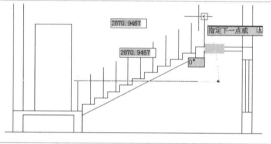

Step 19 指定多段线的下一个点根据系统提示，向右上方移动鼠标指针捕捉左图所示的端点作为多段线的下一个点。

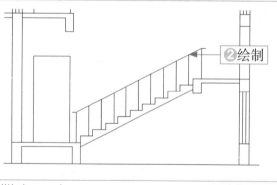

Step 20 绘制多段线❶根据系统提示，向右方移动鼠标指针指定多段线的下一个点。❷输入该段多段线的长度为100并确定，绘制的多段线如左图所示。

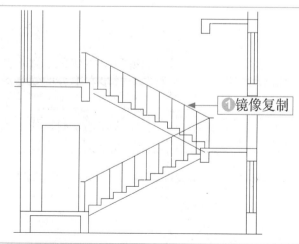

Step 21 镜像复制楼梯❶执行"镜像（MI）"命令，选择创建好的楼梯剖面图形，然后将其镜像复制一次。❷执行"移动（M）"命令，选择镜像复制得到的图形，然后通过捕捉图形的端点，对图形进行适当移动，效果如左图所示。

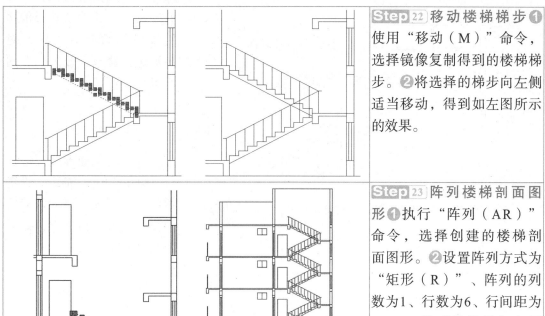

Step 22 移动楼梯梯步❶使用"移动（M）"命令，选择镜像复制得到的楼梯梯步。❷将选择的梯步向左侧适当移动，得到如左图所示的效果。

Step 23 阵列楼梯剖面图形❶执行"阵列（AR）"命令，选择创建的楼梯剖面图形。❷设置阵列方式为"矩形（R）"、阵列的列数为1、行数为6、行间距为3000，阵列的效果如左图所示。

7.2.4　绘制屋顶剖面

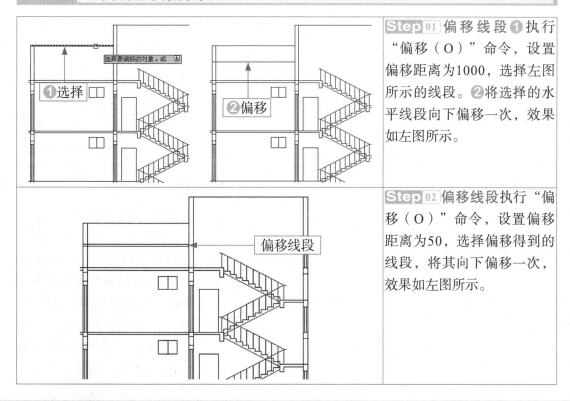

Step 01 偏移线段❶执行"偏移（O）"命令，设置偏移距离为1000，选择左图所示的线段。❷将选择的水平线段向下偏移一次，效果如左图所示。

Step 02 偏移线段执行"偏移（O）"命令，设置偏移距离为50，选择偏移得到的线段，将其向下偏移一次，效果如左图所示。

修剪线段

Step 03 修剪线段执行"修剪（TR）"命令，选择偏移的线段作为修剪边界，对图形进行修剪，效果如左图所示。

❷圆角线段

Step 04 圆角处理线段❶执行"圆角（F）"命令，设置圆角半径为150。❷对修剪后的线段进行圆角处理，效果如左图所示。

选择对象或〈全部选择〉

Step 05 删除和修剪线段❶使用"删除（E）"命令，将多余线段删除。❷执行"修剪（TR）"命令，选择左图所示的线段作为修剪边界。❸对图形进行修剪，效果如左图所示。

❶偏移　　　　❷修剪

Step 06 偏移和修剪图形❶执行"偏移（O）"命令，将剖面墙体右上方的线段向下偏移两次，偏移距离依次为500、100。❷执行"修剪（TR）"命令，对偏移的线段进行修剪，效果如左图所示。

Step 07 偏移线段❶使用"偏移（O）"命令，将上方水平线段向下方偏移两次，偏移距离依次为200、100。❷使用"偏移（O）"命令，将左方垂直线段向左偏移两次，偏移距离均为100，效果如左图所示。

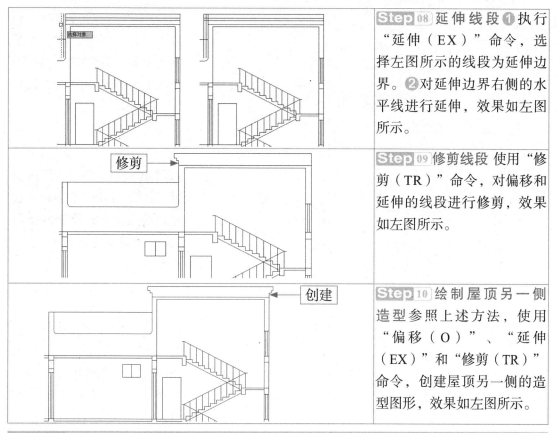

Step 08 延伸线段 ❶执行"延伸（EX）"命令，选择左图所示的线段为延伸边界。❷对延伸边界右侧的水平线进行延伸，效果如左图所示。

Step 09 修剪线段 使用"修剪（TR）"命令，对偏移和延伸的线段进行修剪，效果如左图所示。

Step 10 绘制屋顶另一侧造型 参照上述方法，使用"偏移（O）"、"延伸（EX）"和"修剪（TR）"命令，创建屋顶另一侧的造型图形，效果如左图所示。

7.2.5 绘制雨篷图形

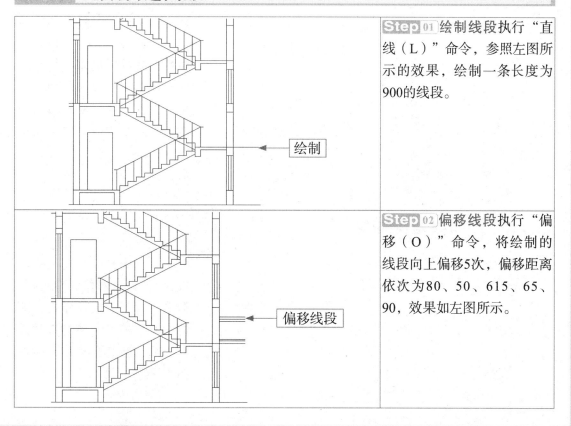

Step 01 绘制线段 执行"直线（L）"命令，参照左图所示的效果，绘制一条长度为900的线段。

Step 02 偏移线段 执行"偏移（O）"命令，将绘制的线段向上偏移5次，偏移距离依次为80、50、615、65、90，效果如左图所示。

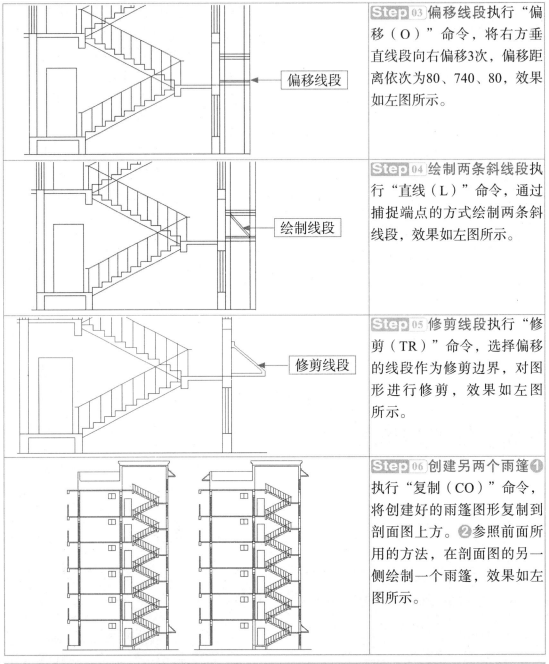

Step 03 偏移线段执行"偏移（O）"命令，将右方垂直线段向右偏移3次，偏移距离依次为80、740、80，效果如左图所示。

偏移线段

Step 04 绘制两条斜线段执行"直线（L）"命令，通过捕捉端点的方式绘制两条斜线段，效果如左图所示。

绘制线段

Step 05 修剪线段执行"修剪（TR）"命令，选择偏移的线段作为修剪边界，对图形进行修剪，效果如左图所示。

修剪线段

Step 06 创建另两个雨篷❶执行"复制（CO）"命令，将创建好的雨篷图形复制到剖面图上方。❷参照前面所用的方法，在剖面图的另一侧绘制一个雨篷，效果如左图所示。

7.2.6 标注建筑剖面图

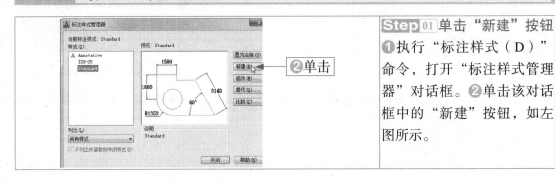

❷单击

Step 01 单击"新建"按钮❶执行"标注样式（D）"命令，打开"标注样式管理器"对话框。❷单击该对话框中的"新建"按钮，如左图所示。

Step 02 创建新标注样式
❶在打开的"创建新标注样式"对话框中输入样式名"建筑"。❷单击"继续"按钮,如左图所示。

Step 03 设置尺寸线参数❶在打开的"新建标注样式"对话框中选择"线"选项卡。❷设置尺寸界线"超出尺寸线"的值为100、"起点偏移量"的值为100,如左图所示。

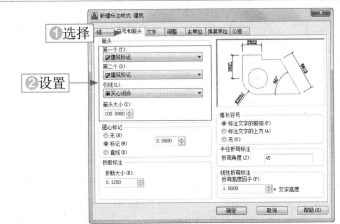

Step 04 设置符号和箭头❶选择"符号和箭头"选项卡。❷设置箭头为"建筑标记",设置"箭头大小"为100,如左图所示。

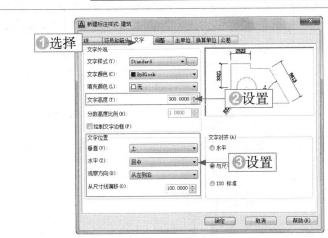

Step 05 设置文字参数❶选择"文字"选项卡。❷设置"文字高度"为300。❸设置文字的垂直对齐方式为"上",设置"从尺寸线偏移"的值为100,如左图所示。

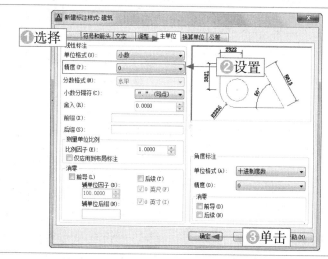

Step 06 设置标注的精度❶选择"主单位"选项卡。❷设置"精度"值为0。❸单击"确定"按钮进行确定，如左图所示。❹关闭"标注样式管理器"对话框。

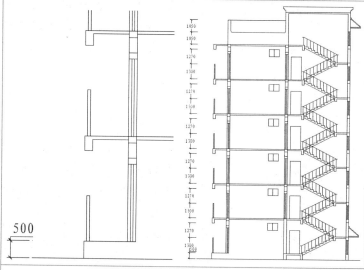

Step 07 标注图形尺寸❶将"标注"图层设置为当前层。❷使用"线性（DLI）"命令对图形左侧的尺寸进行标注。❸使用"连续（DCO）"命令，对图形进行连续标注，并适当调整尺寸界线的起点位置，效果如左图所示。

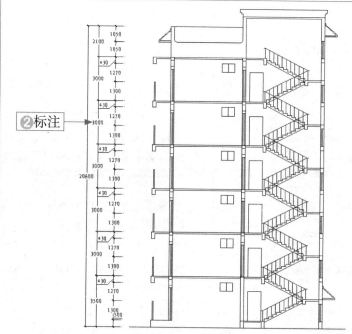

Step 08 标注图形❶继续使用"线性（DLI）"和"连续（DCO）"命令，在图形左侧进行第二道标注。❷使用"线性（DLI）"命令，对图形左侧的尺寸进行总标注，效果如左图所示。

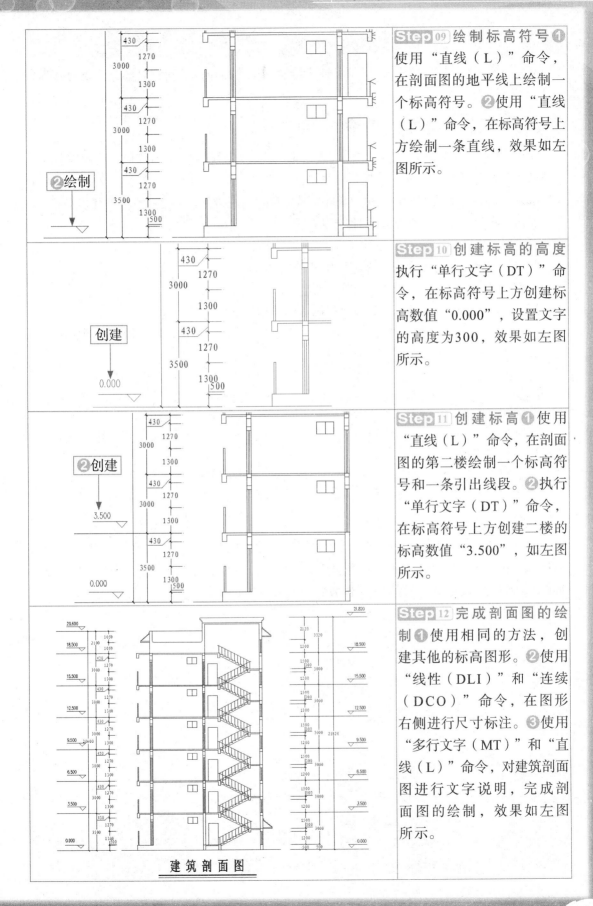

Step 09 绘制标高符号❶使用"直线（L）"命令，在剖面图的地平线上绘制一个标高符号。❷使用"直线（L）"命令，在标高符号上方绘制一条直线，效果如左图所示。

Step 10 创建标高的高度执行"单行文字（DT）"命令，在标高符号上方创建标高数值"0.000"，设置文字的高度为300，效果如左图所示。

Step 11 创建标高❶使用"直线（L）"命令，在剖面图的第二楼绘制一个标高符号和一条引出线段。❷执行"单行文字（DT）"命令，在标高符号上方创建二楼的标高数值"3.500"，如左图所示。

Step 12 完成剖面图的绘制❶使用相同的方法，创建其他的标高图形。❷使用"线性（DLI）"和"连续（DCO）"命令，在图形右侧进行尺寸标注。❸使用"多行文字（MT）"和"直线（L）"命令，对建筑剖面图进行文字说明，完成剖面图的绘制，效果如左图所示。

建 筑 剖 面 图

7.3 AutoCAD技术库

在本章案例的制作过程中，运用了许多绘图和修改命令，下面将对部分重要的修改命令进行深入学习。

7.3.1 应用"修剪"命令

使用"修剪（TRIM）"命令可以通过指定的边界对图形对象进行修剪。运用该命令可以修剪的对象包括直线、圆、圆弧、射线、样条曲线、面域、尺寸、文本以及非封闭的2D或3D多段线等；作为修剪的边界可以是除图块、网格、三维面、轨迹线以外的任何对象。

启用"修剪"命令通常有如下3种方法。

❀ 选择"修改"|"修剪"命令。

❀ 单击"修改"面板中的"修剪"按钮。

❀ 输入TRIM（简化命令TR）命令并确定。

例如，对左下图所示的水平线段进行修剪的操作如下。

Step 01 执行"修剪（TRIM）"命令，选择垂直线段为修剪边界，如右下图所示。

原图   选择修剪边界

Step 02 当系统提示"选择要修剪的对象，或按住 Shift 键选择要延伸的对象，或[栏选(F)/窗交(C)/投影(P)/边(E)/删除(R)/放弃(U)]:"时，单击水平线段作为修剪线段（如左下图所示），然后按下空格键进行确定，修剪后的效果如右下图所示。

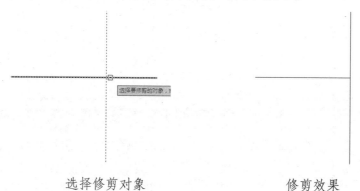

选择修剪对象   修剪效果

知识链接

在默认状态下，执行"修剪（TRIM）"命令用于对图形进行修剪操作，但是在进行修剪的过程中，如果按住【Shift】键，则可以对图形进行延伸操作。

7.3.2 应用"延伸"命令

使用"延伸（EXTEND）"命令可以把直线、弧和多段线等图元对象的端点延长到指定的边界。

通常可以使用"延伸（EXTEND）"命令延伸的对象包括圆弧、椭圆弧、直线、非封闭的2D和3D多段线等。如果以有一定宽度的2D多段线作为延伸边界，在执行延伸操作时会忽略其宽度，直接将延伸对象延伸到多段线的中心线上。

启用"延伸"命令通常有如下3种方法。

❀ 选择"修改"|"延伸"命令。

❀ 单击"修改"面板中的"延伸"按钮━。

❀ 输入EXTEND（简化命令EX）命令并确定。

执行延伸操作时，系统提示中的各项含义与修剪操作中的相同。使用"延伸（EXTEND）"命令延伸对象的过程中，可以随时使用"放弃(U)"选项取消上一次的延伸操作。延伸一个相关的线性尺寸标注时，延伸操作完成后，其尺寸会自动修正。

例如，执行"延伸（EXTEND）"命令，选择左下图所示的垂直线段作为延伸边界并确定，然后在水平线段的右侧单击鼠标左键，可以将水平线段向右延伸到垂直线段处，效果如右下图所示。

选择延伸边界　　　　　　　　　延伸水平线段

经验分享

使用"延伸（EX）"命令对图形进行延伸的过程中，需要注意以下几点。

（1）对线段进行延伸时，需要在靠近指定延伸边界的一方单击线段。

（2）对线段进行延伸时，如果没有指定延伸边界，线段将自动延伸到下一处存在的边界上。

（3）在进行延伸的过程中，如果按住【Shift】键，则可以对图形进行修剪操作。

7.3.3 应用"圆角"命令

使用"圆角（FILLET）"命令可以用一段指定半径的圆弧将两个对象连接在一起，还能将多段线的多个顶点一次性倒圆。使用此命令应先设定圆弧半径，再进行倒圆。

使用"圆角（FILLET）"命令可以选择性地修剪或延伸所选对象，以便更好地圆滑过渡，该命令可以对直线、多段线、样条曲线、构造线、射线等进行处理，但是不能对圆、椭圆和封闭的多段线等对象进行圆角。

启动"圆角"命令通常有如下3种方法。

❋ 选择"修改"|"圆角"命令。

❋ 单击"修改"面板中的"圆角"按钮◻。

❋ 输入FILLET（简化命令F）命令并确定。

执行"圆角（FILLET）"命令后，系统将提示"选择第一个对象或 [放弃(U)/多段线(P)/半径(R)/修剪(T)/多个(M)]:"，其中各选项的含义如下。

❋ 选择第一个对象：在此提示下选择第一个对象，该对象是用来定义二维圆角的两个对象之一，然后选择第二个对象即可完成圆角操作。

❋ 多段线（P）：在两条多段线相交的每个顶点处插入圆角弧。用户用点选的方法选中一条多段线后，会在多段线的各个顶点处进行圆角。

❋ 半径（R）：用于指定圆角的半径。

❋ 修剪（T）：控制AutoCAD是否修剪选定的边到圆角弧的端点。

❋ 多个（M）：可对多个对象进行重复修剪。

1. 圆角图形的边角

使用"圆角（FILLET）"命令可以将两条线段按照指定的圆角半径连接在一起，圆角图形边角的操作如下。

Step 01 首先绘制一个长为100、宽为80的矩形作为操作对象。

Step 02 执行"圆角（F）"命令，然后输入R并确定，启用"半径（R）"选项，如左下图所示。

Step 03 设置圆角的半径为10，如右下图所示。

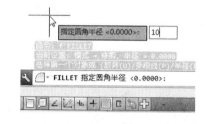

执行"圆角"命令 设置圆角半径

Step 04 选择矩形的上方线段作为圆角的第一个对象，如左下图所示。

Step 05 继续选择矩形的右方线段作为圆角的第二个对象，即可对矩形右上角进行圆角处理，效果如右下图所示。

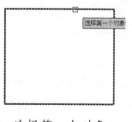

选择第一个对象 圆角效果

2. 圆角多段线对象

执行"圆角（F）"命令，在对图形进行圆角的过程中，可以通过输入参数P并确定，启用"多段线(P)"选项，然后对多段线图形的所有边角进行一次性圆角操作。在AutoCAD中，"多边形（POL）"和"矩形（REC）"命令绘制的图形均属于多段线对象。例如，对矩形四个角进行一次性圆角处理的操作如下。

Step 01 绘制一个长为100、宽为60的矩形。

Step 02 执行"圆角（F）"命令，设置圆角半径为10，然后输入P并确定，启用"多线段（P）"选项，如左下图所示。

Step 03 选择矩形并确定，即可对矩形的四个角进行圆角，效果如右下图所示。

　　输入圆角参数P　　　　　　　　　　　　　　　圆角效果

7.4　设计理论深化

本章主要学习了建筑剖面图的绘制和基本知识，下面将继续了解建筑剖面图的基本内容，加深大家对建筑剖面图的了解。

建筑剖面图主要用于表明建筑物从地面到屋面的内部构造及其空间组合情况，以及表示建筑物主要承重构件的位置及其相互关系，即各层的梁板、柱及墙体的连接关系；表示各层楼地面、内墙面、屋顶、顶棚、吊顶、散水、台阶、女儿墙压顶等的构造做法；表示屋顶的形式及流水坡度等，用详图索引符号表明另画详图的部位、详图的编号及所在的位置等。

在建筑剖面图中，使用标高和竖向尺寸表示建筑物总高、层高、各层楼地面的标高、室内外地坪标高以及门窗等各部位的标高。

建筑剖面图中的高度尺寸通常也有三道，其内容如下。

（1）第一道尺寸靠近外墙，从室外地面开始分段标出窗台、门窗洞口等尺寸。

（2）第二道尺寸注明房屋各层层高。

（3）第三道尺寸为房屋建筑物的总高度。

Chapter 第08章

绘制建筑总平面图

课前导读

本章将学习绘制建筑总平面图的过程与方法。在学习绘制建筑总平面图之前，将介绍建筑总平面图的相关知识与绘图要点。

在学习绘制建筑总平面图的过程中，将重点讲解总平面轮廓图、住宅楼平面图与绿化环境的绘制方法。

本章学习要点

❀ 建筑总平面图基础
❀ 绘制商业楼盘总平面图
❀ AutoCAD技术库

精彩效果赏析

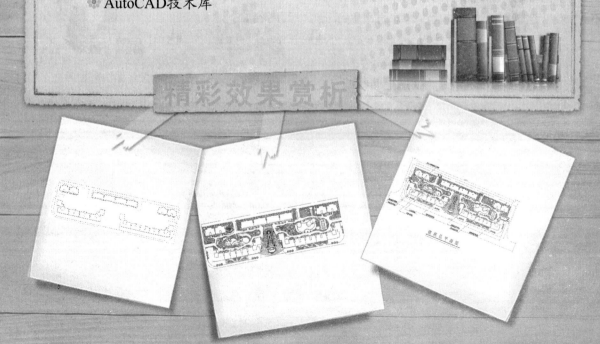

8.1　建筑总平面图基础

在绘制建筑总平面图之前，首先需要学习一下建筑总平面图的基础知识，了解建筑总平面图所包含的内容，以及绘制建筑总平面图的要点。

8.1.1　建筑总平面图概述

建筑总平面图是整个建筑基地的总体布局，用于表达新建建筑物及构建建筑物的位置、朝向及周边环境的关系，这也是总平面图的基本功能。总平面图的内容包括设计说明书、设计图例，以及鸟瞰图、模型等。

建筑总平面图着重表现建筑物的体量大小、形状及与周边道路、房屋、绿地、广场和红线的关系，并直观表现室外空间的设计效果。在不同的设计时期，建筑总平面图除了具备基本的功能外，还用于表达不同的设计意图。

8.1.2　建筑总平面图绘制要点

建筑总平面图在建筑设计图中具有很重要的作用，在绘制建筑总平面图时，需要掌握如下几个要点。

1. 地形图的处理

在绘制建筑总平面图时，需要处理的地形图内容包括地形图的插入、描绘、整理以及应用等。

2. 建筑总平面图的布置

在绘制建筑总平面图时，需要布置建筑总平面图的内容通常包括：建筑物、道路、广场、停车场、绿地和场地出入口等。

3. 各种文字和标注

在绘制建筑总平面图时，应该注意对图形进行文字、尺寸、标高、坐标、图表、图例等标注。

4. 布图

在完成建筑总平面图的绘制后，应记住插入正确的图框，并对建筑总平面图在图面中的位置进行调整。

8.1.3　绘制总平面图的注意事项

在对建筑总平面图进行绘制时，需要考虑整个空间的使用功能是否合理，需要考虑相邻建筑之间按规定留出防火间距、消防通道、日照间距等，然后在这个基础上进行新颖和合理的设计。

8.2 绘制商业楼盘总平面图

案例效果

 源文件路径：
光盘\源文件\第8章

 素材路径：
光盘\素材\第8章

 教学视频路径：
光盘\教学视频\第8章

 制作时间：
60分钟

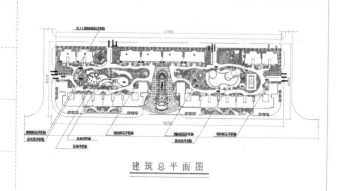

建 筑 总 平 面 图

设 计 与 制 作 思 路

在绘制建筑总平面图的过程中，首先设置绘图的图形单位、对象的捕捉模型和绘图需要的图层，然后使用"直线"、"偏移"、"圆角"等命令绘制总平面轮廓图，使用"样条曲线"命令绘制绿化环境的轮廓，并用"图案填充"命令对图形进行填充，得到绿化带的图形，最后使用文字命令和尺寸标注命令对图形进行标注。

8.2.1 绘制总平面轮廓

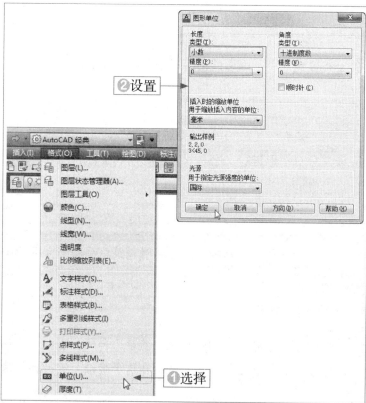

Step 01 设置图形单位 ❶ 选择"格式"|"单位"命令，打开"图形单位"对话框。❷设置"精度"为0，设置"用于缩放插入内容的单位"为"毫米"，然后进行确定，如左图所示。

经 验 分 享

虽然建筑总平面图是以米为单位进行尺寸标注的，但在绘制过程中仍然应该将绘图单位设置为毫米，以毫米为单位进行实际尺寸的绘制，这才符合行业的规定，也方便后面插入指定比例的图形素材。

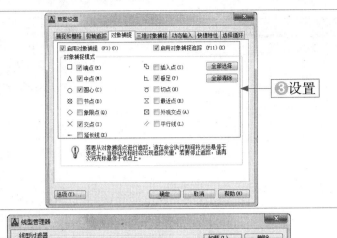

Step 02 设置对象捕捉❶选择"工具"|"绘图设置"命令，打开"草图设置"对话框。❷选择"对象捕捉"选项卡。❸根据左图所示进行对象捕捉选项设置。

Step 03 设置全局比例因子❶选择"格式"|"线型"命令，打开"线型管理器"对话框。❷设置"全局比例因子"为5000，然后进行确定，如左图所示。

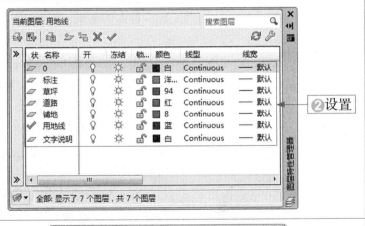

Step 04 创建图层❶执行"图层（LA）"命令，打开"图层特性管理器"对话框。❷参照左图所示，依次创建"用地线"、"草坪"、"道路"、"铺地"、"文字说明"和"标注"图层，并设置好各图层的属性，然后将"用地线"图层设置为当前层。

Step 05 加载线型❶选择"格式"|"线型"命令，在打开的"线型管理器"对话框中单击"加载"按钮。❷在打开的"加载或重载线型"对话框中选择"ACAD_ISO04W100"线型，然后单击"确定"按钮；将选择的线型加载到线型管理器中，如左图所示。

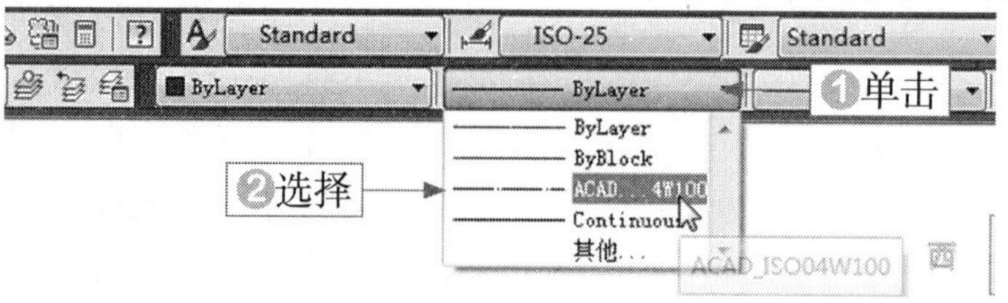

设计师实战应用

	Step 06 设置绘图线型 ❶在"特性"工具栏中单击"线型控制"下拉按钮。❷选择"ACAD_ISO04W100"线型，如左图所示。
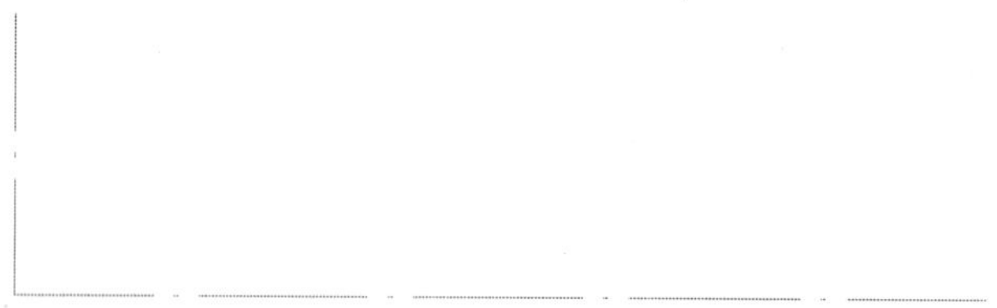	**Step 07** 绘制线段使用"直线（L）"命令，绘制一条长为274000的水平线段和一条长为76471的垂直线段，如左图所示。
	Step 08 偏移线段使用"偏移（O）"命令，将水平线段向上偏移76471，将垂直线段向右偏移27400，如左图所示。
	Step 09 圆角线段 ❶执行"圆角（F）"命令，设置圆角半径为15000。❷对图形下方的两个直角进行圆角处理，如左图所示。
	Step 10 绘制线段 ❶将"道路"图层设置为当前层。❷使用"直线（L）"命令，绘制一条长为75000的垂直线段，线段的顶点位置如左图所示。
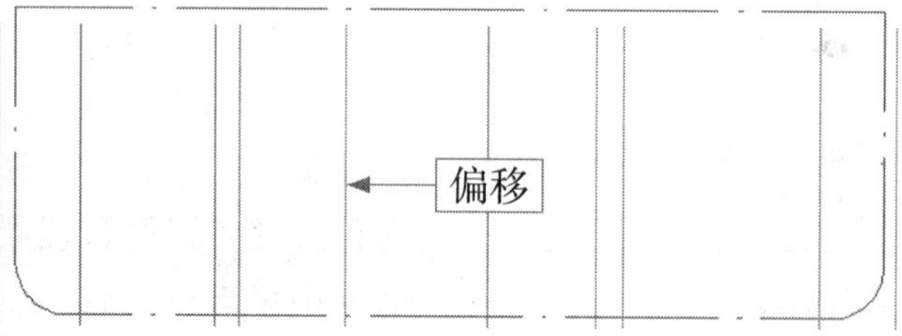	**Step 11** 偏移线段使用"偏移（O）"命令，将线段向右偏移23871、48182、7401、31284、45461、31632、7551、64772、22320，如左图所示。
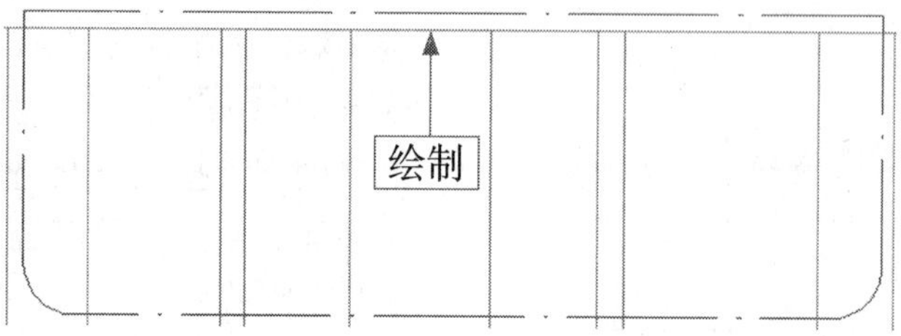	**Step 12** 绘制线段使用"直线（L）"命令，绘制一条线段连接偏移线段上端的两个端点，效果如左图所示。

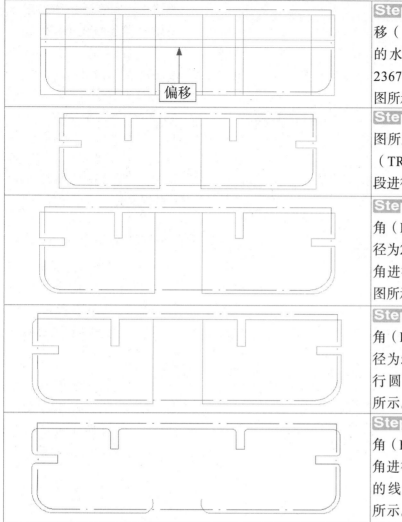	**Step 13** 偏移线段使用"偏移（O）"命令，将刚绘制的水平线段向下依次偏移23678、7101、44221，如左图所示。
	Step 14 修剪线段参照左图所示的效果，使用"修剪（TR）"命令对图形中的线段进行修剪。
	Step 15 圆角图形执行"圆角（F）"命令，设置圆角半径为20179，然后对下方两个角进行圆角处理，效果如左图所示。
	Step 16 圆角图形执行"圆角（F）"命令，设置圆角半径为5558，然后对左上角进行圆角处理，效果如左图所示。
	Step 17 圆角图形使用"圆角（F）"命令，对其他的边角进行圆角处理，并将多余的线段删除，效果如左图所示。

8.2.2 绘制建筑基础结构

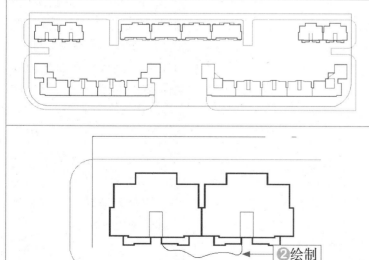	**Step 01** 插入素材使用"插入（I）"命令，将"住宅楼平面.dwg"素材插入到当前图形中，如左图所示。
	Step 02 绘制花池①将"铺地"图层设置为当前层。②使用"样条曲线（SPL）"命令，在图形左上方绘制花池图形线条，效果如左图所示。

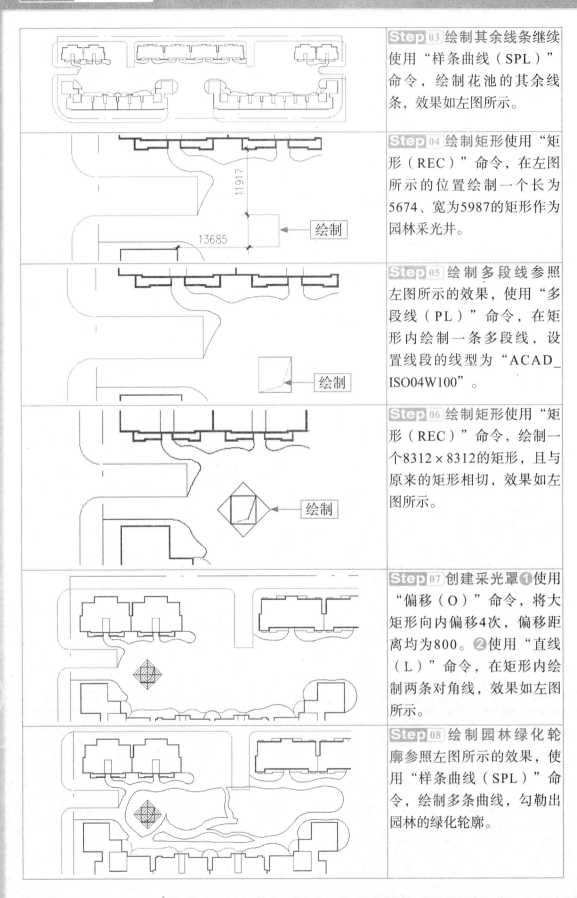

Step 03 绘制其余线条继续使用"样条曲线（SPL）"命令，绘制花池的其余线条，效果如左图所示。

Step 04 绘制矩形使用"矩形（REC）"命令，在左图所示的位置绘制一个长为5674、宽为5987的矩形作为园林采光井。

Step 05 绘制多段线参照左图所示的效果，使用"多段线（PL）"命令，在矩形内绘制一条多段线，设置线段的线型为"ACAD_ISO04W100"。

Step 06 绘制矩形使用"矩形（REC）"命令，绘制一个8312×8312的矩形，且与原来的矩形相切，效果如左图所示。

Step 07 创建采光罩❶使用"偏移（O）"命令，将大矩形向内偏移4次，偏移距离均为800。❷使用"直线（L）"命令，在矩形内绘制两条对角线，效果如左图所示。

Step 08 绘制园林绿化轮廓参照左图所示的效果，使用"样条曲线（SPL）"命令，绘制多条曲线，勾勒出园林的绿化轮廓。

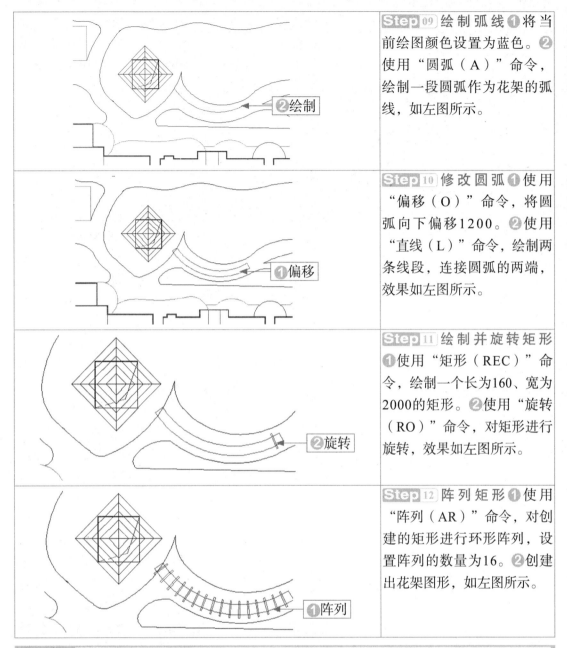

Step 09 绘制弧线❶将当前绘图颜色设置为蓝色。❷使用"圆弧（A）"命令，绘制一段圆弧作为花架的弧线，如左图所示。

Step 10 修改圆弧❶使用"偏移（O）"命令，将圆弧向下偏移1200。❷使用"直线（L）"命令，绘制两条线段，连接圆弧的两端，效果如左图所示。

Step 11 绘制并旋转矩形❶使用"矩形（REC）"命令，绘制一个长为160、宽为2000的矩形。❷使用"旋转（RO）"命令，对矩形进行旋转，效果如左图所示。

Step 12 阵列矩形❶使用"阵列（AR）"命令，对创建的矩形进行环形阵列，设置阵列的数量为16。❷创建出花架图形，如左图所示。

8.2.3 绘制小广场图形

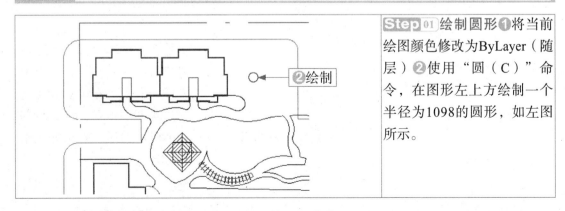

Step 01 绘制圆形❶将当前绘图颜色修改为ByLayer（随层）❷使用"圆（C）"命令，在图形左上方绘制一个半径为1098的圆形，如左图所示。

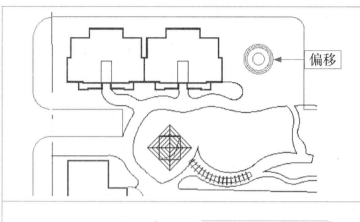

Step 02 偏移圆形使用"偏移（O）"命令，将刚绘制的圆向外依次偏移1000、300、300，效果如左图所示。

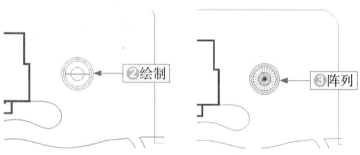

Step 03 创建线段❶将当前绘图颜色修改为蓝色。❷使用"直线（L）"命令，绘制一条经过圆心的水平线段。❸使用"阵列（AR）"命令，对线段进行环形阵列，设置阵列的数量为24，如左图所示。

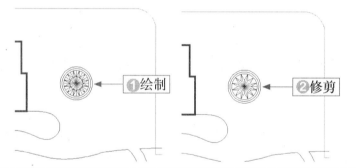

Step 04 创建花形图案❶使用"直线（L）"命令，通过捕捉线段的端点和线段与圆的交点，绘制多条连接图形的线段。❷使用"修剪（TR）"和"删除（E）"命令，将多余的线段进行修剪和删除，如左图所示。

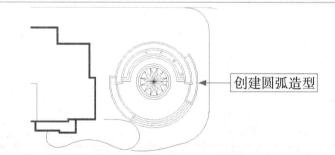

Step 05 创建圆弧造型使用"圆（C）"、"偏移（O）"、"直线（L）"和"修剪（TR）"命令，绘制出左图所示的圆弧造型。

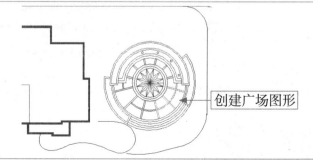

Step 06 创建线段造型使用"直线（L）"、"修剪（TR）"、"阵列（AR）"和"删除（E）"命令，绘制出小广场图形，效果如左图所示。

8.2.4　绘制园林景观图

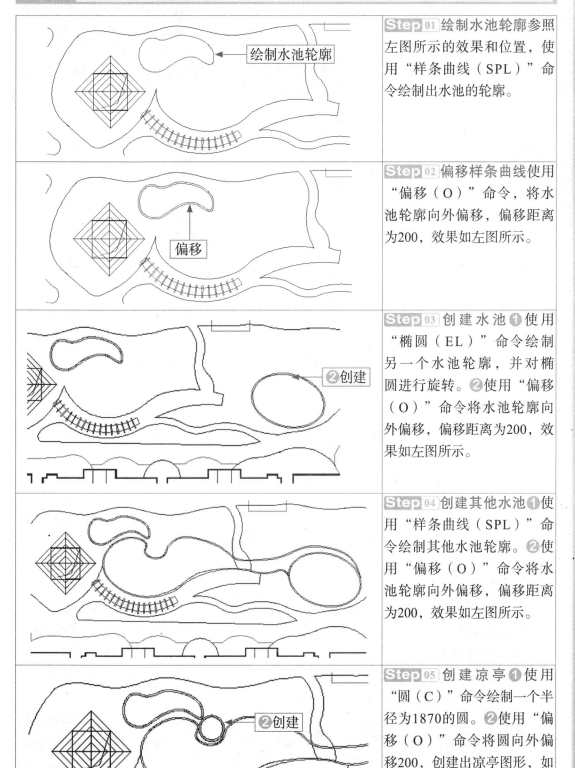

Step 01　绘制水池轮廓参照左图所示的效果和位置，使用"样条曲线（SPL）"命令绘制出水池的轮廓。

Step 02　偏移样条曲线使用"偏移（O）"命令，将水池轮廓向外偏移，偏移距离为200，效果如左图所示。

Step 03　创建水池❶使用"椭圆（EL）"命令绘制另一个水池轮廓，并对椭圆进行旋转。❷使用"偏移（O）"命令将水池轮廓向外偏移，偏移距离为200，效果如左图所示。

Step 04　创建其他水池❶使用"样条曲线（SPL）"命令绘制其他水池轮廓。❷使用"偏移（O）"命令将水池轮廓向外偏移，偏移距离为200，效果如左图所示。

Step 05　创建凉亭❶使用"圆（C）"命令绘制一个半径为1870的圆。❷使用"偏移（O）"命令将圆向外偏移200，创建出凉亭图形，如左图所示。

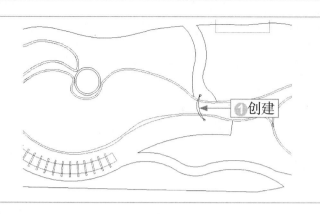

①创建

Step 06 绘制弧形栏杆❶使用 "圆弧（A）"命令绘制两条圆弧作为桥上的栏杆。❷使用"圆（C）"命令，在圆弧两端分别绘制一个半径为120的圆，如左图所示。

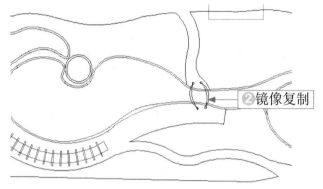

②镜像复制

Step 07 镜像复制栏杆使用"镜像（MI）"命令，将刚创建的弧形栏杆图形镜像复制到右侧，效果如左图所示。

操 作 技 巧

　　在镜像复制该对象时，不要将镜像线放在垂直线上，而应该有一点倾斜。

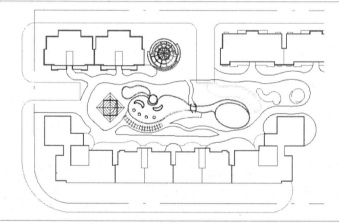

Step 08 绘制园林景观轮廓❶使用"圆（C）"、"样条曲线（SPL）"和"圆弧（A）"命令，绘制左侧园林景观的其他轮廓。❷使用"修剪（MI）"和"删除（E）"命令，对图形进行修改，效果如左图所示。

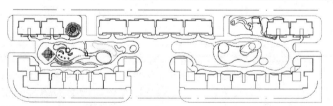

Step 09 创建右方景观图形使用与上述相同的绘制方法，绘制右侧的园林景观图形，效果如左图所示。

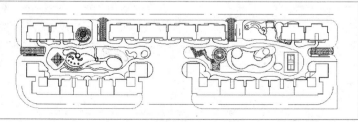

Step 10 添加素材使用"插入（I）"命令，将"景观1.dwg"、"景观2.dwg"和"景观3.dwg"素材插入到图形中，如左图所示。

8.2.5 绘制绿化环境

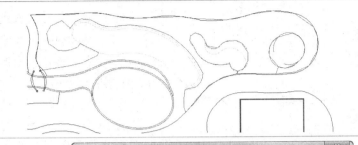

Step 01 绘制填充范围 ❶将"草坪"图层设置为当前层。❷使用"多线段（PL）"命令，绘制草坪的填充范围，如左图所示。

Step 02 设置图案填充参数 ❶执行"图案填充（H）"命令，打开"图案填充和渐变色"对话框。❷选择"AR-SAND"图案，设置"比例"为400，如左图所示。

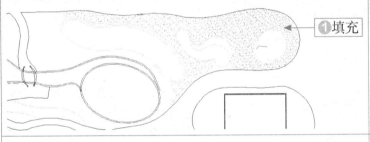

Step 03 填充草坪图案 ❶选择绘制的多段线作为填充的对象。❷使用"删除（E）"命令，将多线段删除，效果如左图所示。

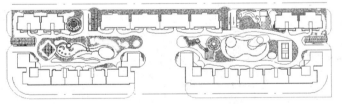

Step 04 创建其他草坪 使用与上述相同的方法，对其他草坪区域进行填充，效果如左图所示。

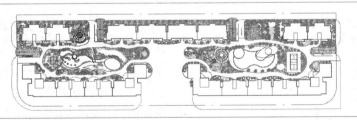

Step 05 添加植物素材 ❶使用"插入（I）"命令，将"植被.dwg"素材插入到图形中。❷对素材进行复制，效果如左图所示。

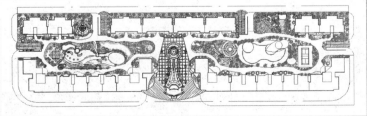

Step 06 添加广场素材 使用"插入（I）"命令，将"广场.dwg"素材插入到图形中，效果如左图所示。

设计师实战应用

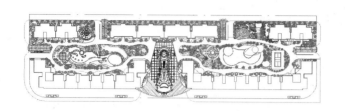

Step 07 添加花台素材❶使用"插入（I）"命令，将"花台.dwg"素材插入到图形下方。❷使用"复制（CO）"命令，将花台图形复制3次，如左图所示。

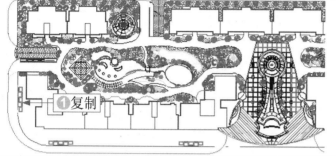

Step 08 复制花台图形❶使用"复制（CO）"命令，将花台图形复制到图形左侧。❷使用"旋转（RO）"命令，将花台图形旋转90°，如左图所示。

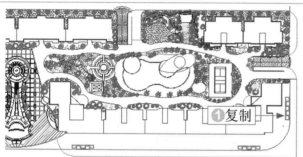

Step 09 镜像复制图形❶使用"镜像（MI）"命令，将左侧的花台图形复制到图形右侧。❷适当调整花台的位置，效果如左图所示。

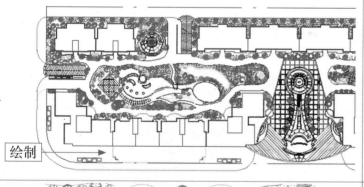

Step 10 绘制道路绿化轮廓参照左图所示的效果，使用"多段线（PL）"命令，在左下方道路中绘制一个绿化轮廓，效果如左图所示。

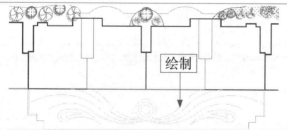

Step 11 绘制道路绿化线条图案参照左侧的图形，使用"样条曲线（SPL）"命令，在绿化轮廓中绘制多条样条曲线，如左图所示。

经验分享

在绘制建筑总平面的过程中，由于图形对象十分繁琐，因此在绘制该类图形时，一定要有足够的耐心，平时也要注意收集大量常用的图块，以便随时调整，从而提高绘图效率。

Step 12 设置图案填充参数 ❶执行"图案填充（H）"命令，打开"图案填充和渐变色"对话框。❷选择"AR-SAND"图案，设置"比例"为400，如左图所示。

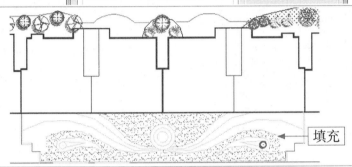

Step 13 填充草坪图案参照左图所示的效果，依次对图形中的各个区域进行填充。

填充

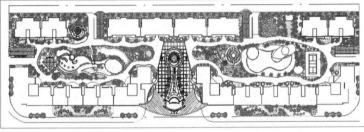

Step 14 镜像复制图形❶使用类似的方法，在图形右下方绘制相应的造型。❷使用"复制（CO）"命令，将植被图形复制过来，效果如左图所示。

8.2.6 绘制建筑红线

Step 01 偏移线段❶使用"偏移（O）"命令，将下边的水平线段向下偏移20000。❷将左侧的垂直线段向左偏移10200，效果如左图所示。

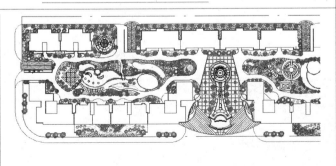

Step 02 修改线段长度选择偏移的线段，并拖动线段的端点，修改线段的长度，效果如左图所示。

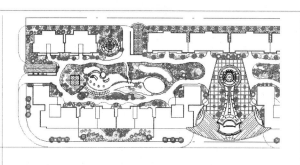

Step 03 偏移线段①使用"偏移（O）"命令，将下边的水平线段向上偏移20000。②将左侧的垂直线段向左偏移22000，效果如左图所示。

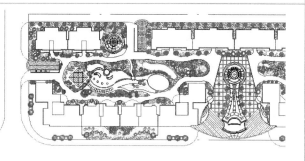

Step 04 圆角线段①执行"圆角（F）"命令，设置圆角半径为20000。②对偏移线段进行圆角，效果如左图所示。

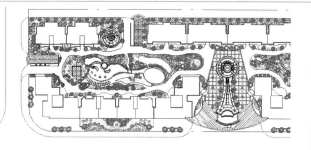

Step 05 修改线段①使用"修剪（TR）"命令，对线段进行修剪。②适当调整左侧垂直线段的长度，效果如左图所示。

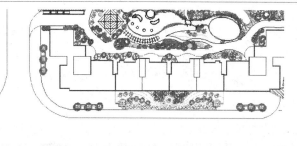

Step 06 绘制折断线①使用"直线（L）"命令，在左下方的线段上绘制3条线段。②使用"修剪（TR）"命令，对线段进行修剪，创建出折断线图形，效果如左图所示。

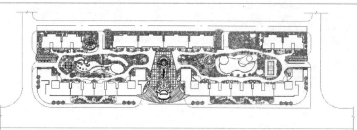

Step 07 绘制其他建筑红线使用与上述相同的方法，绘制其他方向的建筑红线，效果如左图所示。

8.2.7 标注总平面图形

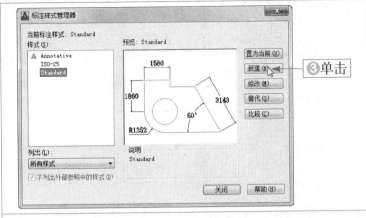

Step 01 单击"新建"按钮①将"标注"图层设置为当前层。②执行"标注样式（D）"命令，打开"标注样式管理器"对话框。③单击该对话框中的"新建"按钮，如左图所示。

Step 02 创建新标注样式①在打开的"创建新标注样式"对话框中输入样式名"总平面图"。②单击"继续"按钮，如左图所示。

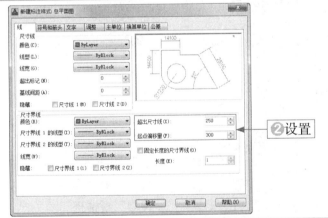

Step 03 设置尺寸线参数①在打开的"新建标注样式"对话框中选择"线"选项卡。②设置尺寸界线"超出尺寸线"的值为250、"起点偏移量"的值为300，如左图所示。

Step 04 设置符号和箭头①选择"符号和箭头"选项卡。②设置箭头和引线为"建筑标记"，然后设置"箭头大小"为100，如左图所示。

Step 05 设置文字参数①选择"文字"选项卡。②设置"文字高度"为500。③设置文字的垂直对齐方式为"上"，设置"从尺寸线偏移"的值为150，如左图所示。

Step 06 设置全局比例①选择"调整"选项卡。②设置"使用全局比例"值为5，如左图所示。

经验分享

通过设置"使用全局比例"的值，可以整体调整标注对象各个元素的大小。

Step 07 设置标注的精度①选择"主单位"选项卡。②设置"精度"值为0、"舍入"值为100。③单击"确定"按钮进行确定，如左图所示。④关闭"标注样式管理器"对话框。

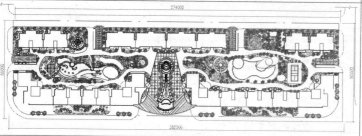

Step 08 标注图形尺寸使用"线性（DLI）"命令，对图形进行尺寸标注，效果如左图所示。

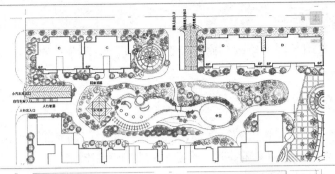

Step 09 标注左方图形文字
❶将"文字说明"图层设置为当前层。❷参照左图所示的文字效果，使用"单行文字（DT）"命令，对左侧图形中的对象进行文字标注，设置文字的高度为1000。

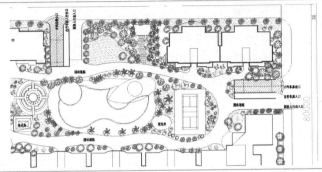

Step 10 标注右方图形文字
参照左图所示的文字效果，使用"单行文字（DT）"命令，对右侧图形中的对象进行文字标注，设置文字的高度为1000。

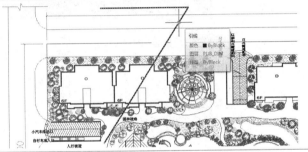

Step 11 绘制快速引线执行"快速引线（QLE）"命令，绘制出左图所示的多条文字引出线。

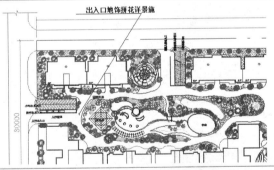

Step 12 标注文字执行"多行文字（MT）"命令，对引出线进行文字标注，设置文字的高度为2500，效果如左图所示。

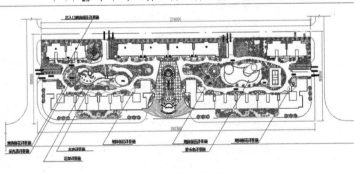

建筑总平面图

Step 13 标注图形❶使用"快速引线（QLE）"和"多行文字（MT）"命令，对其他图形进行文字标注。❷使用"多行文字（MT）"和"直线（L）"命令，对图形进行文字说明，完成本实例的绘制，效果如左图所示。

8.3 AutoCAD技术库

在本章案例的制作过程中，运用了许多绘图和修改命令，下面将对部分重要的命令和操作进行深入学习。

8.3.1 应用"椭圆"命令

在AutoCAD中，绘制椭圆是由定义其长度和宽度的两条轴决定的，当两条轴的长度不相等时，形成的对象为椭圆；当两条轴的长度相等时，形成的对象则为正圆形。

启动"椭圆"命令可以使用如下3种常用方法。

❀ 选择"绘图"|"椭圆"命令，然后选择其中的子命令，如左下图所示。

❀ 输入ELLIPSE（简化命令EL）命令并确定。

❀ 单击"绘图"面板中的"椭圆"按钮 ⊙，或者单击"椭圆"下拉按钮 ⊙·，然后选择其中的工具选项，如右下图所示。

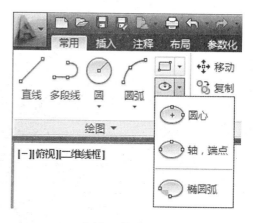

选择"椭圆"命令 选择工具选项

执行ELLIPSE（EL）命令后，系统将提示"指定椭圆的轴端点或 [圆弧(A)/中心点(C)]:"，其中各选项的含义如下。

❀ 轴端点：以椭圆轴端点绘制椭圆。

❀ 圆弧（A）：用于创建椭圆弧。

❀ 中心点（C）：以椭圆圆心和两轴端点绘制椭圆。

1. 绘制椭圆

绘制椭圆的方法包括通过轴端点绘制椭圆和通过中心点绘制椭圆。通过轴端点绘制椭圆的方式是先以两个固定点确定椭圆的一条轴长，再指定椭圆的另一条半轴长；通过中心点绘制椭圆的方式是先确定椭圆的中心点，再指定椭圆的两条轴的长度。例如，通过轴端点绘制椭圆的方法如下。

Step 01 执行ELLIPSE（EL）命令，指定椭圆的第一个端点，然后移动鼠标指针指定椭圆轴的另一个端点，如左下图所示。

Step 02 移动鼠标指针指定椭圆另一条半轴长度（如中下图所示），即可创建一个椭圆，如右下图所示。

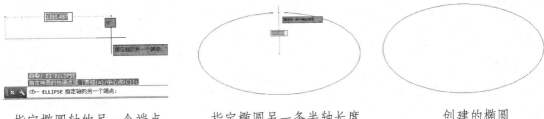

| 指定椭圆轴的另一个端点 | 指定椭圆另一条半轴长度 | 创建的椭圆 |

2. 绘制椭圆弧

执行ELLIPSE（EL）命令后，可以通过输入参数A并确定，启用"圆弧(A)"选项，然后绘制一条椭圆弧。例如，绘制一条弧度为180的椭圆弧的操作步骤如下。

Step 01 执行ELLIPSE（EL）命令，输入A并确定，启用"圆弧(A)选项，如左下图所示。

Step 02 依次指定椭圆的第一个轴端点、另一个轴端点和另一条半轴的长度，再根据系统提示指定椭圆弧的起点角度为0，如右下图所示。

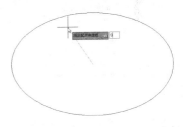

| 输入A并确定 | 指定椭圆弧的起点角度 |

Step 03 根据系统提示继续指定椭圆弧的端点角度为180，如左下图所示，创建的弧度为180的椭圆弧效果如右下图所示。

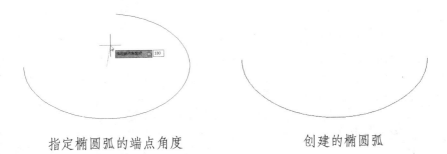

| 指定椭圆弧的端点角度 | 创建的椭圆弧 |

8.3.2 应用"图案填充"命令

在建筑或机械制图中，图案填充通常用来区分工程的部件或用来表现组成对象的材质，使图形看起来更加清晰，更加具有表现力。

在"AutoCAD经典"工作空间下选择"绘图"|"图案填充"命令，或者输入HATCH（简化命令H）命令并确定，系统将打开"图案填充和渐变色"对话框，在该对话框中包括"图案填充"和"渐变色"两个选项卡，如左下图所示。在"图案填充"选项卡中单击对话框右下角的"更多选项"按钮，可以展开隐藏部分的选项内容，如右下图所示。

"图案填充和渐变色"对话框　　　　　　　　　展开更多选项

在"草图与注释"工作空间状态下执行"图案填充（H）"命令，将打开"图案填充创建"功能标签，如下图所示，其中各个工具按钮的功能与"图案填充和渐变色"对话框对应的选项相同。

"图案填充创建"功能标签

对图形进行图案填充，通常的操作步骤如下。

Step 01 执行"图案填充（H）"命令，打开"图案填充和渐变色"对话框。

Step 02 在"图案"下拉列表框中选择要填充的图案，或者单击"样例"选项右侧的选项框，在打开的"填充图案选项板"对话框中可以预览和选择要填充的图案。

Step 03 在"角度和比例"区域中分别设置图案的填充角度和填充比例。

Step 04 单击"添加：拾取点"按钮，然后指定填充图案的区域；或者单击"添加：选择对象"按钮，然后选择要填充的图形对象。

Step 05 单击"预览"按钮，预览图案填充的效果；或者直接单击"确定"按钮，完成图案填充操作。

8.3.3 应用"插入"命令

在AutoCAD中，用户可以根据需要，按一定比例和角度将图块插入到任意一个指定位置。执行"插入"命令包括如下3种常用方法。

❁ 选择"插入"|"块"命令。

❁ 选择"插入"标签，单击"块"面板中的"插入"按钮。

❁ 输入INSERT（简化命令I）命令并确定。

执行"插入"命令，可以打开"插入"对话框，在该对话框中可以选择并设置插入的对象，如左下图所示。在"插入"对话框中常用选项的含义如下。

❁ 名称：在该文本框中可以输入要插入的块名，或在其下拉列表框中选择要插入的块对象的名称。

❀ 浏览：用于浏览文件。单击该按钮，将打开"选择图形文件"对话框，用户可在该对话框中选择要插入的外部块文件名，如右下图所示。

❀ 统一比例：该复选框用于统一3个轴向上的缩放比例。当选中"统一比例"复选框时，Y、Z文本框呈灰色，在X文本框中输入比例因子后，Y、Z文本框中显示相同的值。

❀ 角度：该文本框用于预先输入旋转角度值，预设值为0。

❀ 分解：该复选框用于确定是否将图块在插入时分解成原有组成实体。

"插入"对话框　　　　　　　　　　　"选择图形文件"对话框

8.4　设计理论深化

绘制建筑总平面图是建筑设计中的重要内容，绘制建筑总平面图有如下一些重要的经验和绘图技巧。

（1）在绘制图形之前，首先应该明确需要建立哪些图层，以便在绘图过程中对图形进行有效的管理。

（2）绘制整个图形应从整体到局部进行绘制。例如，本章绘制的建筑总平面图是先绘制总平面图的整体轮廓，然后依次绘制住宅楼平面图、绿化环境、广场平面图和道路。大家也可以根据实际情况改变住宅楼平面图、绿化环境、广场平面图和道路的绘图顺序。

（3）在完成图形的绘制后，应记得为图形添加相应的标注，包括图形说明和尺寸标注。在进行尺寸标注时，合理结合各种标注命令，可以提高标注的速度。例如，在对图形进行第一次线性标注后，接下来可以运用连续标注命令对图形进行连续标注，从而一次性完成图形的标注。

（4）掌握了绘图的技能后，绘制图形最需要注意的地方便是绘图的顺序。如果绘图所采用的顺序不当，会增加绘图的难度，甚至会出现返工的可能性。绘制图形的通常顺序是由整体到局部、由框架到细节。

Chapter

第09章

绘制节点详图

课前导读

　　详图是以详尽的尺寸和文字说明，将施工中某些细节部分进行重点说明，以便更好地进行施工。在施工图设计过程中，通常按照实际的需要，在图形平面、立面、剖视图中另外绘制详细的图形来表现施工图样。

　　本章主要讲解节点详图的绘制方法。首先学习详图的基本知识，然后通过实际案例讲解节点详图的具体绘制方法。

本章学习要点

◈ 详图基础
◈ 绘制感应门节点详图
◈ AutoCAD技术库

精彩效果赏析

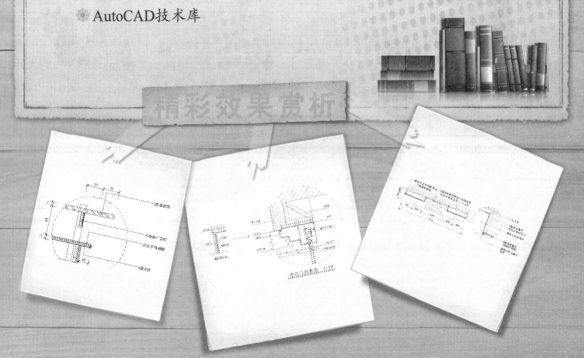

9.1　详图基础

在绘制节点详图之前，首先需要了解节点详图的一些基本知识，如节点详图的概念、详图的规定做法和节点详图的绘制流程等。

9.1.1　节点详图的概念

节点详图是因为在原图纸上无法进行表述而进行详细制作的图纸，也叫节点大样等。绘制详图是为了更清楚地表达物体的细节部分做法、构件和设备的定位尺寸，其比例较大，就连地面的装饰风格等都要一一绘制出来。下图所示是电视柜节点的详图效果。

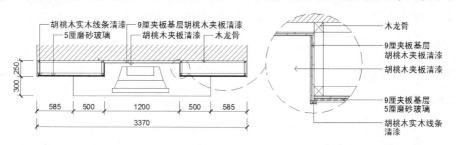

电视柜源图　　　　　　　　　　　电视柜节点详图

绘制节点详图时，可以尽量从施工图中提取有用的部分，通过复制等命令，从建筑平面施工图中复制建筑详图有用的部分内容，然后使用编辑命令对其进行必要的编辑修改，如对所在墙体补画轴线及标注尺寸、调整墙线宽度等，这样的图形称之为条件图。

编辑与修改完成后的条件图，就可以补充完成平面大样的绘制。对于建筑设计中的卫生间、厨房，可以在进行详图设计时调用、插入专业设备块。对于没有图库或需单独绘制的细部可直接用AutoCAD绘图和编辑命令完成，而楼梯间一般直接调用条件图放大，根据设计要求作适当细部调整，补充楼梯抹灰等装饰做法等。

对节点详图进行文本标注，应详细注明各部分的构造做法，如详细注明楼梯的踏步面、防滑条、栏杆、厨房灶台、洗涤池的使用材料、颜色、构造层次等。用尺寸标注建筑平面详图时，其卫生间、厨房详图一般需标注两道尺寸，即设备定位尺寸和房间的周边净尺寸。卫生间洁具一般为标准规格，只需定位其水管位置和方向即可。下图所示分别是货柜和窗台节点的详图效果。

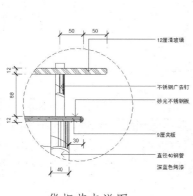

货柜节点详图

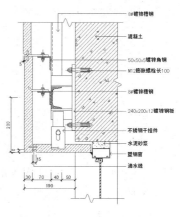

窗台节点详图

9.1.2 详图的规定做法

在通常情况下，详图都需要按照规定的方法进行绘制。下面将介绍详图比例、详图数量、详图标志及详图索引符号的规定做法。

（1）详图的比例：按照"国标"规定，详图的比例宜采用1:1、1:2、1:5、1:10、1:20、1:50，必要时，也可选用1:3、1:4、1:25、1:30、1:40等。

（2）详图的数量：常见的详图包括外墙身详图、楼梯间详图、卫生间详图、厨房详图、门窗详图、阳台详图、雨篷详图等。

（3）详图标志及详图索引符号：为了便于看图，常采用详图标志和详图索引标志。详图标志又称详图符号，通常标注在详图的下方；详图索引标志又称详图索引符号，表示建筑平、立、剖面图中某个部位需另画详图。

9.1.3 节点详图的绘制流程

在一般情况下，用户可以参照以下几个流程进行节点详图的绘制。

（1）调入原始图，在原始图形的基础上对其进行编辑，从而加快图形的绘制。

（2）在对原始图形进行编辑后，使用常用的绘图和编辑命令，对图形轮廓进行绘制。

（3）对图形的细节部分进行绘制。

（4）对图形进行文字和尺寸标注。

9.2　绘制感应门节点详图

案例效果

 源文件路径：
光盘\源文件\第9章

 素材路径：
光盘\素材\第9章

 教学视频路径：
光盘\教学视频\第9章

 制作时间：
55分钟

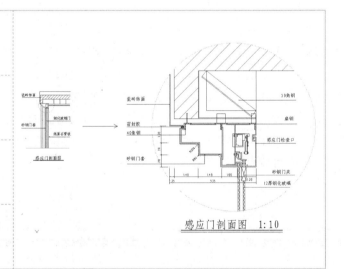

感应门剖面图　1:10

设计与制作思路

在创建详图的过程中，首先打开原始图，在原始图形的基础上对其进行编辑，然后使用"直线（L）"、"多段线（PL）"命令对门套进行绘制，接下来对感应门的细部（如角钢等）图形进行绘制，再绘制感应门检查口、玻璃门，以及墙体的连接图形，最后对图形进行标注。

9.2.1 编辑原始图

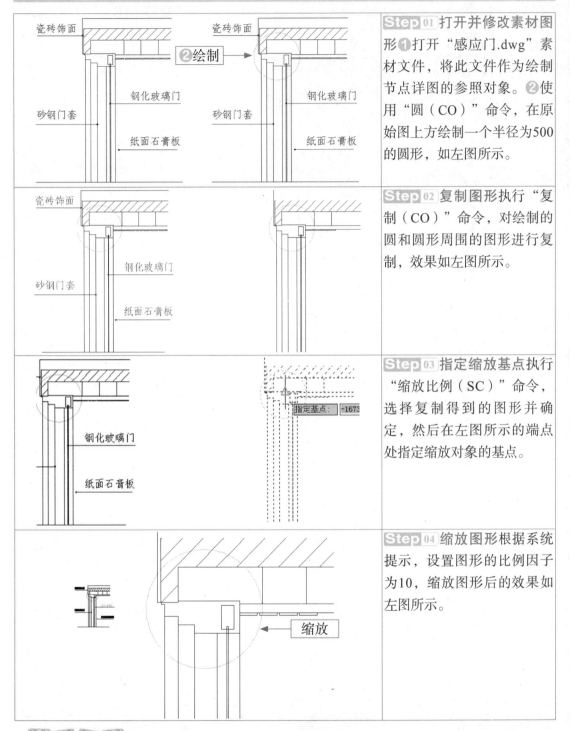

Step 01 打开并修改素材图形❶打开"感应门.dwg"素材文件，将此文件作为绘制节点详图的参照对象。❷使用"圆（CO）"命令，在原始图上方绘制一个半径为500的圆形，如左图所示。

Step 02 复制图形执行"复制（CO）"命令，对绘制的圆和圆形周围的图形进行复制，效果如左图所示。

Step 03 指定缩放基点执行"缩放比例（SC）"命令，选择复制得到的图形并确定，然后在左图所示的端点处指定缩放对象的基点。

Step 04 缩放图形根据系统提示，设置图形的比例因子为10，缩放图形后的效果如左图所示。

知识链接

　　"比例缩放"命令Scale（SC）不同于"视图缩放"命令Zoom（Z），前者是对选择图形进行等比例大小的缩放；后者只是对整个视图进行缩放，而不影响视图中的图形比例。

设
计
师
实
战
应
用

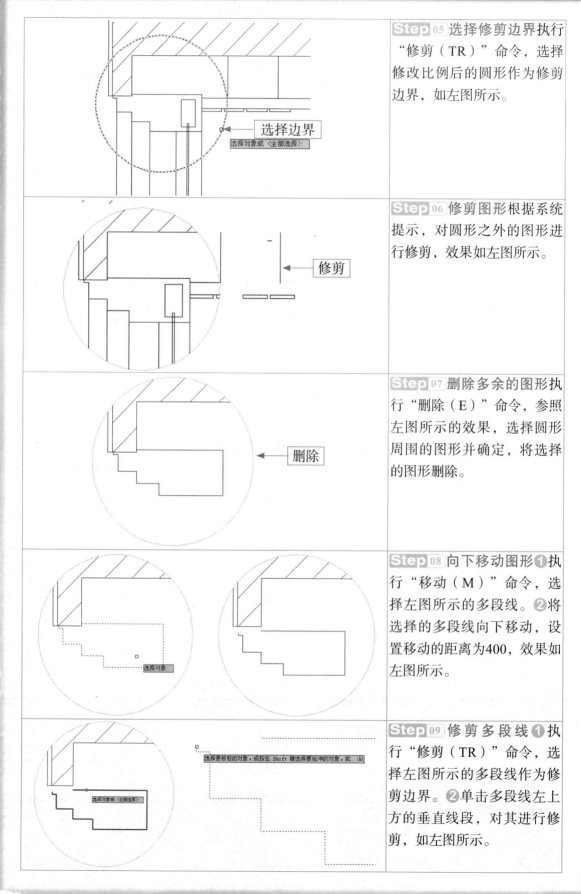

Step 05 选择修剪边界执行"修剪（TR）"命令，选择修改比例后的圆形作为修剪边界，如左图所示。

选择边界

选择对象或〈全部选择〉：

Step 06 修剪图形根据系统提示，对圆形之外的图形进行修剪，效果如左图所示。

修剪

Step 07 删除多余的图形执行"删除（E）"命令，参照左图所示的效果，选择圆形周围的图形并确定，将选择的图形删除。

删除

Step 08 向下移动图形❶执行"移动（M）"命令，选择左图所示的多段线。❷将选择的多段线向下移动，设置移动的距离为400，效果如左图所示。

选择对象

Step 09 修剪多段线❶执行"修剪（TR）"命令，选择左图所示的多段线作为修剪边界。❷单击多段线左上方的垂直线段，对其进行修剪，如左图所示。

选择要修剪的对象，或按住 Shift 键选择要延伸的对象，或 [退]

选择对象或〈全部选择〉：

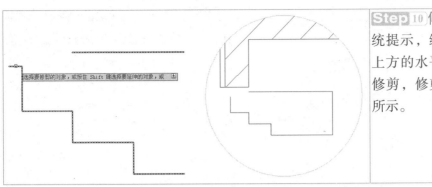

Step 10 修剪多段线根据系统提示，继续单击多段线左上方的水平线段，对其进行修剪，修剪后的效果如左图所示。

9.2.2 绘制门套图形

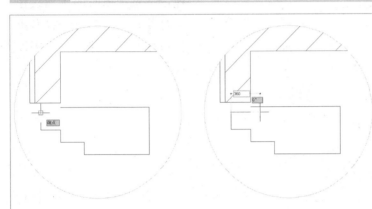

Step 01 绘制多段线❶执行"多段线（PL）"命令，在原有多段线的左上方端点处指定绘制多段线的起点。❷向右移动鼠标指针，指定该段线段的长度为300，如左图所示。

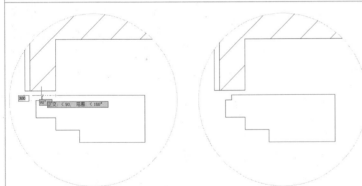

Step 02 绘制多段线❶根据系统提示向上移动鼠标指针，并指定该段线段的长度为300。❷向右移动鼠标指针，捕捉原有多段线右上方的端点，然后进行确定，创建的多段线如左图所示。

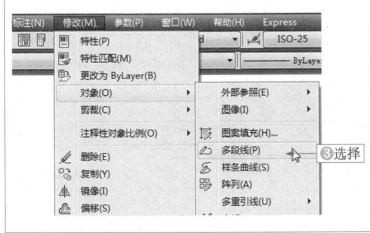

Step 03 执行修改多段线命令❶单击"修改"菜单。❷在弹出的菜单中指向"对象"命令。❸在子菜单中选择"多段线"命令，如左图所示。

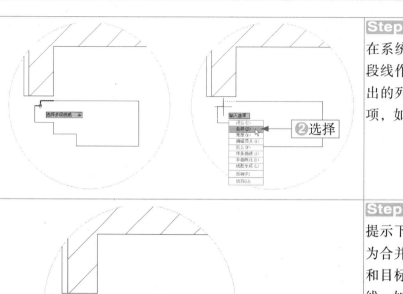

Step 04 选择编辑选项❶在系统提示下选择绘制的多段线作为编辑对象。❷在弹出的列表中选择"合并"选项，如左图所示。

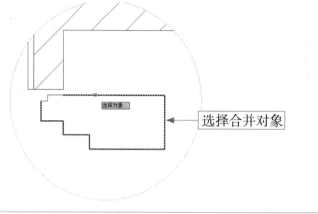

选择合并对象

Step 05 合并多段线在系统提示下选择原有的多段线作为合并对象，即可将源对象和目标对象合并为一条多段线，如左图所示。

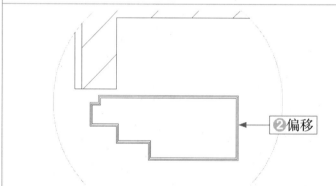

❷偏移

Step 06 偏移多段线❶执行"偏移（O）"命令，设置偏移距离为50。❷选择合并后的多段线，将其向内偏移两次，效果如左图所示。

9.2.3 绘制角钢

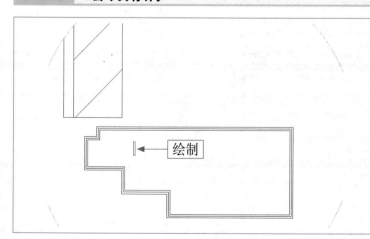

绘制

Step 01 绘制矩形执行"矩形（REC）"命令，参照左图所示的效果，绘制一个长为50、高度为400的矩形。

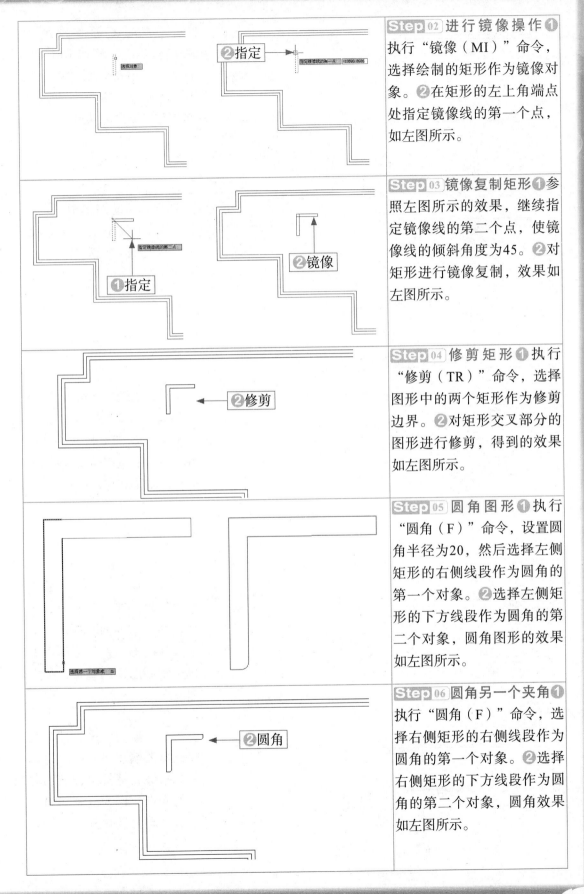

Step 02 进行镜像操作① 执行"镜像（MI）"命令，选择绘制的矩形作为镜像对象。②在矩形的左上角端点处指定镜像线的第一个点，如左图所示。

Step 03 镜像复制矩形① 参照左图所示的效果，继续指定镜像线的第二个点，使镜像线的倾斜角度为45。②对矩形进行镜像复制，效果如左图所示。

Step 04 修剪矩形① 执行"修剪（TR）"命令，选择图形中的两个矩形作为修剪边界。②对矩形交叉部分的图形进行修剪，得到的效果如左图所示。

Step 05 圆角图形① 执行"圆角（F）"命令，设置圆角半径为20，然后选择左侧矩形的右侧线段作为圆角的第一个对象。②选择左侧矩形的下方线段作为圆角的第二个对象，圆角图形的效果如左图所示。

Step 06 圆角另一个夹角① 执行"圆角（F）"命令，选择右侧矩形的右侧线段作为圆角的第一个对象。②选择右侧矩形的下方线段作为圆角的第二个对象，圆角效果如左图所示。

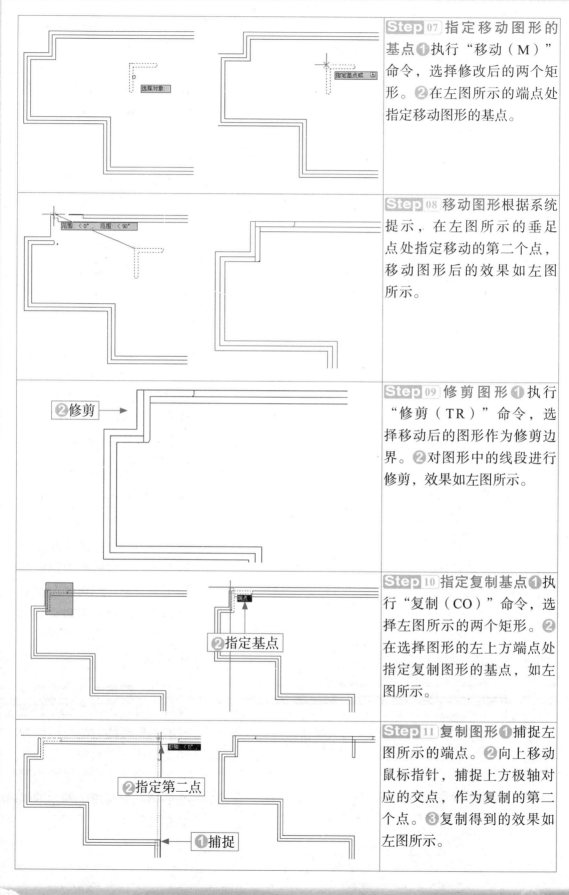

Step 07 指定移动图形的基点①执行"移动（M）"命令，选择修改后的两个矩形。②在左图所示的端点处指定移动图形的基点。

Step 08 移动图形根据系统提示，在左图所示的垂足点处指定移动的第二个点，移动图形后的效果如左图所示。

Step 09 修剪图形①执行"修剪（TR）"命令，选择移动后的图形作为修剪边界。②对图形中的线段进行修剪，效果如左图所示。

Step 10 指定复制基点①执行"复制（CO）"命令，选择左图所示的两个矩形。②在选择图形的左上方端点处指定复制图形的基点，如左图所示。

Step 11 复制图形①捕捉左图所示的端点。②向上移动鼠标指针，捕捉上方极轴对应的交点，作为复制的第二个点。③复制得到的效果如左图所示。

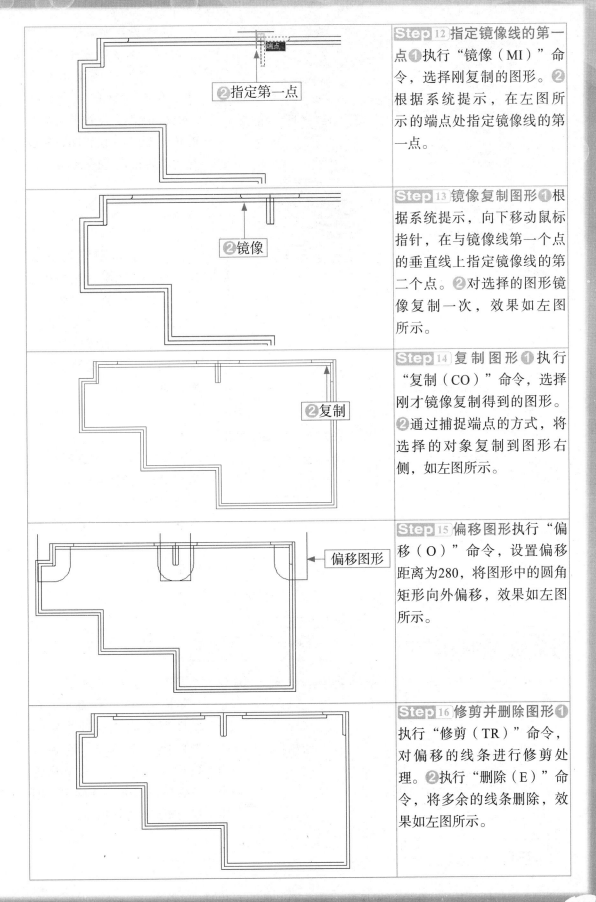

Step 12 指定镜像线的第一点❶执行"镜像（MI）"命令，选择刚复制的图形。❷根据系统提示，在左图所示的端点处指定镜像线的第一点。

Step 13 镜像复制图形❶根据系统提示，向下移动鼠标指针，在与镜像线第一个点的垂直线上指定镜像线的第二个点。❷对选择的图形镜像复制一次，效果如左图所示。

Step 14 复制图形❶执行"复制（CO）"命令，选择刚才镜像复制得到的图形。❷通过捕捉端点的方式，将选择的对象复制到图形右侧，如左图所示。

Step 15 偏移图形执行"偏移（O）"命令，设置偏移距离为280，将图形中的圆角矩形向外偏移，效果如左图所示。

Step 16 修剪并删除图形❶执行"修剪（TR）"命令，对偏移的线条进行修剪处理。❷执行"删除（E）"命令，将多余的线条删除，效果如左图所示。

Step 17 设置图案填充参数 ❶ 执行"图案填充（H）"命令，打开"图案填充和渐变色"对话框。❷ 选择 ANSI32图案，设置图案填充的角度为270，设置图案的填充比例为200，如左图所示。

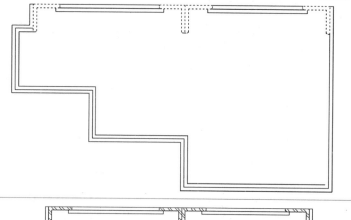

Step 18 指定图案填充区域 ❶ 单击"图案填充和渐变色"对话框中的"添加：拾取点"按钮⊞。❷ 在图形中表示角钢的图形区域单击鼠标左键，指定图案的填充区域，如左图所示。

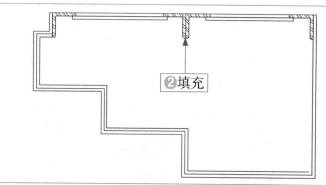

Step 19 填充角钢图案 ❶ 指定填充区域后进行确定，返回"图案填充和渐变色"对话框。❷ 单击"确定"按钮，完成图案的填充，效果如左图所示。

9.2.4 绘制钢结构

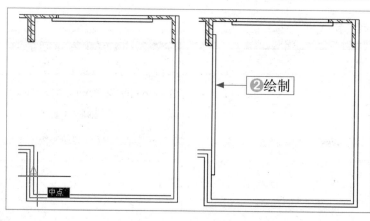

Step 01 绘制矩形 ❶ 执行"矩形（REC）"命令，在左图所示的中点处指定矩形的第一个角点。❷ 输入矩形另一个角点的坐标为"@50，2000"并确定，创建的矩形如左图所示。

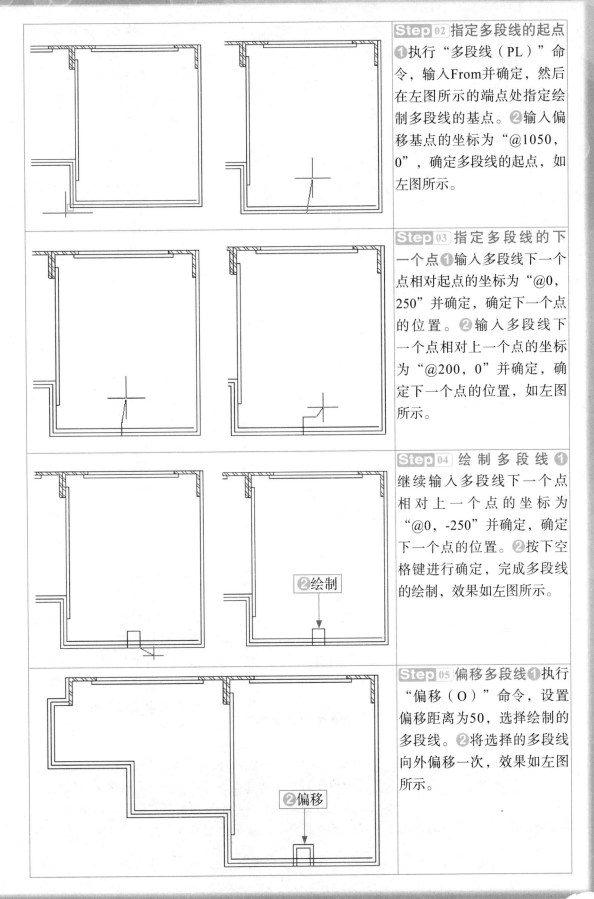

Step 02 指定多段线的起点 ❶执行"多段线（PL）"命令，输入From并确定，然后在左图所示的端点处指定绘制多段线的基点。❷输入偏移基点的坐标为"@1050，0"，确定多段线的起点，如左图所示。

Step 03 指定多段线的下一个点 ❶输入多段线下一个点相对起点的坐标为"@0，250"并确定，确定下一个点的位置。❷输入多段线下一个点相对上一个点的坐标为"@200，0"并确定，确定下一个点的位置，如左图所示。

Step 04 绘制多段线 ❶继续输入多段线下一个点相对上一个点的坐标为"@0，-250"并确定，确定下一个点的位置。❷按下空格键进行确定，完成多段线的绘制，效果如左图所示。

Step 05 偏移多段线 ❶执行"偏移（O）"命令，设置偏移距离为50，选择绘制的多段线。❷将选择的多段线向外偏移一次，效果如左图所示。

设计师实战应用

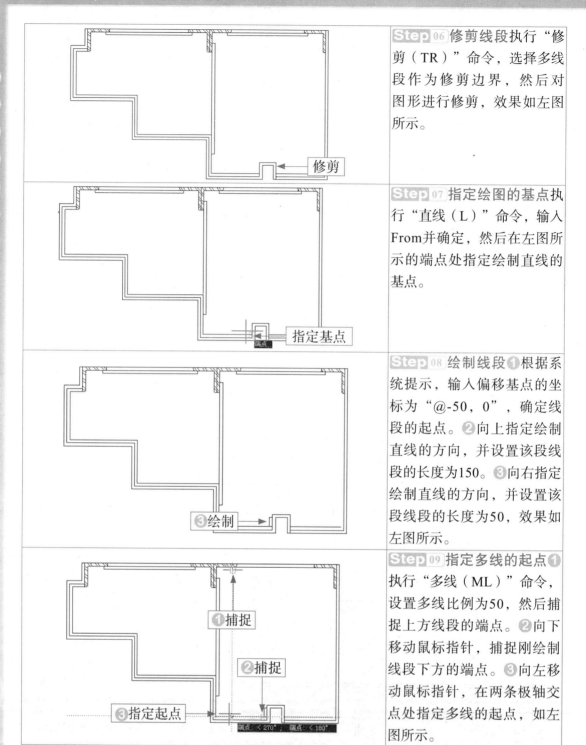

Step 06 修剪线段执行"修剪（TR）"命令，选择多线段作为修剪边界，然后对图形进行修剪，效果如左图所示。

修剪

Step 07 指定绘图的基点执行"直线（L）"命令，输入From并确定，然后在左图所示的端点处指定绘制直线的基点。

指定基点
端点

Step 08 绘制线段❶根据系统提示，输入偏移基点的坐标为"@-50，0"，确定线段的起点。❷向上指定绘制直线的方向，并设置该段线段的长度为150。❸向右指定绘制直线的方向，并设置该段线段的长度为50，效果如左图所示。

❸绘制

Step 09 指定多线的起点❶执行"多线（ML）"命令，设置多线比例为50，然后捕捉上方线段的端点。❷向下移动鼠标指针，捕捉刚绘制线段下方的端点。❸向左移动鼠标指针，在两条极轴交点处指定多线的起点，如左图所示。

❶捕捉

❷捕捉

❸指定起点

端点：< 270°   端点：< 180°

操作技巧

在绘制图形的过程中，用户可以通过对象捕捉追踪功能确定指定点的位置。使用对象捕捉追踪功能可以沿指定方向（称为对齐路径）按指定角度或与其他对象的指定关系创建对象。对象捕捉追踪功能需要与对象捕捉一起使用，因此必须先设置对象捕捉，才能从对象的捕捉点进行追踪。

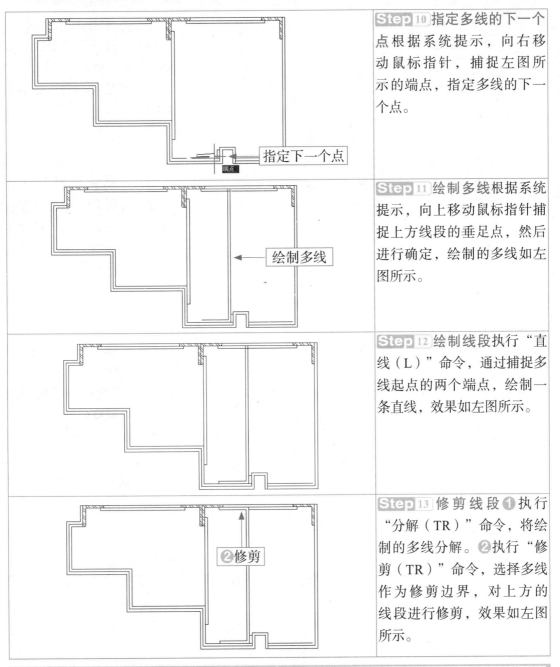

Step 10 指定多线的下一个点根据系统提示，向右移动鼠标指针，捕捉左图所示的端点，指定多线的下一个点。

Step 11 绘制多线根据系统提示，向上移动鼠标指针捕捉上方线段的垂足点，然后进行确定，绘制的多线如左图所示。

Step 12 绘制线段执行"直线（L）"命令，通过捕捉多线起点的两个端点，绘制一条直线，效果如左图所示。

Step 13 修剪线段❶执行"分解（TR）"命令，将绘制的多线分解。❷执行"修剪（TR）"命令，选择多线作为修剪边界，对上方的线段进行修剪，效果如左图所示。

9.2.5　绘制控制器细部

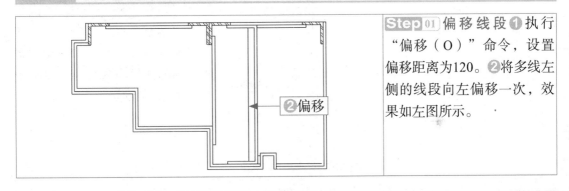

Step 01 偏移线段❶执行"偏移（O）"命令，设置偏移距离为120。❷将多线左侧的线段向左偏移一次，效果如左图所示。

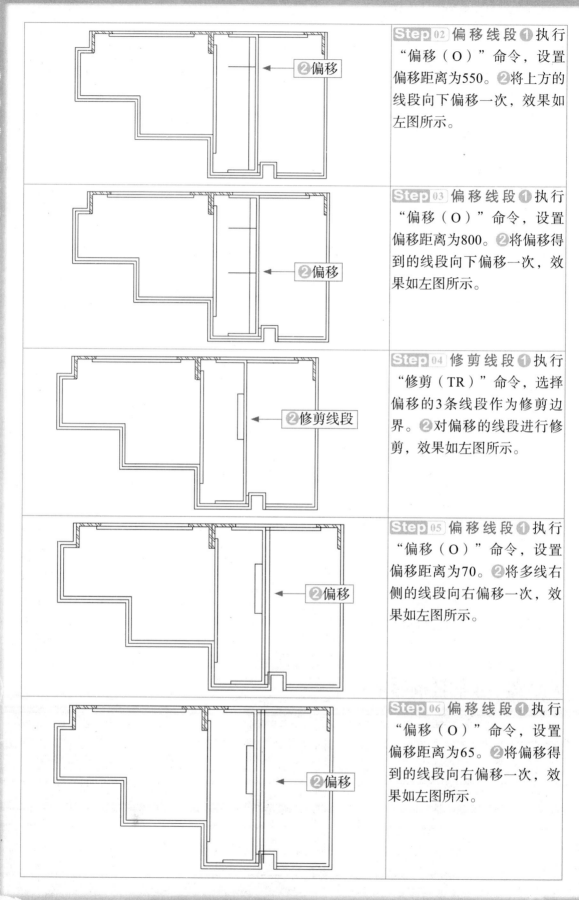

Step 02 偏移线段① 执行"偏移（O）"命令，设置偏移距离为550。②将上方的线段向下偏移一次，效果如左图所示。

Step 03 偏移线段① 执行"偏移（O）"命令，设置偏移距离为800。②将偏移得到的线段向下偏移一次，效果如左图所示。

Step 04 修剪线段① 执行"修剪（TR）"命令，选择偏移的3条线段作为修剪边界。②对偏移的线段进行修剪，效果如左图所示。

Step 05 偏移线段① 执行"偏移（O）"命令，设置偏移距离为70。②将多线右侧的线段向右偏移一次，效果如左图所示。

Step 06 偏移线段① 执行"偏移（O）"命令，设置偏移距离为65。②将偏移得到的线段向右偏移一次，效果如左图所示。

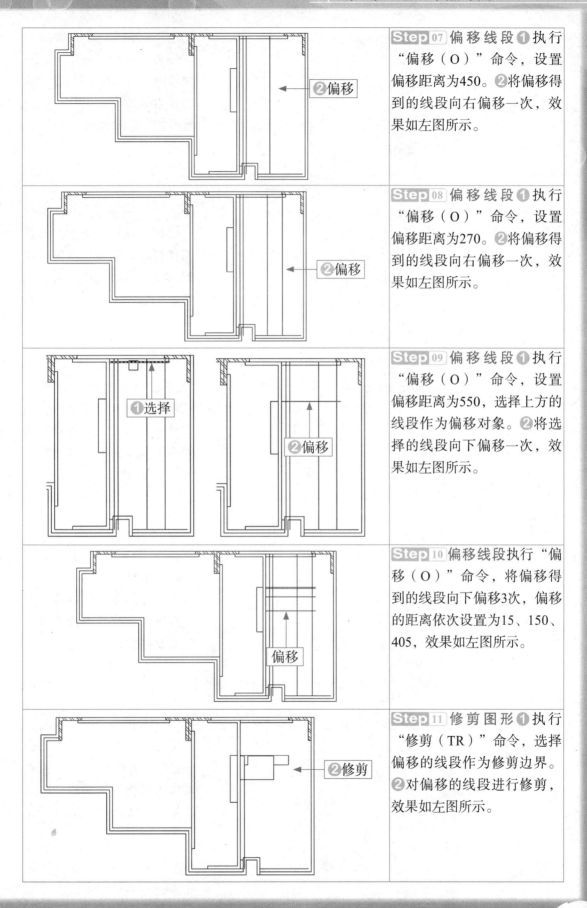

Step 07 偏移线段❶执行"偏移（O）"命令，设置偏移距离为450。❷将偏移得到的线段向右偏移一次，效果如左图所示。

Step 08 偏移线段❶执行"偏移（O）"命令，设置偏移距离为270。❷将偏移得到的线段向右偏移一次，效果如左图所示。

Step 09 偏移线段❶执行"偏移（O）"命令，设置偏移距离为550，选择上方的线段作为偏移对象。❷将选择的线段向下偏移一次，效果如左图所示。

Step 10 偏移线段执行"偏移（O）"命令，将偏移得到的线段向下偏移3次，偏移的距离依次设置为15、150、405，效果如左图所示。

Step 11 修剪图形❶执行"修剪（TR）"命令，选择偏移的线段作为修剪边界。❷对偏移的线段进行修剪，效果如左图所示。

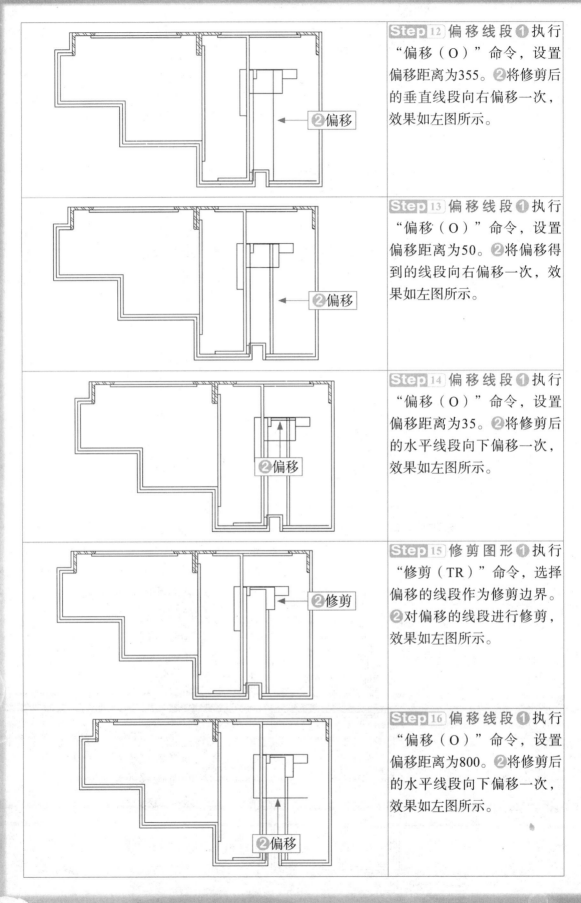

Step 12 偏移线段❶执行"偏移（O）"命令，设置偏移距离为355。❷将修剪后的垂直线段向右偏移一次，效果如左图所示。

❷偏移

Step 13 偏移线段❶执行"偏移（O）"命令，设置偏移距离为50。❷将偏移得到的线段向右偏移一次，效果如左图所示。

❷偏移

Step 14 偏移线段❶执行"偏移（O）"命令，设置偏移距离为35。❷将修剪后的水平线段向下偏移一次，效果如左图所示。

❷偏移

Step 15 修剪图形❶执行"修剪（TR）"命令，选择偏移的线段作为修剪边界。❷对偏移的线段进行修剪，效果如左图所示。

❷修剪

Step 16 偏移线段❶执行"偏移（O）"命令，设置偏移距离为800。❷将修剪后的水平线段向下偏移一次，效果如左图所示。

❷偏移

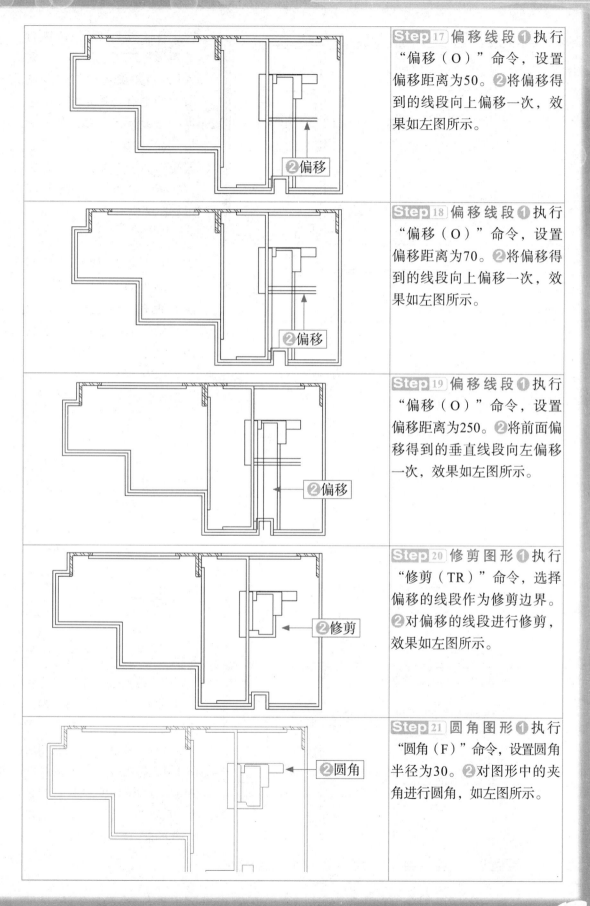

Step 17 偏移线段❶执行"偏移（O）"命令，设置偏移距离为50。❷将偏移得到的线段向上偏移一次，效果如左图所示。

Step 18 偏移线段❶执行"偏移（O）"命令，设置偏移距离为70。❷将偏移得到的线段向上偏移一次，效果如左图所示。

Step 19 偏移线段❶执行"偏移（O）"命令，设置偏移距离为250。❷将前面偏移得到的垂直线段向左偏移一次，效果如左图所示。

Step 20 修剪图形❶执行"修剪（TR）"命令，选择偏移的线段作为修剪边界。❷对偏移的线段进行修剪，效果如左图所示。

Step 21 圆角图形❶执行"圆角（F）"命令，设置圆角半径为30。❷对图形中的夹角进行圆角，如左图所示。

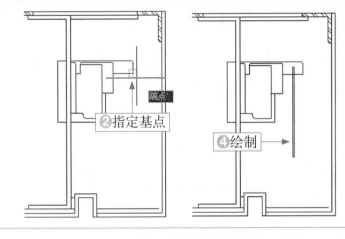

Step 22 绘制矩形❶执行"矩形（REC）"命令，输入From并确定。❷在左图所示的端点处指定绘图的基点。❸设置偏移基点的坐标为"@-120，102"。❹设置矩形另一个角点的坐标为"@-20，-1200"，创建的矩形如左图所示。

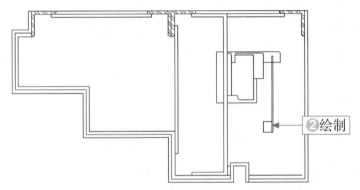

Step 23 绘制矩形❶执行"矩形（REC）"命令，在刚绘制的矩形左下角端点处指定矩形的起点。❷设置矩形另一个角点的坐标为"@-130，170"，创建的矩形如左图所示。

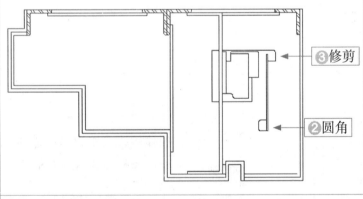

Step 24 圆角和修剪图形❶执行"圆角（F）"命令，设置圆角半径为30。❷对矩形左侧两个夹角进行圆角。❸执行"修剪（TR）"命令，对水平线段进行修剪，效果如左图所示。

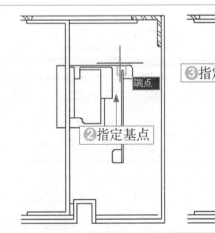

Step 25 指定多线的起点❶执行"多线（ML）"命令，设置多线的比例为30、多线的对正方式为"上(T)"。❷输入From并确定，在左图所示的端点处指定绘制多线的基点。❸设置偏移基点的坐标值为"@0，-40"，确定多线的起点，如左图所示。

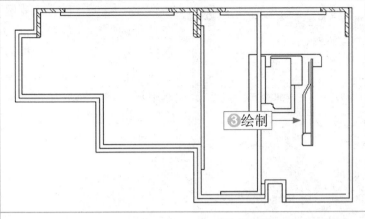

Step 26 绘制多线①输入多线下一个点的相对坐标为"@0，-300"并确定。②继续输入多线下一个点的相对坐标为"@-90，-150"并确定。③捕捉下方矩形的垂足点并确定，创建的多线如左图所示。

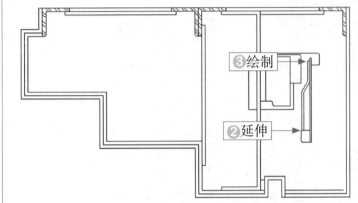

Step 27 绘制线段①执行"分解（X）"命令，将绘制的多线进行分解。②执行"延伸（EX）"命令，将分解后的多线延伸到圆角矩形的上方线段上。③执行"直线（L）"命令，绘制一条直线连接多线上方的端点，如左图所示。

9.2.6 创建六角螺母

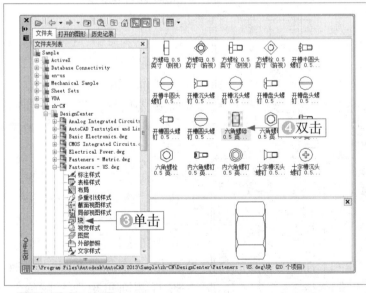

Step 01 双击块对象①执行"设计中心（ADC）"命令，打开"设计中心"选项板。②在左侧文件夹列表中展开安装AutoCAD程序所在的文件夹，再依次展开Sample\zh-CN\DesignCenter文件夹。③展开当前文件夹中的Fasteners-US.dwg文件，再单击其中的"块"选项。④双击右侧窗格中的"六角螺母0.5英寸（侧视）"块对象，如左图所示。

知识链接

在AutoCAD中，使用"设计中心"选项板可以浏览用户计算机、网络驱动器和Web页上的图形内容，还可以查看任意图形文件中块和图层的定义表，然后将定义插入、附着、复制和粘贴到当前图形中。

设计师实战应用

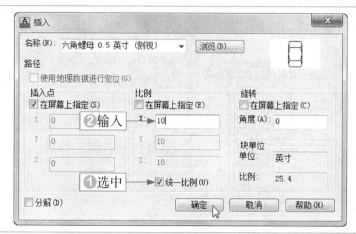

Step 02 设置插入参数① 在打开的"插入"对话框中选中"统一比例"复选框。②在"比例"区域的X文本框中输入10，然后单击"确定"按钮，如左图所示。

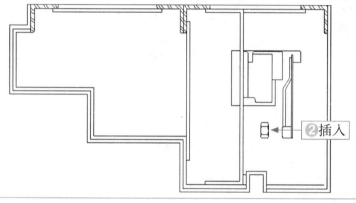

Step 03 插入六角螺母①单击"插入"对话框中的"确定"按钮后，将进入绘图区中。②此时在屏幕中单击鼠标左键，即可将六角螺母图形插入到指定的位置，效果如左图所示。

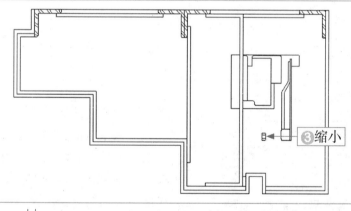

Step 04 缩放六角螺母①此时会发现插入的六角螺母有点偏大，执行"比例缩放（SC）"命令，选择六角螺母。②在六角螺母图形上的任意位置指定缩放的基点。③输入比例因子为0.5并确定，将六角螺母缩小，效果如左图所示。

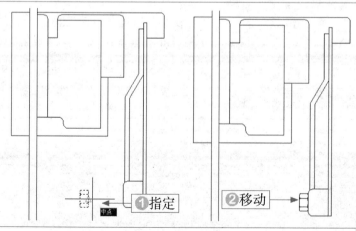

Step 05 移动六角螺母①执行"移动（M）"命令，选择插入的六角螺母，然后在六角螺母右侧线段的中点处指定移动的基点。②捕捉右侧圆角矩形左侧的线段中点，指定移动的第二个点，移动图形后的效果如左图所示。

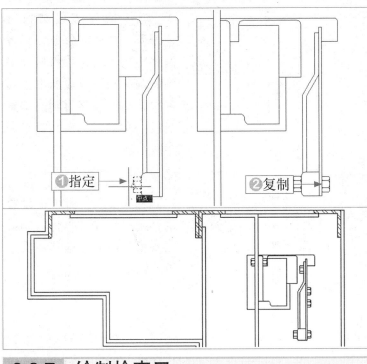

Step 06 复制六角螺母❶执行"复制（CO）"命令，选择六角螺母图形，然后在六角螺母左侧线段的中点处指定复制的基点。❷捕捉右侧垂直线段的垂足点，指定复制的第二个点，复制图形后的效果如左图所示。

Step 07 复制其他图形参照上述介绍的方法，使用"复制（CO）"命令，将六角螺母图形依次复制到其他位置，效果如左图所示。

9.2.7 绘制检查口

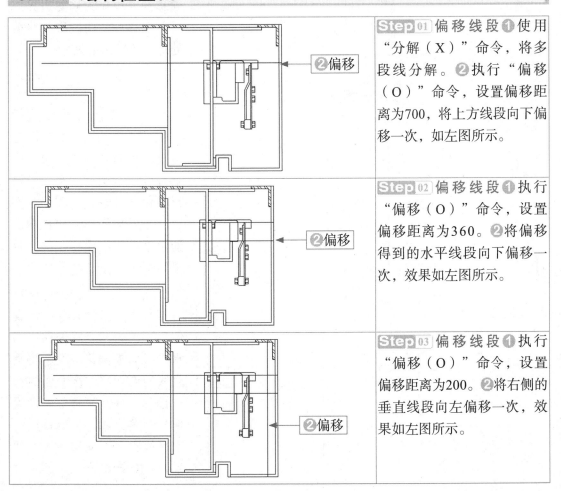

Step 01 偏移线段❶使用"分解（X）"命令，将多段线分解。❷执行"偏移（O）"命令，设置偏移距离为700，将上方线段向下偏移一次，如左图所示。

Step 02 偏移线段❶执行"偏移（O）"命令，设置偏移距离为360。❷将偏移得到的水平线段向下偏移一次，效果如左图所示。

Step 03 偏移线段❶执行"偏移（O）"命令，设置偏移距离为200。❷将右侧的垂直线段向左偏移一次，效果如左图所示。

设计师实战应用

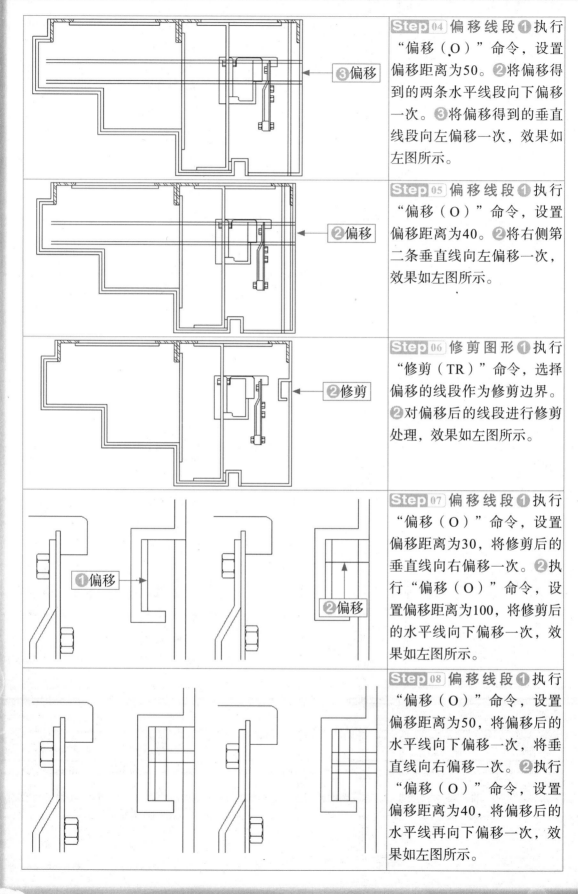

③偏移

Step 04 偏移线段❶执行"偏移（O）"命令，设置偏移距离为50。❷将偏移得到的两条水平线段向下偏移一次。❸将偏移得到的垂直线段向左偏移一次，效果如左图所示。

②偏移

Step 05 偏移线段❶执行"偏移（O）"命令，设置偏移距离为40。❷将右侧第二条垂直线向左偏移一次，效果如左图所示。

②修剪

Step 06 修剪图形❶执行"修剪（TR）"命令，选择偏移的线段作为修剪边界。❷对偏移后的线段进行修剪处理，效果如左图所示。

❶偏移

②偏移

Step 07 偏移线段❶执行"偏移（O）"命令，设置偏移距离为30，将修剪后的垂直线向右偏移一次。❷执行"偏移（O）"命令，设置偏移距离为100，将修剪后的水平线向下偏移一次，效果如左图所示。

Step 08 偏移线段❶执行"偏移（O）"命令，设置偏移距离为50，将偏移后的水平线向下偏移一次，将垂直线向右偏移一次。❷执行"偏移（O）"命令，设置偏移距离为40，将偏移后的水平线再向下偏移一次，效果如左图所示。

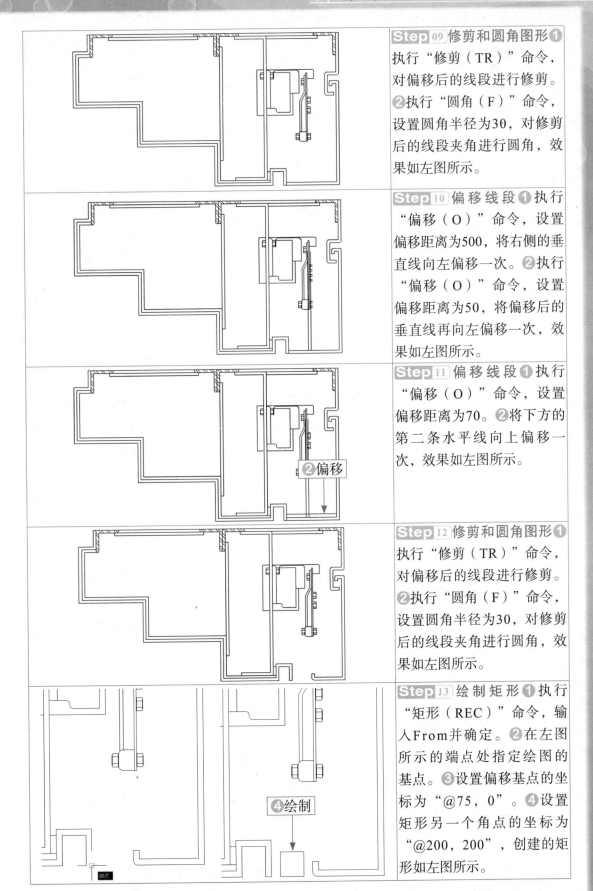

Step 09 修剪和圆角图形❶
执行"修剪（TR）"命令，
对偏移后的线段进行修剪。
❷执行"圆角（F）"命令，
设置圆角半径为30，对修剪
后的线段夹角进行圆角，效
果如左图所示。

Step 10 偏移线段❶执行
"偏移（O）"命令，设置
偏移距离为500，将右侧的垂
直线向左偏移一次。❷执行
"偏移（O）"命令，设置
偏移距离为50，将偏移后的
垂直线再向左偏移一次，效
果如左图所示。

Step 11 偏移线段❶执行
"偏移（O）"命令，设置
偏移距离为70。❷将下方的
第二条水平线向上偏移一
次，效果如左图所示。

Step 12 修剪和圆角图形❶
执行"修剪（TR）"命令，
对偏移后的线段进行修剪。
❷执行"圆角（F）"命令，
设置圆角半径为30，对修剪
后的线段夹角进行圆角，效
果如左图所示。

Step 13 绘制矩形❶执行
"矩形（REC）"命令，输
入From并确定。❷在左图
所示的端点处指定绘图的
基点。❸设置偏移基点的坐
标为"@75，0"。❹设置
矩形另一个角点的坐标为
"@200，200"，创建的矩
形如左图所示。

❷偏移

❹绘制

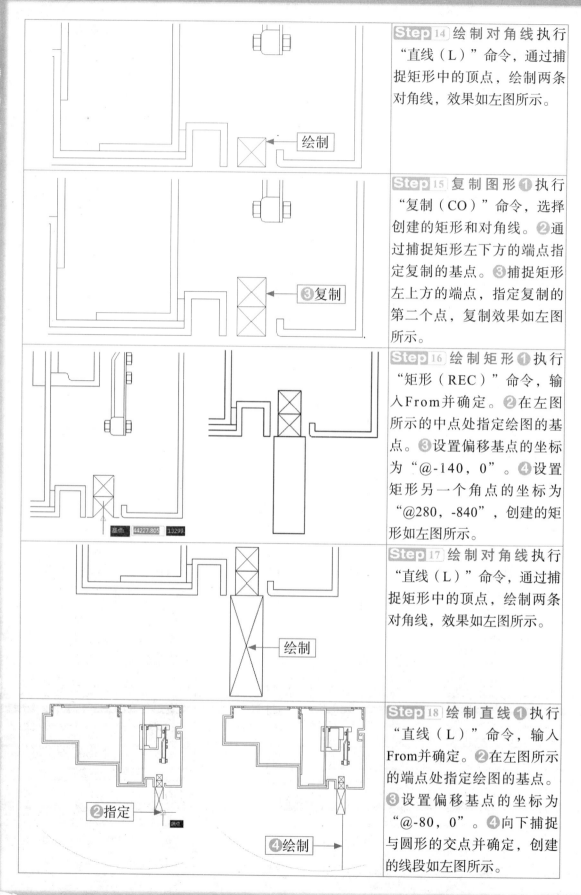

Step 14 绘制对角线执行"直线（L）"命令，通过捕捉矩形中的顶点，绘制两条对角线，效果如左图所示。

绘制

Step 15 复制图形❶执行"复制（CO）"命令，选择创建的矩形和对角线。❷通过捕捉矩形左下方的端点指定复制的基点。❸捕捉矩形左上方的端点，指定复制的第二个点，复制效果如左图所示。

❸复制

Step 16 绘制矩形❶执行"矩形（REC）"命令，输入From并确定。❷在左图所示的中点处指定绘图的基点。❸设置偏移基点的坐标为"@-140，0"。❹设置矩形另一个角点的坐标为"@280，-840"，创建的矩形如左图所示。

基点 44227.805 13299.

Step 17 绘制对角线执行"直线（L）"命令，通过捕捉矩形中的顶点，绘制两条对角线，效果如左图所示。

绘制

Step 18 绘制直线❶执行"直线（L）"命令，输入From并确定。❷在左图所示的端点处指定绘图的基点。❸设置偏移基点的坐标为"@-80，0"。❹向下捕捉与圆形的交点并确定，创建的线段如左图所示。

❷指定

❹绘制

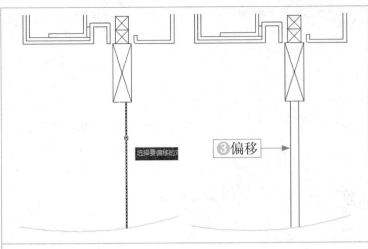

Step 19 偏移线段❶执行"偏移（O）"命令，设置偏移的距离为120。❷选择绘制的垂直线段作为偏移对象。❸将选择的线段向左偏移一次，效果如左图所示。

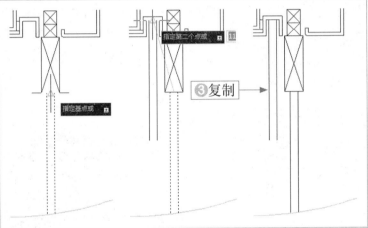

Step 20 复制图形❶执行"复制（CO）"命令，选择创建的两条垂直线段，在矩形下方的中点处指定复制的基点。❷向左捕捉水平线段的中点，指定复制的第二点。❸复制图形的效果如左图所示。

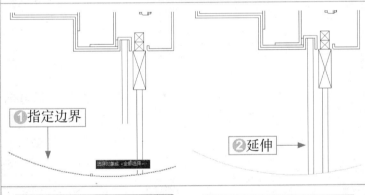

Step 21 延伸线段❶执行"延伸（EX）"命令，选择大圆形作为延伸的边界。❷分别对偏移得到的线段和复制得到的线段向下延伸，效果如左图所示。

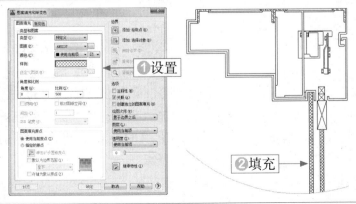

Step 22 填充图形图案❶执行"图案填充（H）"命令，在打开的"图案填充和渐变色"对话框中选择ANSI37图案，设置图案的比例为500。❷分别对创建的线条与圆形之间的区域进行图案填充，效果如左图所示。

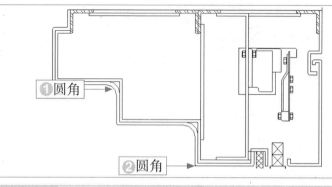

Step 23 圆角图形❶参照左图所示的效果，执行"圆角（F）"命令，设置圆角半径为200，然后对图形进行圆角处理。❷执行"圆角（F）"命令，设置圆角半径为30，对其他夹角进行圆角处理。

9.2.8 绘制感应器细部

Step 01 单击"修改"按钮❶选择"格式"|"多线样式"命令，打开"多线样式"对话框。❷单击该对话框中的"修改"按钮，如左图所示。

经 验 分 享

在默认状态下，多线两头为开口样式，用户可以通过对多线的"封口"进行设置，从而绘制出两头为封口的多线效果。

Step 02 修改多线封口样式❶打开"修改多线样式"对话框，在"封口"区域的"直线"选项中选中"起点"和"端点"复选框。❷单击"确定"按钮，如左图所示。

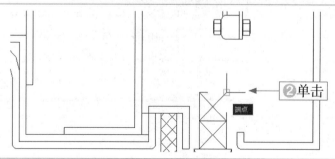

Step 03 指定绘制多线的基点❶执行"多线（ML）"命令，设置多线比例为50。❷输入From并确定，在左图所示的端点处指定绘图的基点。

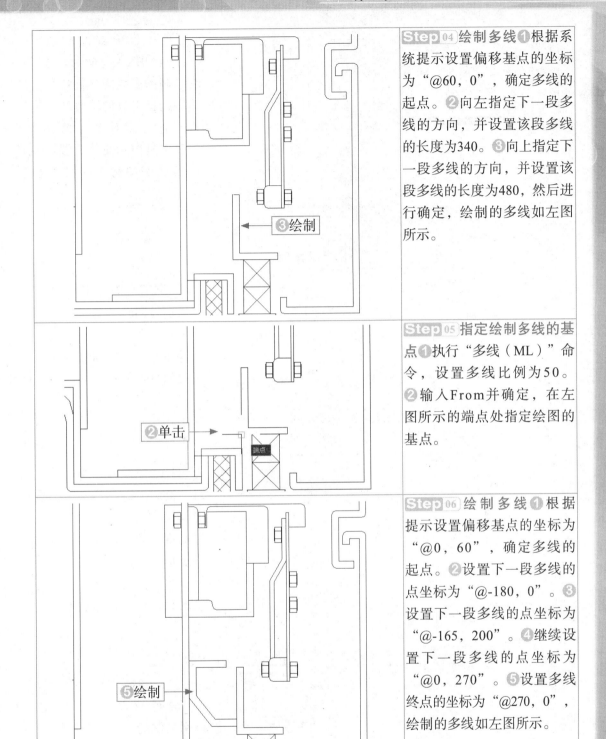

Step 04 绘制多线❶根据系统提示设置偏移基点的坐标为"@60，0"，确定多线的起点。❷向左指定下一段多线的方向，并设置该段多线的长度为340。❸向上指定下一段多线的方向，并设置该段多线的长度为480，然后进行确定，绘制的多线如左图所示。

Step 05 指定绘制多线的基点❶执行"多线（ML）"命令，设置多线比例为50。❷输入From并确定，在左图所示的端点处指定绘图的基点。

Step 06 绘制多线❶根据提示设置偏移基点的坐标为"@0，60"，确定多线的起点。❷设置下一段多线的点坐标为"@-180，0"。❸设置下一段多线的点坐标为"@-165，200"。❹继续设置下一段多线的点坐标为"@0，270"。❺设置多线终点的坐标为"@270，0"，绘制的多线如左图所示。

操作技巧

　　在绘制线条图形时，可以先指定线段的方向，然后再确定线段的长度；也可以通过指定线段下一个点的相对坐标，确定线段的方向和长度。

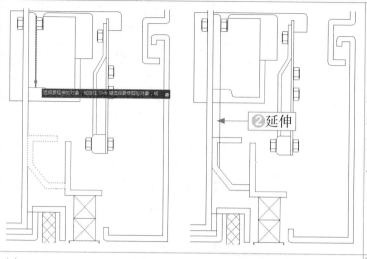

Step 07 延伸线段❶执行"延伸（EX）"命令，选择刚绘制的多线为延伸边界，然后选择上方的垂直线段进行延伸。❷对垂直线段进行多次延伸，使其下端延伸到多线的斜边上，如左图所示。

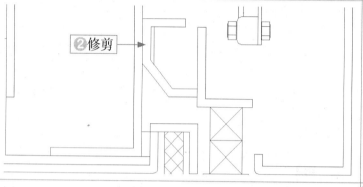

Step 08 修剪图形❶执行"修剪（TR）"命令，选择多线作为修剪边界。❷对刚延伸下来的线段进行修剪，效果如左图所示。

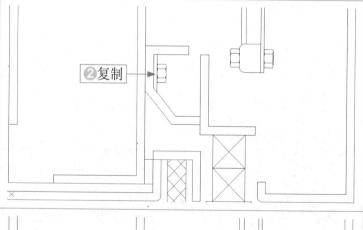

Step 09 复制六角螺母❶执行"复制（CO）"命令，选择其中的一个六角螺母，通过捕捉六角螺母左侧线段的中点指定复制的基点。❷捕捉修剪线段的中点，指定复制的第二点，复制效果如左图所示。

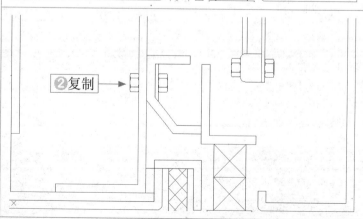

Step 10 复制六角螺母❶执行"复制（CO）"命令，选择刚复制的一个六角螺母，捕捉六角螺母右侧线段的中点指定复制的基点。❷向左捕捉左侧线段的垂足点，指定复制的第二点，复制效果如左图所示。

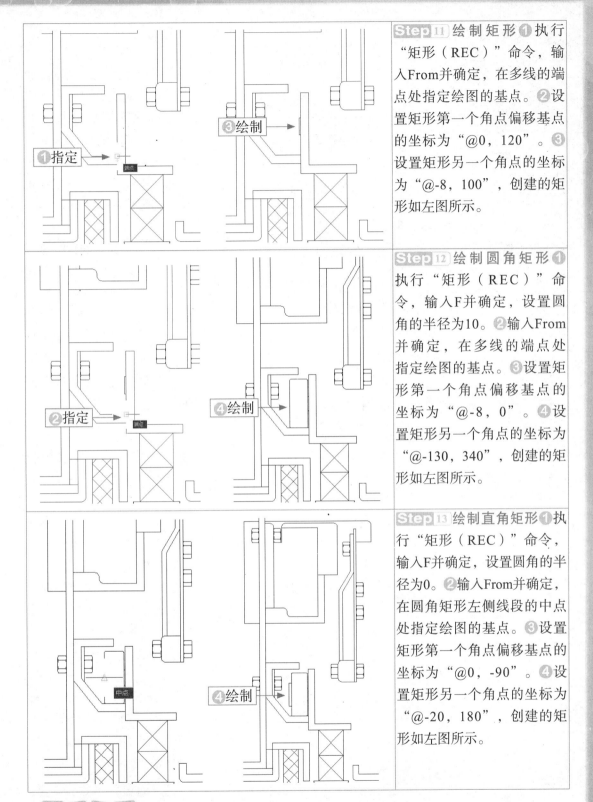

Step 11 绘制矩形❶执行"矩形（REC）"命令，输入From并确定，在多线的端点处指定绘图的基点。❷设置矩形第一个角点偏移基点的坐标为"@0，120"。❸设置矩形另一个角点的坐标为"@-8，100"，创建的矩形如左图所示。

Step 12 绘制圆角矩形❶执行"矩形（REC）"命令，输入F并确定，设置圆角的半径为10。❷输入From并确定，在多线的端点处指定绘图的基点。❸设置矩形第一个角点偏移基点的坐标为"@-8，0"。❹设置矩形另一个角点的坐标为"@-130，340"，创建的矩形如左图所示。

Step 13 绘制直角矩形❶执行"矩形（REC）"命令，输入F并确定，设置圆角的半径为0。❷输入From并确定，在圆角矩形左侧线段的中点处指定绘图的基点。❸设置矩形第一个角点偏移基点的坐标为"@0，-90"。❹设置矩形另一个角点的坐标为"@-20，180"，创建的矩形如左图所示。

操作技巧

　　在执行绘图或编辑命令时，如果前面设置了命令的参数（如矩形的圆角或倒角参数），则在下一次执行该命令时，继续延用前面所设置的参数，直到重新修改这些参数为止。

9.2.9 绘制连接体

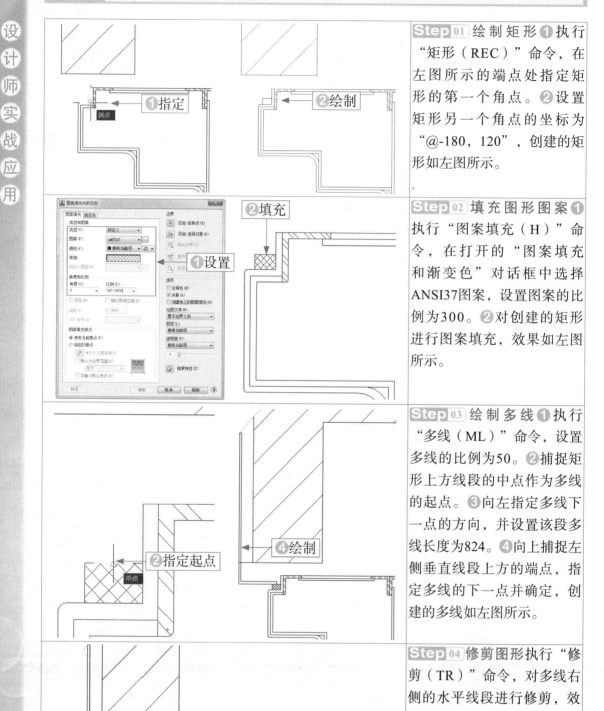

Step 01 绘制矩形❶执行"矩形（REC）"命令，在左图所示的端点处指定矩形的第一个角点。❷设置矩形另一个角点的坐标为"@-180，120"，创建的矩形如左图所示。

Step 02 填充图形图案❶执行"图案填充（H）"命令，在打开的"图案填充和渐变色"对话框中选择ANSI37图案，设置图案的比例为300。❷对创建的矩形进行图案填充，效果如左图所示。

Step 03 绘制多线❶执行"多线（ML）"命令，设置多线的比例为50。❷捕捉矩形上方线段的中点作为多线的起点。❸向左指定多线下一点的方向，并设置该段多线长度为824。❹向上捕捉左侧垂直线段上方的端点，指定多线的下一点并确定，创建的多线如左图所示。

Step 04 修剪图形执行"修剪（TR）"命令，对多线右侧的水平线段进行修剪，效果如左图所示。

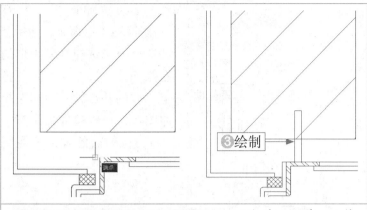

Step 05 绘制矩形 ❶执行"矩形（REC）"命令，输入From并确定，在左图所示的端点处指定绘图的基点。❷设置第一个角点偏移基点的坐标为"@150，0"。❸设置另一个角点的坐标为"@80，600"，创建的矩形如左图所示。

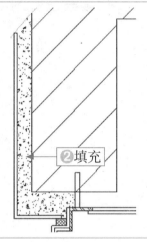

Step 06 填充图形图案❶执行"图案填充（H）"命令，在打开的"图案填充和渐变色"对话框中选择AR-CONC图案，设置图案的比例为30。❷对创建的矩形和多线之间形成的区域进行图案填充，效果如左图所示。

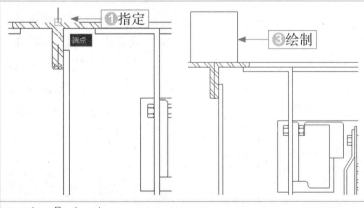

Step 07 绘制矩形 ❶执行"矩形（REC）"命令，输入From并确定，在左图所示的端点处指定绘图的基点。❷设置第一个角点偏移基点的坐标为"@-270，0"。❸设置另一个角点的坐标为"@540，570"，创建的矩形如左图所示。

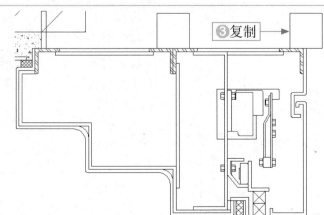

Step 08 复制矩形 ❶执行"复制（CO）"命令，选择绘制的矩形。❷捕捉矩形下方的中点作为复制的基点。❸向右捕捉水平线段的端点作为复制的第二个点，复制的矩形如左图所示。

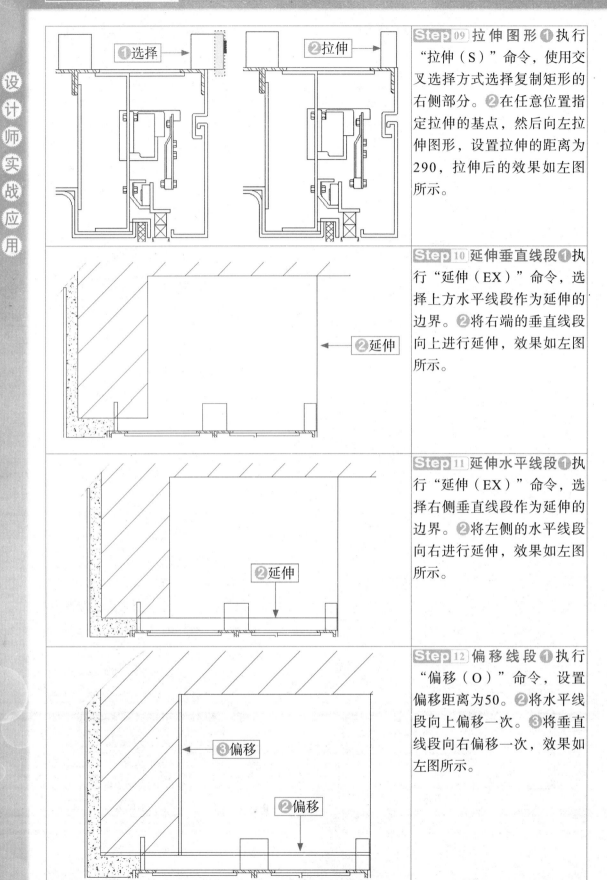

Step 09 拉伸图形❶执行"拉伸（S）"命令，使用交叉选择方式选择复制矩形的右侧部分。❷在任意位置指定拉伸的基点，然后向左拉伸图形，设置拉伸的距离为290，拉伸后的效果如左图所示。

Step 10 延伸垂直线段❶执行"延伸（EX）"命令，选择上方水平线段作为延伸的边界。❷将右端的垂直线段向上进行延伸，效果如左图所示。

Step 11 延伸水平线段❶执行"延伸（EX）"命令，选择右侧垂直线段作为延伸的边界。❷将左侧的水平线段向右进行延伸，效果如左图所示。

Step 12 偏移线段❶执行"偏移（O）"命令，设置偏移距离为50。❷将水平线段向上偏移一次。❸将垂直线段向右偏移一次，效果如左图所示。

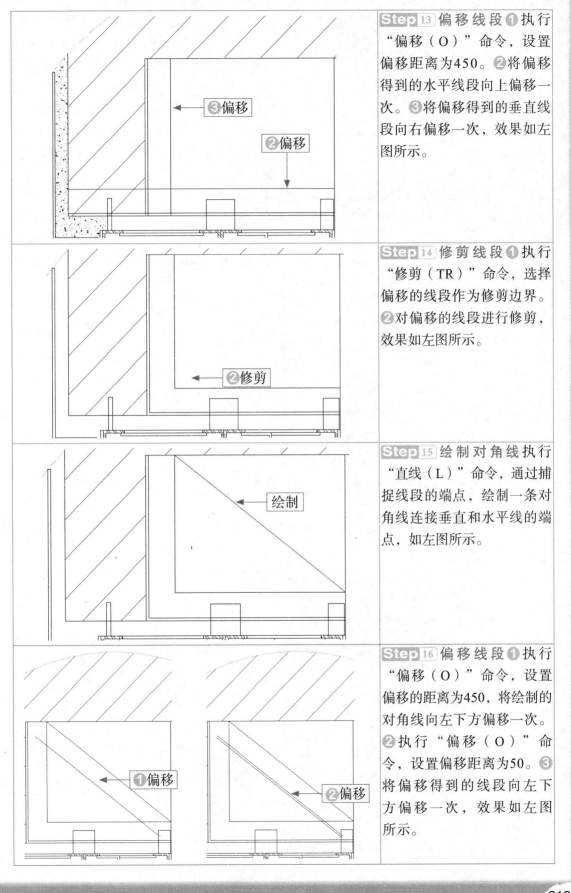

Step 13 偏移线段①执行"偏移（O）"命令，设置偏移距离为450。②将偏移得到的水平线段向上偏移一次。③将偏移得到的垂直线段向右偏移一次，效果如左图所示。

Step 14 修剪线段①执行"修剪（TR）"命令，选择偏移的线段作为修剪边界。②对偏移的线段进行修剪，效果如左图所示。

Step 15 绘制对角线执行"直线（L）"命令，通过捕捉线段的端点，绘制一条对角线连接垂直和水平线的端点，如左图所示。

Step 16 偏移线段①执行"偏移（O）"命令，设置偏移的距离为450，将绘制的对角线向左下方偏移一次。②执行"偏移（O）"命令，设置偏移距离为50。③将偏移得到的线段向左下方偏移一次，效果如左图所示。

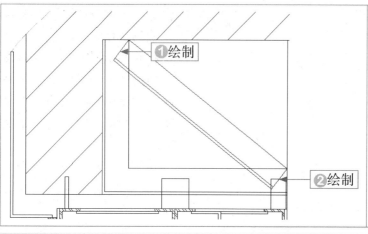

Step 17 绘制线段①执行"直线（L）"命令，通过捕捉偏移线段上方的端点，绘制一条连接线。②执行"直线（L）"命令，通过捕捉偏移线段下方的端点，绘制一条连接线，效果如左图所示。

9.2.10 标注详图

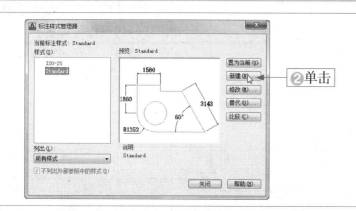

Step 01 单击"新建"按钮①执行"标注样式（D）"命令，打开"标注样式管理器"对话框。②单击该对话框中的"新建"按钮，如左图所示。

Step 02 创建新标注样式①在打开的"创建新标注样式"对话框中输入样式名"感应门"。②单击"继续"按钮，如左图所示。

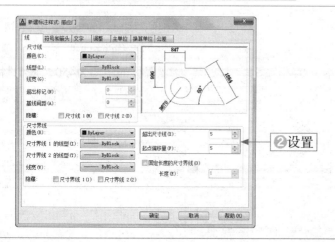

Step 03 设置尺寸线参数①在打开的"新建标注样式"对话框中选择"线"选项卡。②设置尺寸界线"超出尺寸线"的值为5、"起点偏移量"的值为5，如左图所示。

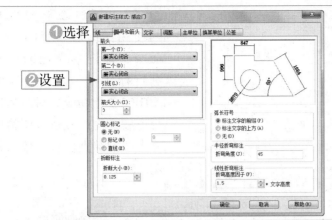

Step 04 设置符号和箭头 ❶选择"符号和箭头"选项卡。❷设置箭头和引线为"实心闭合"、"箭头大小"为3，如左图所示。

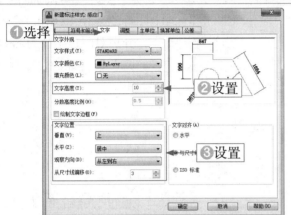

Step 05 设置文字参数❶选择"文字"选项卡。❷设置"文字高度"为10。❸设置文字的垂直对齐方式为"上"、"从尺寸线偏移"的值为3，如左图所示。

Step 06 设置调整参数❶选择"调整"选项卡。❷设置"使用全局比例"为15，如左图所示。

Step 07 设置标注的精度❶选择"主单位"选项卡。❷设置"单位格式"为"小数"、"精度"值为0。❸单击"确定"按钮进行确定，如左图所示。❹关闭"标注样式管理器"对话框。

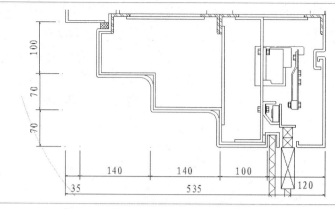

Step 08 标注图形的尺寸 ❶使用"线性（DLI）"命令，对图形左侧的尺寸进行标注。❷使用"连续（DCO）"命令，对图形进行连续标注，并适当调整尺寸界线的起点位置，效果如左图所示。

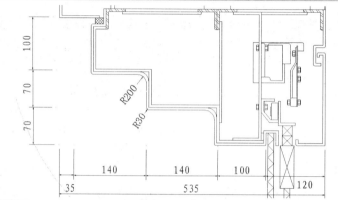

Step 09 标注圆弧的半径执行"半径（DRA）"命令，分别对圆角半径为200和30的圆弧进行标注，效果如左图所示。

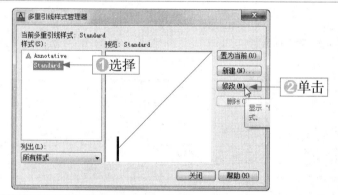

Step 10 绘制标高符号 ❶执行"多重引线样式（MLEADERSTYLE）"命令，打开"多重引线样式管理器"对话框，选择Standard样式。❷单击"修改"按钮，如左图所示。

Step 11 设置箭头符号 ❶在打开的"修改多重引线样式"对话框中选择"引线格式"选项卡。❷设置箭头符号为"点"、"大小"为50，如左图所示。

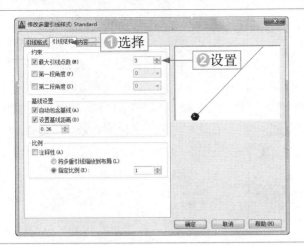

Step 12 设置最大引线点数❶选择"引线结构"选项卡。❷设置"最大引线点数"为3，如左图所示。

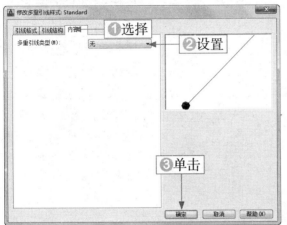

Step 13 设置多重引线类型❶选择"内容"选项卡。❷设置"多重引线类型"为"无"。❸单击"确定"按钮进行确定，然后关闭"多重引线样式管理器"对话框，如左图所示。

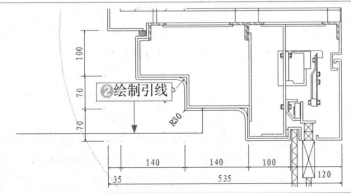

Step 14 绘制多重引线❶执行"多重引线（MLEADER）"命令。❷在图形中绘制一条折弯引线，如左图所示。

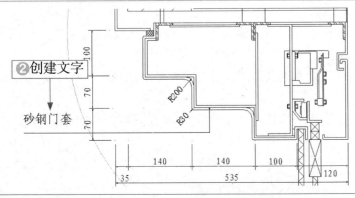

Step 15 创建引线说明文字❶执行"单行文字（DT）"命令，设置文字高度为200、旋转角度为0。❷创建引线说明内容"砂钢门套"，效果如左图所示。

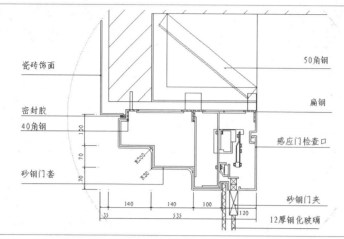

Step 16 创建其他引线标注 使用与上述相同的方法，结合"多重引线（MLEADER）"和"单行文字（DT）"命令创建其他文字说明，效果如左图所示。

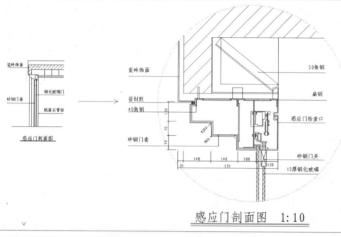

感应门剖面图 1:10

Step 17 标注图形说明文字 ❶执行"单行文字（DT）"命令，设置文字的高度为480，创建"感应门剖面图 1:10"说明文字。❷使用"直线（L）"命令，在说明文字下方绘制三条线段，完成本实例的绘制，效果如左图所示。

9.3 AutoCAD技术库

在本章案例的制作过程中，运用了许多绘图和修改命令，下面将对部分重要的命令和操作进行深入学习。

9.3.1 应用"设计中心"命令

通过设计中心可以轻易地浏览计算机或网络上任何图形文件中的内容，其中包括图块、标注样式、图层、布局、线型、文字样式、外部参照。另外，还可以使用设计中心从任意图形中选择图块，或从AutoCAD图元文件中选择填充图案，然后将其置于工具选项板上以便以后使用。

AutoCAD设计中心的主要作用包括以下3个方面。

❈ 浏览图形内容，包括从经常使用的图形文件到网络上的符号等。

❈ 在本地硬盘和网络驱动器上搜索和加载图形文件，可将图形从设计中心拖曳到绘图区域并打开图形。

❈ 查看文件中的图形和图块定义，并可将其直接插入或复制粘贴到目前的操作文件中。

选择"工具"|"选项板"|"设计中心"命令，或者输入ADCENTER（简化命令ADC）命令并确定，即可打开"设计中心"选项板，如左下图所示。

在左侧的树状视图窗口中显示了图形源的层次结构，在右侧的控制板用于查看图形文件的内容。展开文件夹标签，选择指定文件的块选项，在右侧控制板中便显示该文件中的图块文件。

在树状图中选择图形文件，可以通过双击该图形文件在控制板中加载内容。另外，也可以通过加载按钮向控制板中加载内容。单击"加载"按钮▣，将打开"加载"对话框，然后从列表中选择要加载的项目内容，在预览框中会显示选定的内容，如右下图所示。确定加载的内容后，单击"打开"按钮，即可加载该文件的内容。

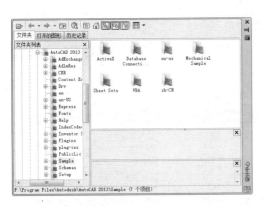

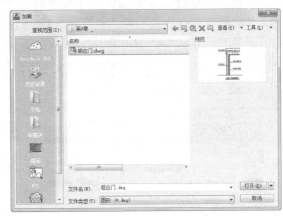

"设计中心"选项板　　　　　　　　　　　"加载"对话框

从AutoCAD"设计中心"选项板中将块对象拖曳到打开的图形中，即可将该内容添加到图形中，如左下图所示。如果在"设计中心"选项板中双击块对象，可以打开"插入"对话框，设置相应选项后单击"确定"按钮，即可将指定的块对象插入到图形中，如右下图所示。

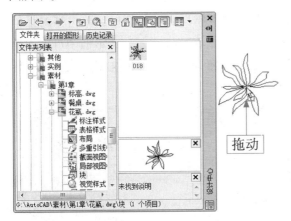

拖动图形　　　　　　　　　　　　　　"插入"对话框

9.3.2　应用"文字"命令

在AutoCAD中标注文本，用户首先应该设置文字的字型或字体。AutoCAD的文字拥有相应的文字样式，文字样式是用来控制文字基本形状的一组设置。当输入文字对象时，AutoCAD将使用默认的文字样式。用户可以利用AutoCAD默认的设置，也可以修改已有样式或定义自己需要的文字样式。

1. 设置文字样式

文本标注样式包括文字的字体、字型和文字的大小。字体是具有一定固有形状，由若干个单词组成的描述库；字型是具有字体、字的大小、倾斜度、文本方向等特性的文本样式。在使用AutoCAD绘图时，所有的文本标注都需要定义文本的样式，即需要预先设定文本的字型，只有在设置文本字型之后才能决定在标注文本时使用的字体、字符大小、字符倾斜度、文本方向等文本特性。

在AutoCAD中除了自带的文字样式外，还可以在"文字样式"对话框中创建新的文字样式，打开"文字样式"对话框有如下3种方法。

◎ 选择"格式"|"文字样式"命令，如左下图所示。
◎ 单击"注释"标签，再单击"文字"面板中的"文字样式"按钮，如右下图所示。
◎ 输入DDSTYLE命令并确定。

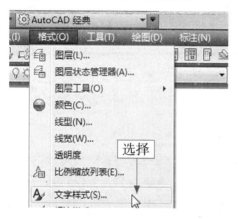

选择"文字样式"命令　　　　　　　　　单击"文字样式"按钮

执行"文字样式（DDSTYLE）"命令，将打开"文字样式"对话框，单击该对话框右侧的"新建"按钮，将打开"新建文字样式"对话框，在"样式名"文本框中可输入新建文字样式的名称（如左下图所示），单击"确定"按钮即可创建新的文字样式。在"样式"列表框中将显示新建的文字样式，如右下图所示。

输入文字样式名称　　　　　　　　　　　新建的文字样式

选择要修改的文字样式，单击"字体名"列表框，在弹出的下拉列表中可以选择文字的字体；在"大小"区域的"高度"文本框中可以设置文字的高度；在"效果"区域中可以修改字体的效果、宽度因子、倾斜角度等，然后单击"应用"按钮即可修改文字的样式。

当设置好文本的标注样式后，可以在预览区域中预览到文字的效果。选中一种文字样式后，单击"置为当前"按钮，可以将所选的文字样式设置为当前应用的文字样式。

如果要删除某种文字样式，可以在选中该文字样式后，单击"删除"按钮，然后在打开的"acad警告"对话框中单击"确定"按钮，即可将所选的文字样式删除。

2. 应用单行文字

单行文字主要用于制作不需要使用多种字体的简短内容。使用"单行文字（DTEXT）"命令可以对图形进行简单的标注，并且可以对文本进行字体、大小、倾斜、镜像、对齐和文字间隔调整等设置。

启动"单行文字"命令有如下3种方法。

❀ 选择"绘图"|"文字"|"单行文字"命令。

❀ 单击"文字"面板中的"多行文字"下拉按钮，然后选择"单行文字"工具选项。

❀ 输入DTEXT（简化命令DT）命令并确定。

执行"单行文字（DT）"命令，然后依次选择文字的样式、设置文字的高度和旋转角度，再输入要创建的文字内容，最后连续按下两次【Enter】键，即可完成单行文字的创建。

3. 应用多行文字

多行文字主要用于制作一些复杂的说明性文字，多行文字由沿垂直方向任意数目的文字行或段落构成，可以指定文字行或段落的水平宽度。用户可以对其进行移动、旋转、删除、复制、镜像或缩放操作。

启动"多行文字"命令有如下3种方法。

❀ 选择"绘图"|"文字"|"多行文字"命令。

❀ 单击"文字"面板中的"多行文字"按钮A。

❀ 输入MTEXT（简化命令MT）命令并确定。

在"AutoCAD经典"工作空间中执行"多行文字"命令，然后在绘图区中指定一个文字框区域，系统将弹出设置文字格式的"文字格式"工具栏，如下图所示。

"文字格式"工具栏

如果在"草图与注释"工作空间中执行"多行文字"命令，然后在绘图区中指定一个区域，系统将弹出设置文字格式的文字编辑器，如下图所示，其中各选项的含义与"文字格式"工具栏中的对应选项相同。

文字编辑器

执行"多行文字（MT）"命令，指定创建文字的文字框，然后在弹出的"文字格式"工具栏或"文字编辑器"面板中依次选择文字的字体、设置文字的高度等，再输入要创建的文字内容，最后单击"菜定"按钮或"关闭文字编辑器"按钮，即可完成多行文字的创建。

9.3.3 应用"快速引线"命令

使用"快速引线（QLEADER）"命令可以快速创建引线和引线注释。执行"快速引线（QLEADER）"命令，系统将提示"指定第一个引线点或 [设置(S)] <>:"。此时，用户可以指定第一个引线点，也可以设置引线格式。

执行"快速引线（QLEADER）"命令，输入S并确定，将打开"引线设置"对话框，在该对话框中可以设置引线的格式。在"注释"选项卡中可以设置注释的类型和使用方式，如左下图所示。

❀ 注释类型：在该区域可以设置注释的类型。

❀ 多行文字选项：在该区域可以设置多行文字的格式。

❀ 重复使用注释：在该区域可以设置重复使用引线注释的方法。

选择"引线和箭头"选项卡，在该选项卡中可以设置引线和箭头格式，如右下图所示。

❀ 引线：在该区域可以设置引线的类型，包括"直线"和"样条曲线"。

❀ 箭头：在下拉列表中选择引线起始点处的箭头样式。

❀ 点数：设置引线点的最多数目。

❀ 角度约束：在该区域可以设置第一条与第二条引线的角度限度。

 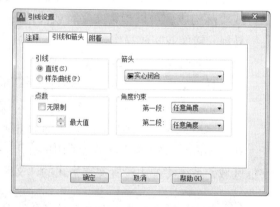

"注释"选项卡　　　　　　　　　　　"引线和箭头"选项卡

9.3.4 尺寸标注

在工程制图中，尺寸标注是非常重要的一个环节。通过尺寸标注，能准确地反映物体的形状、大小和相互关系，它是识别图形和现场施工的主要依据。

1. 尺寸标注样式

尺寸标注样式决定着尺寸各组成部分的外观形式。在没有改变尺寸标注样式时，当前尺寸标注样式将作为预设的标注样式。系统预设标注样式为Standard，用户可以根据实际情况重新建立尺寸标注样式，在"标注样式管理器"对话框中可以创建并控制尺寸标注的样式。

打开"标注样式管理器"对话框有以下3种常用方法。

❀ 选择"格式"|"标注样式"命令。

❀ 单击"标注"面板中的"标注样式"按钮，如左下图所示。

❀ 输入DIMSTYLE（简化命令D）命令并确定。

执行"标注样式（D）"命令，打开"标注样式管理器"对话框，在此对话框中，可以新建一种标注样式，也可以对原有的标注样式进行修改，如右下图所示。

单击"标注样式"按钮 　　　　　　　　　"标注样式管理器"对话框

在"标注样式管理器"对话框中单击"新建"按钮后，将打开"创建新标注样式"对话框，如左下图所示，在该对话框中可以创建新的标注样式。在"创建新标注样式"对话框中单击"继续"按钮，将打开"新建标注样式"对话框，在该对话框中可以设置新的尺寸标注样式，设置的内容包括线、符号和箭头、文字、调整、主单位、换算单位和公差等，如右下图所示。

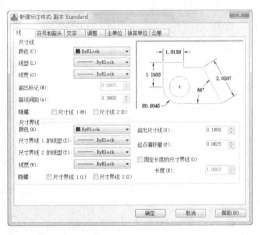

"创建新标注样式"对话框 　　　　　　　　"新建标注样式"对话框

2. 标注图形

在AutoCAD制图中，最常见的标注对象包括线性标注、连续标注、角度标注和半径标注等，下面将学习这些标注的应用。

（1）线性标注

使用线性标注可以标注长度类型的尺寸，线性标注可以水平、垂直或对齐放置。创建线性标注时，可以修改文字内容、文字角度或尺寸线的角度，线性标注的效果如左下图所示。

启动线性标注命令的常用方法有如下3种。

❀ 选择"标注" | "线性"命令。

❀ 单击"标注"面板中的"线性"按钮，如右下图所示。

❀ 输入DIMLINEAR（简化命令DLI）命令并确定。

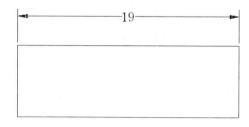

线性标注效果　　　　　　　　　　　　　　　单击"线性"按钮

（2）连续标注

连续标注用于标注在同一方向上连续的线性或角度尺寸。使用连续标注前，需要对图形进行一次标注操作，以确定连续标注的起始点，否则无法进行连续标注。执行"连续"命令后，可以从上一个或选定标注的第二尺寸界线处创建线性、角度或坐标的连续标注。

执行连续标注命令有以下3种常用方法。

❀ 选择"标注" | "连续"命令。

❀ 单击"标注"面板中的"连续"按钮。

❀ 输入DIMCONTINUE（简化命令DCO）命令并确定。

（3）角度标注

使用角度标注命令可以准确地标注对象之间的夹角或圆弧的弧度，效果分别如左下图和右下图所示。

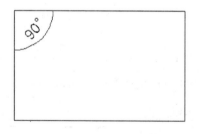
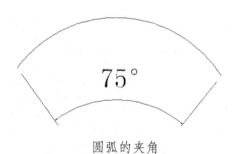

角度标注　　　　　　　　　　　　　　　　圆弧的夹角

执行角度标注命令有以下3种常用方法。

❀ 选择"标注" | "角度"命令。

❀ 单击"标注"面板中的"角度"按钮△。

❀ 输入DIMANGULAR命令并确定。

（4）半径标注

半径标注用于标注圆或圆弧的半径，半径标注由一条具有指向圆或圆弧的箭头的半径尺寸线组成。如果系统变量DIMCEN未设置为零，AutoCAD将绘制一个圆心标记。

使用半径标注命令可以根据圆或圆弧的半径大小、标注样式的选项设置以及光标的位置来绘制不同类型的半径标注。标注样式控制圆心标记和中心线。

执行半径标注命令有以下3种常用方法。

✿ 选择"标注"|"半径"命令。

✿ 单击"标注"面板中的"半径"按钮◎。

✿ 输入DIMRADIUS（简化命令DRA）命令并确定。

9.4　设计理论深化

本章学习了详图的基础知识和绘制方法。在绘制建筑详图时，通常会遇到各种各样的建筑材料，其中常用的材料图示如下表所示。

常用材料图例表

名称	图例	备注
砂、灰土		靠近轮廓线的位置绘制较密的点
石材		普通石材
毛石	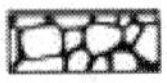	天然的毛坯石
普通砖		包括实心砖、多孔砖等，断面较窄
耐火砖		包括耐酸砖
空心砖		用于非承重的墙体
混凝土	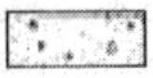	普通的混凝土
钢筋混凝土		用于承重的钢筋混凝土
木材		上面依次为横断面、垫木、木龙骨，下面为纵断面
石膏板	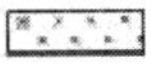	包括圆孔、方孔、防水石膏板
金属	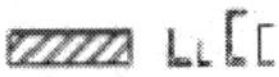	包括各种金属，图小时可以涂黑
玻璃	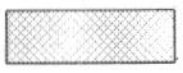	包括平板玻璃、磨砂玻璃、钢化玻璃等
塑料		包括各种软、硬塑料及有机玻璃等
土壤	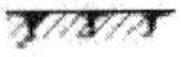	包括各种自然土壤

读者服务卡

亲爱的读者：

衷心感谢您购买和阅读了我们的图书，为了给您提供更好的服务，帮助我们改进和完善图书出版，请您抽出宝贵时间填写本表，十分感谢。

读者资料

姓名：_____ 性别：□男 □女 　　年龄：_____文化程度：_____

职业：_____ 电话：_____ 电子信箱：_____

通信地址：_____ 邮编：_____

调查信息

1. 您是如何得知本书的：

□网上书店　　　□书店　　　　□图书网站　　　□网上搜索

□报纸/杂志　　　□他人推荐　　□其他

2. 您对电脑的掌握程度：

□不懂　　　　　□基本掌握　　□熟练应用　　　□专业水平

3. 您想学习哪些电脑知识：

□基础入门　　　□操作系统　　□办公软件　　　□图像设计

□网页设计　　　□三维设计　　□数码照片　　　□视频处理

□编程知识　　　□黑客安全　　□网络技术　　　□硬件维修

4. 您决定购买本书有哪些因素：

□书名　　　　　□作者　　　　□出版社　　　　□定价

□封面版式　　　□印刷装帧　　□封面介绍　　　□书店宣传

5. 您认为哪些形式使学习更有效果：

□图书　　　□上网　　　□语音视频　　　□多媒体光盘　　　　□培训班

6. 您认为合理的价格：

□低于 20 元　　□20～29 元　　□30～39 元　　□40～49 元

□50～59 元　　□60～69 元　　□70～79 元　　□80～100 元

7. 您对配套光盘的建议：

光盘内容包括：□实例素材　　□效果文件　　□视频教学　　□多媒体教学

　　　　　　　□实用软件　　□附赠资源　　□无需配盘

8. 您对我社图书的宝贵建议：_____

_____

您可以通过以下方式联系我们。

邮箱：北京市 2038 信箱　　　　　　邮编：100026

网址：http://www.china-ebooks.com　　电话：010-80127216

E-mail：joybooks@163.com　　　　　传真：010-81789962